마늘 파 양파

나 우 현 저

오성출판사

마늘·파·양파

▲ 마늘 현지 포장교육장(시범포)

▲ 양파 현지포장 교육장(시범포)

 마늘·파·양파

▲ 양파 비닐멀칭 재배할 때 비닐 위에 웃거름 주기

▲ 겨울에 피복하지 않을 때 고엽 발생(양파)

마늘·파·양파

▲ 마늘 비닐멀칭 재배시 생육(난지형)

▲ 마늘 무피복 재배시 생육(난지형)

마늘·파·양파

▲ 마늘 비닐멀칭 재배(한지형)

▲ 마늘 주산단지 비닐멀칭 재배

마늘·파·양파

▲ 겨울동안 마늘 짚피복(한지형)

▲ 겨울동안 마늘 짚피복(초봄 잎출현기)

마늘·파·양파

▲ 과수원에 양파터널 재배

▲ 마늘 병충해 방제 (고자리파리)

마늘·파·양파

▲ 벌마늘 (2차생장)

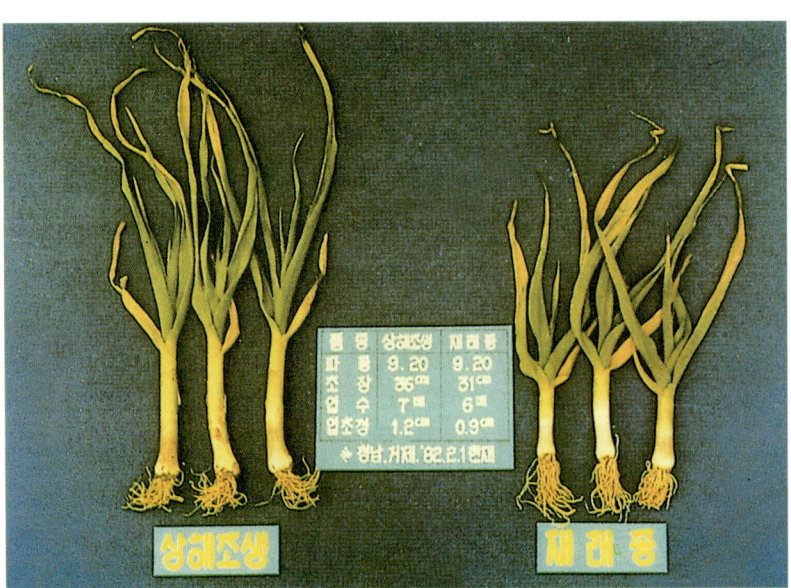

▲ 남도마늘(상해조생) 생육상황

마늘 · 파 · 양파

▲ 마늘 하우스 재배

▲ 양파 하우스 재배

마늘 · 파 · 양파

▲ 마늘 쫑 뽑기

▲ 마늘 꽃과 주아

▲ 양파 분구(열구)

마늘·파·양파

▲ 마늘 수량 조사

▲ 마늘 생력재배를 위한 유공비닐피복 재배

마늘 · 파 · 양파

▲ 마늘 잡초 방제를 위한 흑색 비닐피복 재배

▲ 마늘 처마밑 예비저장

▲ 양파 기둥말이 저장

마늘 · 파 · 양파

▲ 양파 보리집 저장

▲ 마늘 건가식 저장

마늘 · 파 · 양파

▲ 쪽파 하우스 재배

▲ 외대파 하우스 재배

 마늘·파·양파

▲ 쪽파 조기재배(하우스 재배)

▲ 쪽파 하우스 재배

마늘·파·양파

▲ 고냉지 양파 묘상 설치

▲ 고냉지 양파 파종

 마늘·파·양파

▶ 패총황

▲ 천주대고

마늘·파·양파

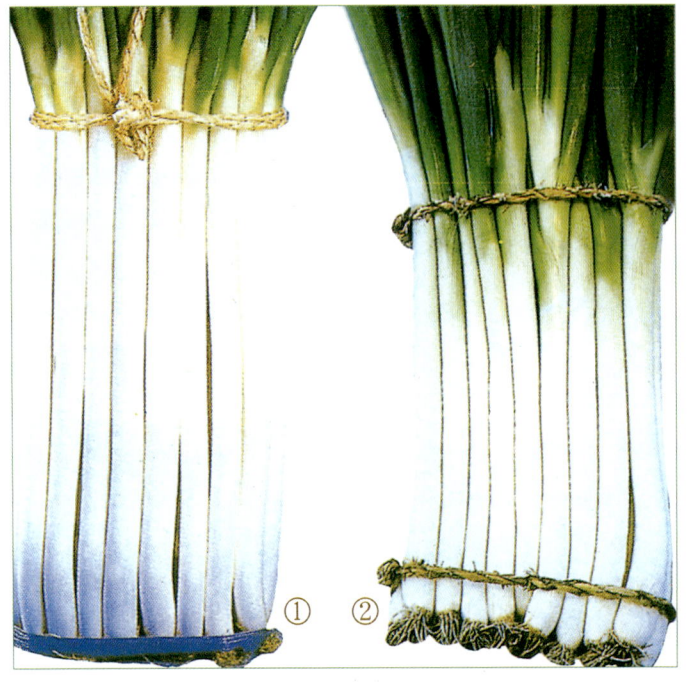

▲ ① 통일외대파　② 금장외대파

① 석창
② 금창

 마늘·파·양파

▲ 불암백은주

백진주 호파 ▶

마늘·파·양파

▲ ① 석장외대파 ② 백암외대파

◀ 겨울에 양파 동사포기

마늘·파·양파

▲ 고냉지 양파 묘상 병충해 방제

▲ 마늘 잡초방제를 위한 비닐 위에 흙덮기

마늘·파·양파

▲ 양파 아주심기(비닐멀칭 후 심기)

▲ 양파 주산단지 비닐멀칭 재배

 마늘·파·양파

▲ 양파 비닐멀칭 재배시 4월 중순 비닐 위에 흙덮기
(지온 상승 방지를 위하여 1~2cm 흙덮기)

▲ 양파 수확기를 알리는 도복

▌마늘·파·양파

▶ 천주황

▲ 금정조생황

마늘 · 파 · 양파

▶ 양파 잿빛곰팡이병

▲ 마늘 고자리파리

마늘·파·양파

▲ 양파 모자이크 바이러스

▲ 봄가뭄 방지를 위한 짚피복 재배

 마늘 · 파 · 양파

◀ 양파 녹병

▲ 양파 검은무늬병(흑반병)

마늘·파·양파

▲ 양파 기둥말이 저장

▲ 채소 농가 조립식 간이저장

 마늘·파·양파

◀ 양파 수확 후 포장에서 1~2일간 햇볕에 건조

▲ 하우스 내에 양파 그물망 저장

마늘·파·양파

▲ 외대파 재배

▲ 외대파 북주기

마늘 · 파 · 양파

▲ 마늘 잎마름병 (초기)

▲ 마늘 잎마름병 (후기)

마늘 · 파 · 양파

▲ 양파 노균병

▲ 생강 노균병

머리말

 마늘, 양파, 파는 맛이 뛰어나고 영양이 풍부할 뿐만 아니라 건강식품으로도 그 효과가 뚜렷하여 우리나라를 비롯하여 세계 각국이 조미료로 그 소비량이 점차 증가하고 있는 실정이다.

 또 마늘, 양파, 파는 재배하기가 쉽고 농가소득 작물로 각광을 받기 때문에 전국 각지에서 면적이 더욱 더 확대되어 가고 있으며, 재배 적지에서는 옛날부터 주산지가 이루어졌고, 최근에는 이들 주산지가 확대되어 주산단지로 지정, 재배되고 있는 실정이다.

 그러나 마늘, 양파, 파의 재배역사는 다른 채소에 비하여 오래되었으나 품종육성이나 재배법에 관한 연구는 오래되지 않고 전통적인 관습에 의하여 재래종을 재배하는 정도에 지나지 않다가 70년대 후반에 들어서 본격적 연구가 시작되었다.

 이 책은 그동안 실험연구 결과와 실제의 독농가 재배사례를 바탕으로 약간의 기초이론과 재배기수 및 경영을 표준 기술중심으로 알기 쉽게 편집하여 농과계의 학습 자료 및 과학 영농을 실현하는데 산 자료로 도움이 되도록 저술하였다.

 여기에 수록한 기술내용은 표준기술을 중심으로 하였기 때문에 각 농가에 주어진 영농조건과 지역여건에 따라 완전 일치하지 않을 수도 있으므로 다른점이 있을 때는 이 책을 표준으로 하고 지도사의 지도를 받아 새 기술을 알맞게 적용 실천하기 바라며 독자여러분의 좋은 지침서가 되길 바라는 바이다.

2000년 10월

著者 羅 禹 鉉

차례 c·o·n·t·e·n·t

마늘

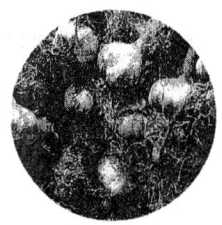

I. 재배현황
  1. 원산지 및 재배내역 ······ 40
  2. 이 용 ······ 41
  3. 생산현황 ······ 43

II. 현재까지의 연구결과
  1. 생리생태 ······ 47
  2. 재배환경 ······ 49
  3. 품 종 ······ 50
  4. 작 형 ······ 53
  5. 재 배 ······ 54
  6. 병충해 ······ 59
  7. 수확 및 저장 ······ 61
  8. 주아재배 ······ 64

III. 성상과 재배환경 및 생리적 특성
  1. 성 상 ······ 66
  2. 재배환경 ······ 74
  3. 생리적 특성 ······ 79

IV. 품종과 작형
  1. 품 종 ······ 91
  2. 작 형 ······ 99

V. 재배법
  1. 씨마늘 고르기와 준비 ······ 105
  2. 파 종 ······ 108
  3. 시 비 ······ 113
  4. 관 리 ······ 120
  5. 마늘 병충해 방제 ······ 131

VI. 수확과 저장
  1. 구비대와 휴면 ······ 151
  2. 수 확 ······ 151

차례 c·o·n·t·e·n·t

   3. 저 장 ················· 154
- Ⅶ. 마늘 특수재배
  - 1. 특수조기재배 ············· 166
  - 2. 주아재배 ··············· 167
  - 3. 마늘종구소독재배 ··········· 170
  - 4. 마늘의 엽선단고사 ·········· 171
  - 5. 마늘의 염류장해 ··········· 172
  - 6. MH-30처리 ············· 172

- Ⅰ. 재배현황
  - 1. 원산지 및 재배내역 ·········· 178
  - 2. 파의 이용 ·············· 179
  - 3. 파의 생산현황 ············ 180
- Ⅱ. 성상 및 재배환경
  - 1. 성 상 ················ 181
  - 2. 재배환경 ··············· 181
- Ⅲ. 생리적 특성
  - 1. 종자의 발아 ············· 184
  - 2. 묘의 발육과 분얼 ··········· 185
  - 3. 연백과 품질 ············· 189
  - 4. 채 종 ················ 193
- Ⅳ. 재배작형과 품종
  - 1. 작 형 ················ 194
  - 2. 품 종 ················ 197
- Ⅴ. 재배기술
  - 1. 육 묘 ················ 204
  - 2. 아주심기 ··············· 208
  - 3. 병충해 방제 ············· 212

차례 c·o·n·t·e·n·t

    4. 수확 및 저장 ·········· 219

Ⅵ. 육종과 채종
    1. 육 종 ·········· 220
    2. 채 종 ·········· 220

Ⅶ. 쪽파재배
    1. 성상과 재배환경 ·········· 222
    2. 재배작형 ·········· 224
    3. 품 종 ·········· 225
    4. 재배기술 ·········· 227
    5. 병충해 방제 ·········· 231
    6. 수 확 ·········· 234

Ⅷ. 골파재배
    1. 성상과 재배환경 ·········· 235
    2. 재배작형 ·········· 235
    3. 품 종 ·········· 236
    4. 재배기술 ·········· 237

양파

Ⅰ. 재배현황
    1. 원산지 및 재배내역 ·········· 240
    2. 양파의 이용 ·········· 241
    3. 양파의 생산현황 ·········· 242

Ⅱ. 성상 및 재배환경
    1. 성 상 ·········· 244
    2. 재배환경 ·········· 245
    3. 재배상의 특성 ·········· 248

Ⅲ. 양파의 생리적 특성
    1. 영양생장의 생리 ·········· 250
    2. 지상부 발육의 생리 ·········· 252

차례 c·o·n·t·e·n·t

   3. 구형성의 생리 ········· 257
   4. 구비대충실기의 생리 ········· 261
   5. 쫑 ········· 270
   6. 휴면생리 ········· 272
   7. 화아분화와 추대의 외적조건 ········· 274
   8. 채종생리 ········· 277
   9. 저장의 생리 ········· 278
  10. 꽃눈분화와 추대생리 ········· 280

Ⅳ. 재배작형과 품종
   1. 재배작형 ········· 281
   2. 품 종 ········· 290

Ⅴ. 재배법
   1. 육 묘 ········· 307
   2. 아주심기 ········· 317
   3. 거름주기 ········· 323
   4. 아주심은 후 관리 ········· 328
   5. 병충해 방제 ········· 336

Ⅵ. 양파의 수확과 저장
   1. 양파 수확 ········· 354
   2. 양파 저장 ········· 356

Ⅶ. 고냉지 춘파재배
   1. 파 종 ········· 373
   2. 육 묘 ········· 374
   3. 아주심기 ········· 376
   4. 관 리 ········· 377
   5. 병충해 방제 ········· 378
   6. 수확과 저장 ········· 378
   7. 저장피해 ········· 379

차례 c·o·n·t·e·n·t

Ⅷ. 양파 종구재배
　　1. 종구재배특징 ……………………… 380
　　2. 품 종 ……………………………… 381
　　3. 육 묘 ……………………………… 382
　　4. 아주심기 …………………………… 387
　　5. 병충해 방제 ………………………… 391
　　6. 수 확 ……………………………… 392
　　7. 자구재배의 문제점 ………………… 392

Ⅸ. 남해안 봄양파재배
　　1. 재배지역 …………………………… 394
　　2. 토양조건 …………………………… 395
　　3. 품 종 ……………………………… 395
　　4. 육 묘 ……………………………… 396
　　5. 아주심기 …………………………… 398
　　6. 관 리 ……………………………… 398

Ⅹ. 생리장해
　　1. 정식시의 온도장해 및 묘의 크기 … 401
　　2. 인산질 비료부족장해 ……………… 402
　　3. 밀식장해 …………………………… 403
　　4. 구의 비대장해 ……………………… 404
　　5. 추대장해 …………………………… 406
　　6. 채종장해 …………………………… 407
　　7. 자식약세 …………………………… 408
　　8. 고토결핍 …………………………… 410
　　9. 영양장해 …………………………… 411

Ⅺ. 육종과 채종
　　1. 육 종 ……………………………… 413
　　2. 채 종 ……………………………… 428

　　참고문헌 ……………………………… 437

마늘

1

마늘은 탄수화물과 단백질, 비타민 등이 풍부하게 함유되어 있어 생식용 및 조미료, 마늘장아찌 등 다양한 용도로 이용되고 있다.

I. 재배현황
II. 현재까지의 연구결과
III. 성상과 재배환경 및 생리적 특성
IV. 품종과 작형
V. 재배법
VI. 수확과 저장
VII. 마늘특수재배

I. 재배현황

1. 원산지 및 재배내역

마늘은 백합과(百合科) 파속에 속하는 인경채소(鱗莖菜蔬)로서 학명은 *Allium sativum L*이며, 영명(英名)은 Garlic, 한명(漢名)은 대산(大蒜) 또는 호(葫)라 한다. 마늘을 일명 "호"라고도 부르는데 그 유래는 중국 한나라때 "장건"이란 사람이 당시의 서역, 지금의 인도지방으로부터 도입했다고 해서 장건의 호를 칭하여 그렇게 불렀다고 한다.

원산지에 관해서는 Linnaeus(1707~1778)는 이탈리아의 Sicily 도가 원산이라고 기록했으며, Kunth(1788~1850)의 Egypt설, Regel(1875)의 중앙아시아의 Kirghiz 사막지대 및 인도설, Vavilov(1935)의 중앙 Asia설과 시

칠리아(Sicilia)섬 등이 있으나 야생종을 발견하지 못하였으므로 정설을 결정하지 못하고, 대개 중앙아시아 지방이 원산의 기본중심이고 지중해 연안지방이 2차적인 중심이라고 추정하고 있다.

재배역사는 매우 오래 되었으며, 기원전의 고대 이집트·그리이스·로마시대부터 알려져 왔고, 유럽에서는 지중해 연안지대로부터 전파되었다. 아메리카대륙에는 16세기 초에 유럽으로부터 도입되었으나, 재배는 18세기 후반부터라고 한다. 중국에 전파된 것은 기원전 2세기경에 장건이 서구(지금의 인도)로부터 도입하였다는 기록(本草綱目)이 있다.

한편 아시아의 마늘은 중앙 아시아에서 근동(近東)방면, 인도, 열대 아시아로 널리 퍼졌고, 중국은 기원전 서역(西域)을 경유하여 북부에 전하여졌고 남부 방면의 것은 열대 아시아 방면에서도 도입된 것으로 보여진다.

우리나라에서의 재배기원이나 도입시기에 대해서는 명확하지 않으나 단군신화(三國遺事)에도 나올 뿐만 아니라, 삼국사기에 「立秋後亥日 蒜園祭後農」이라는 기록이 있는 것으로 보아 마늘의 이용과 재배역사가 매우 오래된 것으로 생각되며, 오늘날 우리 국민식생활의 필수조미료로서 생식·장아찌·건조분말 등으로 이용되고 있다.

마늘은 이탈리아를 비롯한 남유럽지역, 미국의 루이지애나·텍사스 및 캘리포니아, 아시아의 한국·중국·일본·인도·서부아시아 및 열대아시아 전역, 그리고 아프리카와 오스트레일리아에서 많이 생산되고 있다.

2. 이용

마늘은 특유의 맛과 냄새로 인하여 민족에 따라서 기호도에 차이가 있는데 일본을 제외한 아시아의 거의 모든 나라와 라틴 계통의 여러나라에서 많이 이용하고 있다. 마늘은 생식용(生食用) 및 조미료로써 구

(球)를 주로 이용하고 있으나 잎마늘을 재배하여 줄기와 잎을 쓰기도 하며, 마늘장아찌 및 건조분말 등으로 가공하여 이용하기도 한다.

〈표 1〉 마늘, 파 및 양파의 영양가 비교 (100g 기준)

종류	칼로리	수분	단백질	지방	탄수화물		회분	무기질			비타민				
					당질	섬유		칼슘	인산	철	A	B_1	B_2	니코 진산	C
	cal	%	g	g	g	g	g	mg	mg	mg	I.U	mg	mg	mg	mg
마늘	84	77.0	2.4	0.1	19.3	0.7	0.5	18	67	1.7	26	0.22	0.08	0.4	20
파	26	91.8	1.5	0.1	0.7	0.5	0.5	50	51	1.0	530	0.05	0.10	0.5	25
양파	40	89.1	1.2	0.2	0.7	0.5	0.5	40	26	0.5	26	0.03	0.02	0.2	10

마늘은 영양면에서 보면 표 1에서 보는 바와 같이 파나 양파에 비하여 탄수화물과 단백질이 많고 비타민 A, B, C 등이 함유(含有)되어 있으며, 독특한 냄새를 내는 알리인(Alliin)이라는 성분이 들어 있다. 이 알리인은 유황성분(硫黃成分)이 많은 아미노산의 일종으로서 비타민 B_1을 활성화하고 일부 병원균에 대하여 살균 효과를 나타낸다. 그 외에 강장작용(强壯作用)을 하는 스코루지닌이라는 성분이 들어 있는데 이 성분은 냄새가 없는 복잡한 아미노산의 일종으로 알려져 있다. 근래에 와서는 가공식품의 발달로 라면, 맛나 등 인스턴트 식품이 개발되어 식품 조미료로써 수요가 급격히 늘어나고 있다.

마늘은 비타민이 많이 함유되어 있는데, 100g중의 함유량을 보면 B_1이 0.22mg, B_2가 0.08mg, C는 20mg을 함유하고 있다. 성분을 관찰해 보면, 수분이 77%, 탄수화물이 20%, 단백질이 2.4%이고, 먹을 수 있는 부분의 무기물은 100g중에, 회분이 0.5g, 칼리 38, 칼슘 18mg, 마그네슘 5mg, 인산 67mg의 비율로 성분을 이루고 있다.

마늘의 독특한 자극적인 성분은 알릴 프로피 설파이드와 알릴 설파이

드이다. 그리고 살균력에 있어서도 다른 식물에 비해 월등히 높아서 석탄산의 15배의 살균력을 가지고 있다.

　우리나라를 비롯해서 중국, 프랑스 등지에서는 각종 요리에 주로 조미료로 많이 사용하고 있다. 유럽이나 미국 등지에서도 마늘을 많이 사용하고 있는데, 주로 요리의 향신료나 육류를 가공할 때나, 소스 등에 쓰여진다. 그러나 일본에서는 약재로도 재배되는데 요즈음에 와서는 조미료로도 많이 이용되고 있다.

　특히 마늘의 우량품을 유럽을 위시해서 미국 등지에 상당량 수출하고 있는 실정이다.

　그러나 중국같은 나라에서는 봄에 마늘의 알뿌리가 커지기 전에 잎마늘을 파와 함께 사용하는데 이것을 청산이라고도 하며 이것은 우리나라에서도 많이 이용하고 있다. 또 북부지방에서는 마늘을 토굴같은 데에 저장해서 연하고 희게 만드는데, 이것을 신황이라고 부르며 이렇게 연백화된 것을 아주 진귀한 것으로 생각하고 있다.

　마늘은 인체의 보건상에 필요불가결한 중요한 식물로써, 대체적으로 한민족이나 라틴 민족이 많이 살고 있는 인도나 열대지방 등지에서 각종 요리의 조미료, 혹은 생식으로, 혹은 김치 조미료 등으로 그 사용처가 많으며, 특히 약용으로도 많이 이용된다. 또한 마늘은 수출농산물로서도 앞날이 기대되는데 그 이유는 최근에 마늘을 건조분말로 만들어 사용하는 수요와 소비가 급증하고 있기 때문이다.

3. 생산현황

가. 세계 주요생산국의 재배현황

　마늘은 비교적 적응력이 좋아 온대 남부로부터 아열대 북부에 걸쳐 세계 각지에 널리 재배되고 있으며, 지역별로는 아시아에서 가장 많이 재배되어 세계 총 재배면적의 52%, 총 생산량의 47%를 점유하고 있고, 유럽, 남아메리카에서도 많이 재배되고 있다.

주요 생산국은 스페인, 이집트, 인도 그리고 우리나라 등이며, 그 중 스페인은 세계 최대 생산국으로

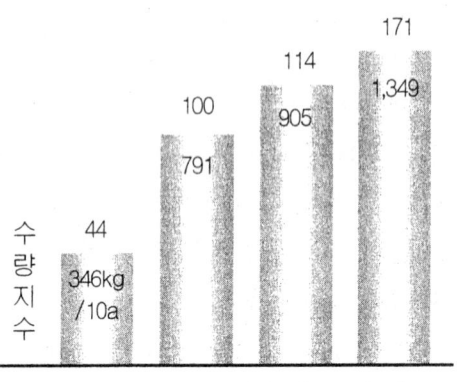

〈그림 1〉 10a당 수량비교(F.A.O '77)

세계 총생산량의 13%를 차지하고 있고 우리나라는 제5위의 생산국에 속한다. 단위 면적당 생산량은 아시아에서 대만이 10a당 1,349kg으로 제일 많으며, 일본이 우리나라보다 많고 기타 생산국은 이보다 낮은 실정이다(그림 1 참조).

나. 우리나라의 재배현황

우리나라의 재배면적 및 생산 추세를 보면 근년에 들어서 수요(需要)가 증대됨에 따라 매년 재배면적과 생산량이 증가되고 있는데 10a당 수요량도 계속 증가되어 70년대는 500kg 정도이던 것이 최근에는 품종과 재배기술이 발달되어 그 2배가 되는 1000kg이상 생산되고 있다.

또 우리나라에서 마늘의 수출입 현황을 보면 아직까지 마늘 수출은 극히 적었고 수입은 부족한 경우에만 하였다.

도별 재배면적과 생산량을 보면 전남이 가장 많아 전국면적 및 생산량의 19%를 차지하고 있고 다음은 경북으로 17%가 생산된다. 우리나라 마늘의 주요 생산지는 서산, 의성, 단양, 삼척, 남해, 고흥 및 해남 등지인데 의성, 단양은 논 마늘을 주로 재배하고 남부해안 및 도서 지방에서는 조생계통(早生系統)의 마늘을 재배하여 일찌기 풋마늘로 시장에 출하(出荷)하기도 한다.

마늘값의 계절적인 가격은 엽근채류 등과는 달라 변동의 폭이 그리 심하지 않으나 김장철과 수확기 직전에 가장 높은 가격이 형성되므로 장기 저장에 의한 판매가 유리하다.

이상과 같은 실정에서 마늘 생산의 안정화를 기하기 위하여 정부에서 주산단지를 지정고시(指定告示)하고 기술의 집중지도와 영농자금을 뒷받침하고 있으며, 연구기관에서는 우량품종의 선발 보급과 재배기술 개선을 시도하고 있다.

[마늘 주산단지 현황]

지 역	주산단지 시군	주산단지 시군	내 역
대구	1	1	장지동
경기	1	1	평택(1)
강원	6	16	영월(4), 평창(2), 정선(1), 명주(1), 삼척(7)
충북	9	47	청원(5), 보은(3), 옥천(6), 영동(8), 진천(2), 괴산(3) 중원(7), 제원(6), 단양(7)
충남	7	55	금산(2), 논산(3), 서천(7), 보령(8), 서산(19), 당진(12), 아산(3)
전북	3	8	완주(4), 무주(2), 부안(2)
전남	8	63	여천(4), 고흥(11), 해남(9), 무안(9), 완도(8), 진도(9), 신안(13), 함평(2)
경북	12	48	달성(1), 군위(5), 의성(9), 안동(6), 영덕(3), 월성(3), 영천(4), 금능(4), 문경(2), 울진(3), 점촌(1), 예천(2)
경남	8	27	함안(1), 창녕(6), 통영(7), 거제(1), 남해(8), 하동(3), 산청(1), 합천(1)
제주	4	11	제주시(1), 북제주(6), 서귀포(1), 남제주(3)
합계	58	277	

※ ( )내는 주산단지 읍면수임.

[우리나라 마늘의 잎출현기 구분]

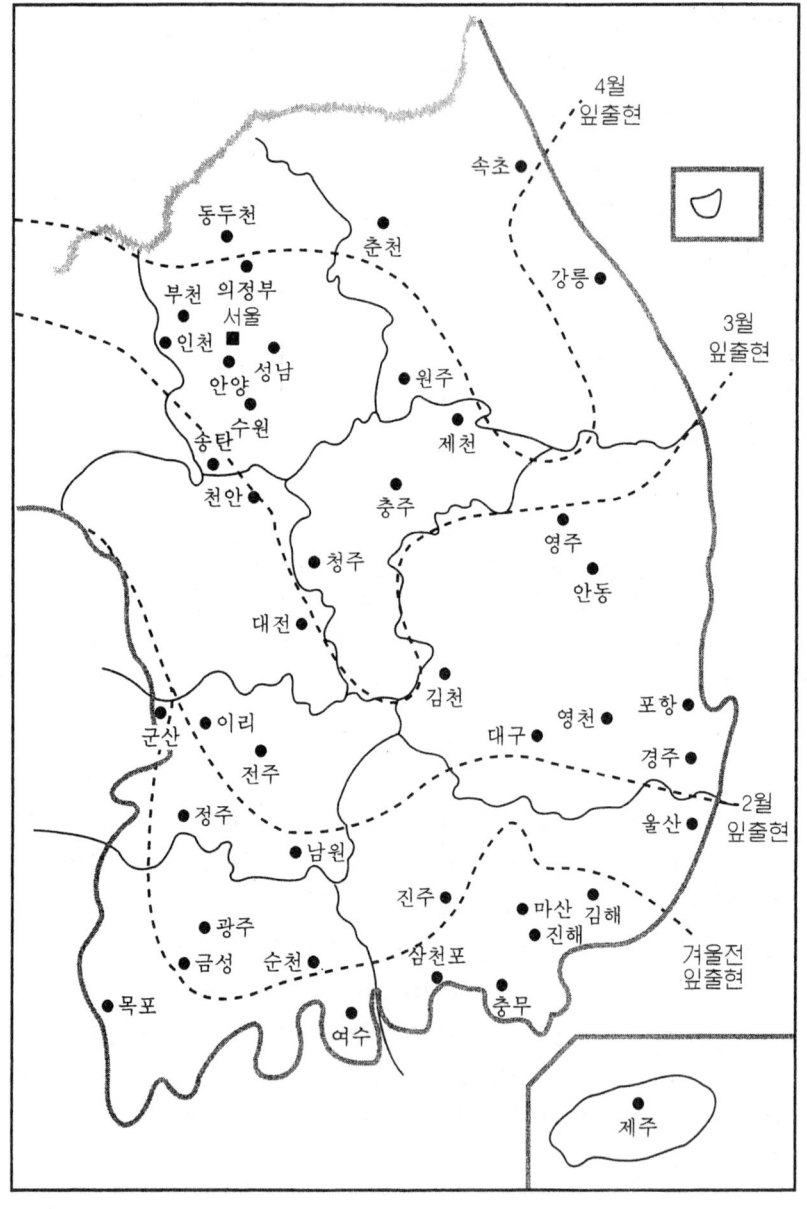

Ⅱ. 현재까지의 연구결과

마늘은 우리나라에서 재배역사가 상당히 오래된 작물이지만 그간에 연구가 활발하지 못한 것은 영양번식을 하기 때문이었다. 그러나 마늘이 기호식품이고 건강식품으로 알려지자 그 수요가 급증되었고 소득작물로 부상되면서부터 연구에 급진적 박차를 가하게 되었다.

농촌진흥청 원예시험장 및 각 연구기관에서 연구된 결과가 보고된 내용을 토대로 하여 정리하여 보겠다.

마늘에 있어서 최초의 연구보고는 석호곡면(1927년)씨와 조선농회보(1930년)에 마늘(蒜)과 오랑캐마늘(胡蒜)에 대한 특성을 조사한 것이 본격적 연구는 1960년대 이후부터이다. 그간의 연구는 재배법 개선에 관한 것이 주종을 이루고 있으나 기초분야에도 많은 연구가 진행되어 왔다.

1970년대 후반부터는 외국에서 마늘을 도입하여 재래종 마늘과 비교 선발하여 우수한 품종을 보급하게 되었으며 증식율 향상과 종구대 절감을 위해서 주아재배법을 개발하였을 뿐만 아니라 조직배양으로 무병종주를 다량 생산하는 방법도 확립되어 가고 있다.

1. 생리생태

마늘은 백합과 파속의 인경채소로서 지하에는 뿌리, 단축경 및 비대된 저장엽(인경)이 있고 지상에는 보통엽과 화기와 주아를 가진 총포가 착생된다.

재래종마늘은 일반적으로 최종엽액과 최종전엽액에서 측구가 분화되어 각 엽액에서는 3~4개 구가 분화되어 비대한다. 비대한 수확당시의 구에는 내재보통엽이 3매 정도로 분화되었다가 저장기(맹아전까지)에는

7엽까지 발달하고 생장기에는 10엽 정도가 분화된다. 구비대 초기에는 저장엽의 세포층수가 증가되면서 세포용적의 증대가 병행되고 그후는 세포층수만 증가하여 비대된다.

마늘의 화분은 염색체수가 2n=16으로 핵형을 3가지 군(Group A : 2n=12V+2j+2j, Group B : 2n=16V+2V^{cs}+2j, Group C : 2n=10V+4V^{cs}+2j)으로 구분하고 있다.

생태적으로 분류하는 난지형마늘은 휴면이 짧아서 맹아와 발근이 빠르고 인편분화기, 구형성비대기도 빨라 조생계이며 한지형은 휴면도가 깊어서 난지형과 반대로 만생계이다(그림 1). 휴면에 관계되는 물질은 ABA 유사물질로 저장엽내에 있을 것으로 추정하며 종구저온처리 또는 저장엽절단처리에 의해 휴면이 타파된다.

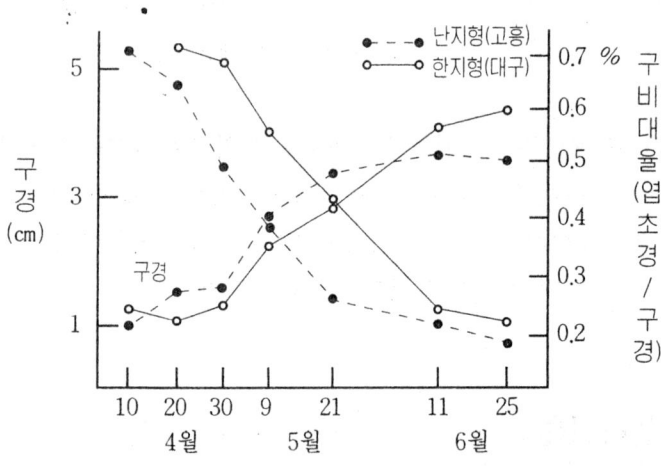

〈그림 1〉 난지형과 한지형 마늘의 구비대 차이(李: 1973)

마늘의 특수성분은 알리인(Alliin)으로 수확기의 엽부위는 적고 구에서는 높아져 마늘맛을 더욱 강하게 한다. 무기성분중에 Ca는 엽생장기에는 인경에, 수확기에는 엽부위에서 높고, K는 엽생장기에는 인경이나 엽에서 비슷하다가 구형성기에 다소 감소하여 수확기에는 잎이나 구에서 함께 증가한다. Mg은 Ca, K보다 함량이 적고 엽생장기에는 인경부위, 수확기에는 엽부위에 함량이 높게 나타난다(그림 2).

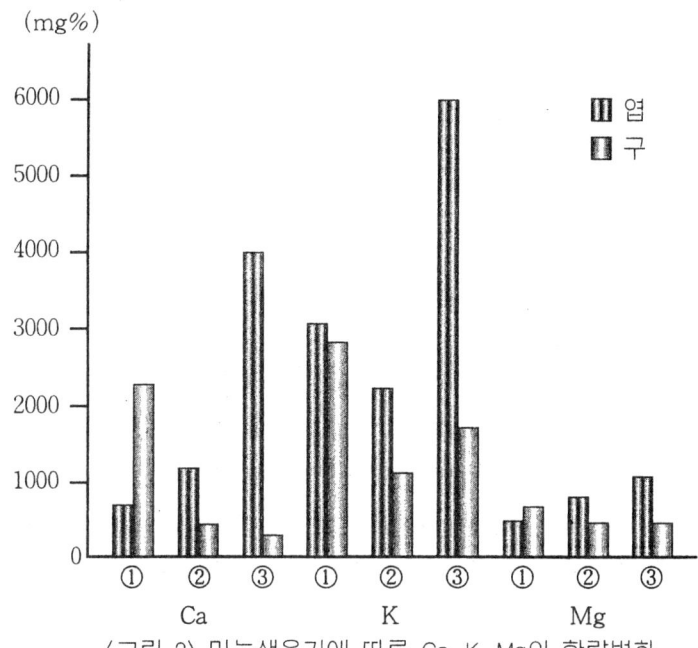

〈그림 2〉 마늘생육기에 따른 Ca, K, Mg의 함량변화
(① 엽생장기 ② 구비대기 ③ 성숙기)〈한원지, 1974〉

2. 재배환경

마늘은 비교적 저온에 강하나 고온에는 약한 작물로 생육최적온도는 18~20℃ 범위이며 장해온도는 25℃이상과 -7℃이하로 알려져 있다. 생태형간에 온도반응이 달라서 대체로 한지형은 저온에 강하고 고온에 약한 편이고 난지형은 저온에 약하여 겨울이 추운 중부지방에서 재배하면 동해(凍害)를 받는다.

〈표 1〉 일장처리가 마늘구형성에 미치는 영향 (한원지, 1979)

처 리		구 중	인편수	2차생장엽수
무처리(자연일장)		40.9 g	6.5 개	3.5 개
단일	4월	31.1	5.2	6.8
	4월~5월	23.0	4.3	25.0
	4월~6월	12.3	3.5	23.0
	5월~6월	22.4	5.5	8.2
	6월	30.8	6.7	4.8
장 일 (16시간)		23.8	5.6	0

또한 마늘의 구비대와 생육에는 일장이 관계하여 장일조건에서 구비대가 잘 된다. 생육기에 단일처리를 하면 구비대가 억제되고 2차 생장이 증가되나 장일이면 구형성과 비대를 촉진시킨다(표 1).

토질은 비옥도가 높고 점질양토며 보수력이 높고 배수가 잘 되는 땅에서 양질의 마늘이 생산되며 저장력이 강해진다. 토양산도는 pH 5.5~6.5가 적정범위이다.

마늘 생산에 가장 제한적인 환경요인은 월동기간과 구비대기에 강우가 적은 것이며 우리나라 마늘재배지의 토양은 유기물함량 및 인산함량은 높으나 칼리·마그네슘 등의 성분이 부족하다. 우리나라 마늘의 주산지가 해안가나 내륙의 석회암지대에 분포되어 있는 것은 석회의 함량이 높고 비교적 따뜻한 곳에서 마늘이 잘 되는 것을 증명하여 주는 것이다.

3. 품종

1970년부터 원예시험장에서 외국마늘을 도입하여 품종선발을 시도하였으나 그 전에는 재래종을 지역별로 수집하여 비교실험을 하였고 한편으로는 방사선조사에 의한 돌연변이를 시도하였으나 우수한 개체를 선발할 수 없었다. 또한 불임으로 적극적인 품종개량을 할 수도 없고 다만 생태적으로 정착된 지방재래종을 선발 재배하였다. 재래종 간에는 형태적으로 뚜렷한 차이가 없고 생태적으로 난지형과 한지형 마늘로 크게 분화되어 있다(그림 3).

수집된 재래종 및 도입종에 대하여 수원과 제주에서 숙기나 맹아기에 의하여 분류한 결과는 표 4와 같다. 이 이외의 품종분류는 추대의 양상에 따라 안전, 불안전, 불추대종으로 나누고 완전추대종은 우리나라 대부분의 재래종과 난지에서 도입된 외국품종이 해당된다. 불완전추대종은 우리나라 한지형 마늘의 일부가 있는데 숙기가 늦고 인편이 크며 도입종에는 일본 White계 마늘로 인편수가 적고 대구이다. 불추대종은 서구의 프랑스, 이탈리아, 스페인 등지에서 도입된 마늘이다.

구피색에 의하면 백색계가 재래종에서는 거의 없고 일본한지형 마늘은 대부분 이에 속한다. 갈색계는 우리나라 재래종이며 자색계는 일부 난지의 재래종과 서구품종들인데 구피색은 토양조건에 따라 변한다. 또한 인편의 수에 따라 다인편은 난지계마늘로 조생이며 소인편종은 한지계마늘에 속한다.

품종선발에 있어서는 각 지역별로 년차간변이와 사용된 종구의 상태에 따라 상당한 차이를 보이나 대부분 그 지방재래종이 선발되어 왔다.

1960년 후반에서 1970년초에까지 각 도원에서 각지역 재래종을 비교한 실험에서는 춘성종이 다수확품종으로 선발되어 왔으나 그 후 1976년에 각지역에서 재래종 비교실험을 한 결과 서산재래종이 광지역적응성을 보이고 있다(표 2). 그러나 재래종의 경우 선발품종이라도 종구의 크기에 따라 수확량이 달라질 수 있다.

<표 2> 지역별 재래품종 비교

시험지	품 종	평균구중	10a당 수량	지 수
삼 척	삼 척 종	22.6g	814kg	100
	서 산 종	26.1	940	116
단 양	단 양 종	28.0	1,008	100
	서 산 종	29.0	1,944	104
서 산	단 양 종	26.5	954	100
	서 산 종	18.6	670	70
의 성	의 성 종	13.5	486	100
	서 산 종	18.3	659	136
남 해	남 해 종	22.8	821	100
	서 산 종	40.6	1,462	178
해 남	남 해 종	12.7	457	100
	서 산 종	27.9	1,005	220
평 균	각지방종	21.0	756	100
	서 산 종	28.1	1,012	134

한편 도입종에 대한 선발은 1977년부터 수원, 서산, 남해, 제주 등지에서 청삼, 일주조생, 상해조생이 선발되었고, 특히 제주에서 상해조생은 풋마늘 겸용 품종으로 선발 보급되고 있다. 그러나 도입종을 재배하면 재래종에 비해 종구가 연차적으로 심하게 퇴화하는 현상이 나타난다(그림 3). 이의 원인은 확실하지 않으나 생태적 퇴화현상으로 보여진다.

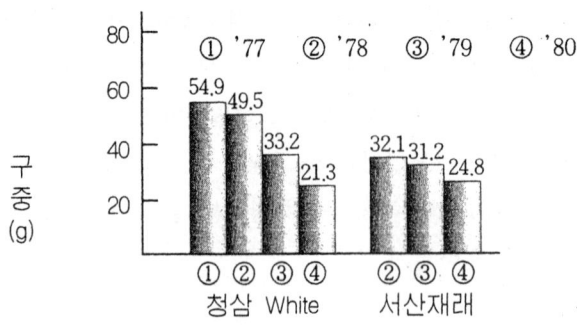

<그림 3> 도입품종의 연차별 구중변화 (원시. 1977-1980)

선발형질 중 구중은 높은 유전력을 가지고 있으며 구중과 타형질 즉 초장, 엽장, 구경, 구고 등의 형질은 정상관이 높고 화경장과는 부의 상관이 있다(표 3).

〈표 3〉 구중과 타형질간의 상관관계 (경북대론, 1977)

	초 장	엽 장	화경장	구 장	구 고	인편수
상관관계	* 0.714	** 0.718	** -0.592	** 0.844	** 0.736	-0.153

4. 작 형

우리나라에서 마늘 수확기는 5월 중순경에 시작하여 7월 상순경에 끝나며 익년 2월까지 저장이 용이한 까닭으로 단경기는 3~4월이 되고 있다. 보통 재배작형은 중부지방에서 9~10월에 파종하여 6월 하순경에 수확되고 남부지방에서는 5월 중순경부터 수확한다.

잎마늘재배 및 조기출하재배는 겨울철의 온도와 단일조건 그리고 마늘휴면의 제한요인을 해결하므로써 가능하다. 따라서 인공적인 광처리로 단일하에서도 구비대가 되고 종구에 저온처리하면 휴면이 타파되며 하우스내에서 적정온도를 유지시키면 3~4월에 통마늘로 생산할 수 있다.

표 4는 단일상태에서 한밤중에 인공광처리를 시간별로 하여 구비대를 본 것으로 120분 이상의 암중단으로 구가 충실해지고 광강도는 150~300Lux정도이면 양호함을 보여준다.

풋마늘재배를 위하여 남해에서 품종별 피복실험을 한 바 일주조생과 남해재래가 좋았고 종구에 저온처리를 60일간 한 후 하우스재배하는 것이 수확량이 가장 높았다. 또한 논앞그루 풋마늘 재배에 있어서는 터널을 2월10일부터 피복하여 풋마늘을 생산할 수 있다.

〈표 4〉 암기의 암중단처리시간에 따른 구비대 (한원지, 1979)

일 장	암중단처리(분)	구중(cm)	엽초경(cm)	구경비	구형성율
자연일장	0	5.19	1.39	3.73	100
8시간	5	3.49	1.61	2.18	15
	10	3.32	1.42	2.29	15
	30	3.41	1.52	2.25	15
	60	4.20	1.19	3.54	90
	120	4.49	1.16	3.78	100
	180	4.40	0.90	4.97	100
LSD		0.05	0.38	0.21	0.477	-

5. 재 배

가. 파종

마늘의 종구가 수확량에 직접적인 영향을 미치므로 종구선택이 중요하여 병충해가 없고 상처가 없는 것을 골라야 한다. 종구 크기와 수확량과의 관계는 파종인편이 큰 것일수록 생육이 왕성하고 인편분화시기

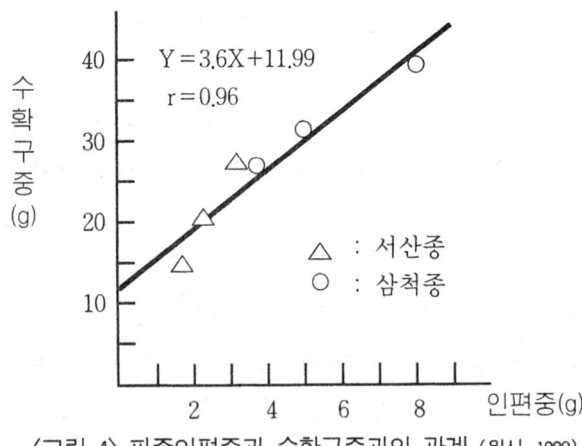

〈그림 4〉 파종인편중과 수확구중과의 관계 (원시, 1980)

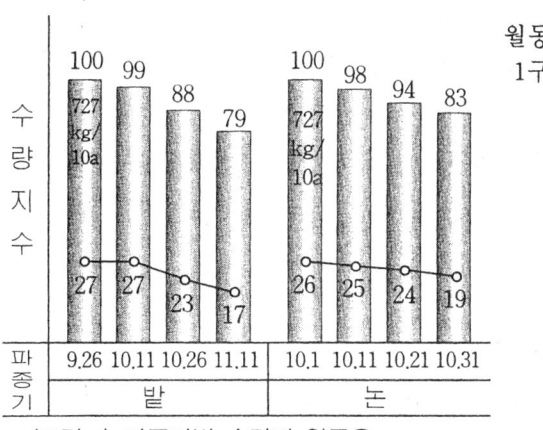

〈그림 5〉 파종기별 수량과 월동율 (경기:1977)

도 빠르며 수확구중과는 고도의 정의 상관이 있다(그림 4). 대개 조파가 만파보다 수확량이 높다. 중부지방의 파종기는 관행의 10월보다 9월 하순의 수량이 증대되고(그림 5), 남부지방의 결과도 같은 경향으로 9월 상순의 조파가 높아진다. 이는 표 5에서 파종시기별의 생육에 있어서도 이를 뒷받침하고 있다. 조파하면 월동율이라든지 발아율은 오히려 높아지는 경향이고 대구생산비율은 높으나 만파하면 반대로 낮아진다. 대개 노지에서의 파종한계기는 11월 중순경이다.

〈표 5〉 파종기별 월동전후의 생육과 수량 (전북농진, 1977)

구분 파종일	발아기		발아율	월동전 엽수	월동후		주당 엽면적	수량 (kg/10a)
	발아기	발아 일수			초장	엽수		
	월일	일	%	매	cm	매	cm²	
9. 5	10. 15	40	84.6	4	10.3	3.9	119.5	846
9. 15	10. 17	32	89.0	4	9.6	3.6	116.2	743
9. 25	10. 25	30	92.0	4	10.0	3.4	110.2	631
10. 5	11. 2	28	92.5	4	9.1	3.4	111.7	605
10. 15	11. 10	25	96.0	3	8.2	3.3	92.8	583
10. 25	11. 15	20	95.0	2	7.3	3.1	92.2	556
11. 5	12. 1	26	90.5	1	6.1	2.9	84.5	476

품종에 따라 파종기는 다소간의 차이가 있지만 휴면도가 얕은 조생종은 파종 후 출현이 빠르다. 만생종은 휴면이 깊어 너무 일찍 심으면 지하에서 출현되지 않은 채 부패되므로 좋지 않다.

답리작재배지대에서의 파종기는 늦추어지고 수확기는 앞당겨야 하므로 플라스틱필름 멀칭을 하거나 종구에 저온처리하여 휴면기간을 단축시켜야 한다.

나. 재식밀도

재식밀도에 관계되는 요인은 품종, 인편크기, 토양비옥도 및 재식방법에 따라 좌우되며 일반적으로 밀식하면 수확량은 많으나 대구생산비율이 낮고 소식하면 반대로 수확량은 적으나 대구가 많이 생산된다(그림 6).

토양비옥도가 높을수록 밀식하고 비옥도가 낮으면 소식하게 된다. 질소시용량은 밀식일수록 시용량을 늘리고 반대로 소식이면 시용량을 줄이게 된다.

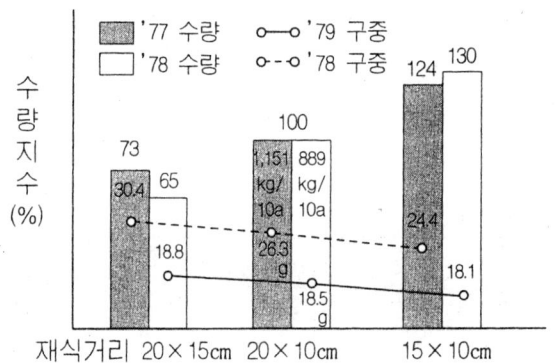

〈그림 6〉 재식거리에 따른 수량과 구중관계 (전북농연, 1979)

다. 시 비

마늘의 식물체내 양분함량변화는 3월 이후의 생장기에 질소, 칼리, 인산의 순으로 급격히 증가되고 뿌리에서의 양분흡수도 같은 양상으로 질소, 칼리, 석회, 인산, 고토의 순으로 흡수되며 유황도 구비대기에는 축적이 증가된다.

마늘에 칼슘의 부족은 5~6매엽 전개때 엽신의 선단부가 고사되며 6~7매 때의 황화현상은 마그네슘 결핍에서 초래된다.

시비량은 토양환경과 기상에 따라 다르나 적정 3요소시비량의 범위는 10a당 질소:20~25kg, 인산:15~20kg, 칼리:20~25kg의 수준으로 보여진다.

또한 퇴비의 시용으로 토양중의 유기물함량이 높게 되며 석회시용은 pH, Ca, Mg의 흡수를 다소 증가시키므로 마늘의 생육이 좋아지고 수량도 많아진다. 특히 제주도와 같은 토양에서는 인산질비료와 초목회의 효과가 크게 나타나고 Mg의 시용도 마늘 다수량에 효과적이다.

라. 일반관리

마늘은 구비대기에 수분을 특히 많이 요구하는 작물로 생육초중기는 PF2.2~2.3으로 유지하다가 후기는 PF2.4~2.5 정도로 다소 건조하게 하는 것이 좋으며 관수량은 토양건조상태에 따라 5~10일 간격 30mm로 관수하고 특히 4~5월 관수가 효과적이다(그림 8). 또한 파종 후 토양이 건조하면 발근이 늦고 생육이 불량하며 겨울동안의 과습은 동해나 부패가 많아진다.

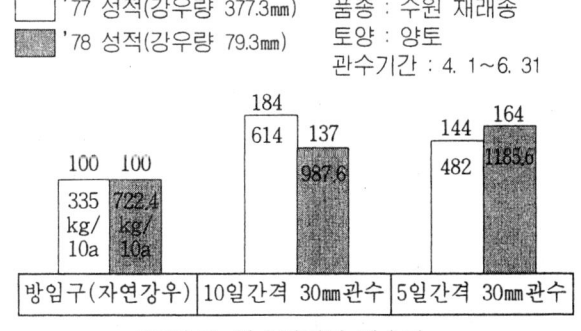

〈그림 7〉 관수간격과 관수량

마늘에 멀칭은 초기생육을 촉진시켜 수확량도 높이고 숙기를 3~4일 앞당길 수 있어 재배지에서 유리하다. 멀칭시기는 결빙직전이나 해빙직후에 하여 4월 하순경에 제거하면 된다.

품종 : 수원 재래
시험방법 : 시설내 강우차단
관수간격과 관수량 : 10일 간격 30㎜ 관수

100
446
kg/
10a
134
599
188
840
130
581
222
970
무관수
4월관수
5월관수
6월관수
전기간관수

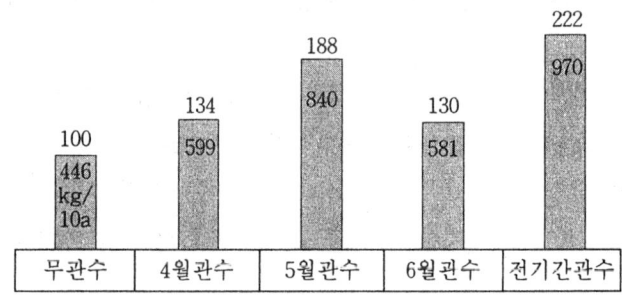

〈그림 8〉 생육시기별 관수효과

그러나 멀칭으로 2차 생장의 발생이 많아지기도 한다. PE멀칭시의 문제점은 추비와 제초작업이 불편한데 특히 PE멀칭은 잡초 발생이 많다. 제초효과는 흑색PE나 짚이 효과적이지만 투명 PE멀칭에 비해 초기생육이 늦다. 제초제로써는 Devrinol, CAT, Lasso 등의 약제가 효과적이다(표 6).

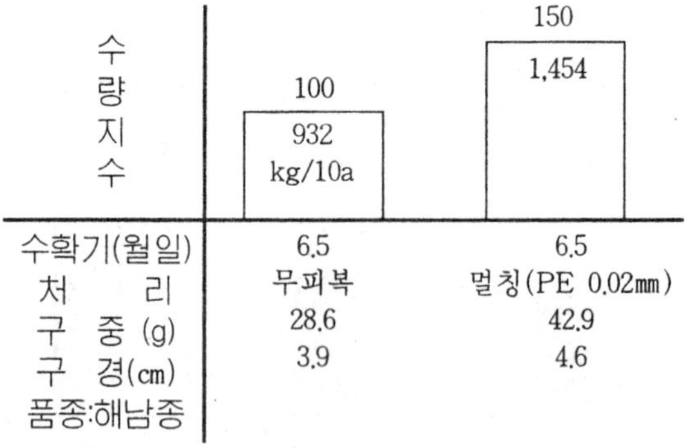

수량지수
100
932
kg/10a
150
1,454
수확기(월일)
처 리
구 중 (g)
구 경(㎝)
품종:해남종
6.5
무피복
28.6
3.9
6.5
멀칭(PE 0.02㎜)
42.9
4.6

〈그림 9〉 마늘멀칭재배 (전북농진, 1977)

〈표 6〉 제초제 및 처리별 잡초 방제 효과 (원시, 1979)

처 리	잡초수(본)	잡초중(g)	처 리	잡초수(본)	잡초중(g)
CAT	21	195	Machete	103	2,220
TOK	86	1,585	관 행	355	7,675
Lasso	83	2,115	방 임	236	13,425
Dacthal	261	9,000	짚 피 복	106	4,790
Devrinol	17	380	흑색PE멀칭	88	7,485
Afaron	17	58	투명PE멀칭	411	13,750

주) 1. 조사는 9㎡당 잡초수와 무게임
    2. 약제 살포는 3월 중순, 4월 하순 2회

또한 그림 10에서와 같이 지상부에 착생하는 쫑(珠芽)을 제거하면 구를 충실히 하여 수량을 높이는데 제거시기는 쫑의 출현 즉시 없애주는 것이 바람직하나 짱다리를 상품화할 때는 이보다 늦은 시기에 뽑으며 주아를 채취하여 재배하고자 할 때는 마늘수확기까지 방치해 두어야 한다.

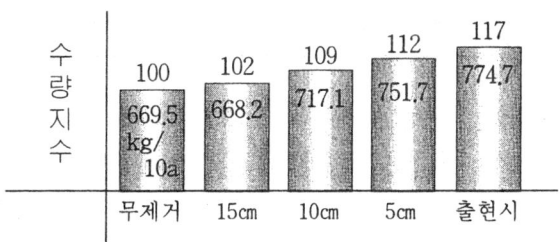

〈그림 10〉 쫑제거시기와 수량

6. 병충해

마늘에 가장 문제되는 병은 바이러스로 대부분의 재래종 마늘은 이병되어 퇴화되고 있다. 바이러스는 모자익 증상을 나타내는 것과 기형적인 생육을 하는 두 종류가 있으며 진딧물에 의해 매개된다고 한다. 바이러스에 의해 이병된 마늘은 수량이 현저히 줄어든다(표 7). 따라서 조직배양을 통한 무병종구의 생산은 원예시험장에서 다년간 시험한 결과 생장점과 Callus 배양법으로 무병종구를 생산하고 있다.

〈표 7〉 바이러스 이병정도와 생육 및 수량

처 리	초장(cm)	엽수(매)	경엽중(kg/10a)	구중(kg/10a)	구중지수
건전구	69.7	6.2	1,348	1,191	100
경	71.2	6.0	1,195	885	74.3
중	69.8	5.8	1,432	799	67.1
심	67.6	6.1	1,029	675	56.7

〈표 8〉 종구의 바이러스 이병과 구중 (원시, 1981)

구 분	서산재래	의성재래	평 균
건전종구	59.5(200)	52.0(215)	55.8(207)
이병종구	29.7(100)	24.2(100)	27.0(100)

마늘의 주해충인 고자리파리는 중부지방에서 3월 하순부터 6월 하순까지 2회 발생하며 온도나 기상환경에 따라 발생시기도 달라진다. 고자

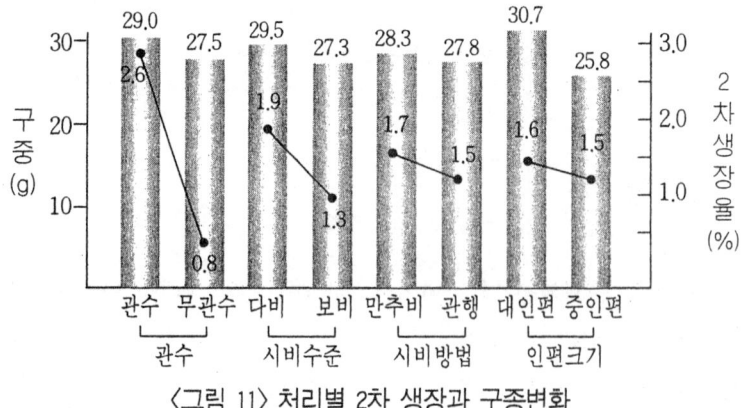

〈그림 11〉 처리별 2차 생장과 구종변화

리파리 방제약제의 방제시기는 중부지방에서는 3월 상순과 4월 중순에 2회 실시하며 남부지방에서는 파종시에도 방제하는 것이 좋다(표 11).

마늘에 나타나는 생리장해는 2차 생장(벌마늘)으로 이 원인에는 종구저온처리, 단일처리, PE멀칭, 다비, 추비, 과습 및 인편의 크기 등 많은 요인에 의해 발생되나(그림 11), 그 기작에 대하여는 아직 연구된 바가 없다.

그리고 흔히 나타나는 엽선단고사와 경엽의 유합현상이 발생되는데 전자는 여러가지 원인에 의해 나타나고 그 중의 하나는 칼리성분의 결핍이라고 보고 있으나 더 검사가 되어야 하고, 후자는 그림 12에서와 같이 염농도가 높으면 발생되는 염농도장해현상으로 보고되었다(그림 12).

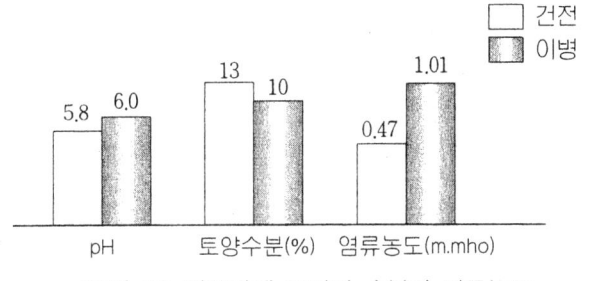

〈그림 12〉 염류장해 토양의 수분과 염류농도

7. 수확 및 저장

수확은 남부에서는 5월 중순부터 중부에서는 6월 하순부터 시작되며, 경엽이 1/2이상 황변했을 때가 수확적기로 본다. 그러나 수확이 너무 빠르면 수량이 줄고 구가 성숙되지 않아 저장 중 부패가 많으며, 너무 늦으면 열구되어 품질이 나빠지므로 적기수확을 해야 한다.

저장을 목적으로 수확 2주전에 MH-30을 약 2,000~2,500ppm 정도로 살포하면 저장중의 맹아를 억제시켜 저장기간을 연장할 수 있다. 그러나 농도가 높으면 맹아억제효과는 있으나 부패가 많아지고 살포시기를 빨리하면 생육이 정지되어 오히려 수확량이 감소되고 저장력이 떨어진다(그림 13).

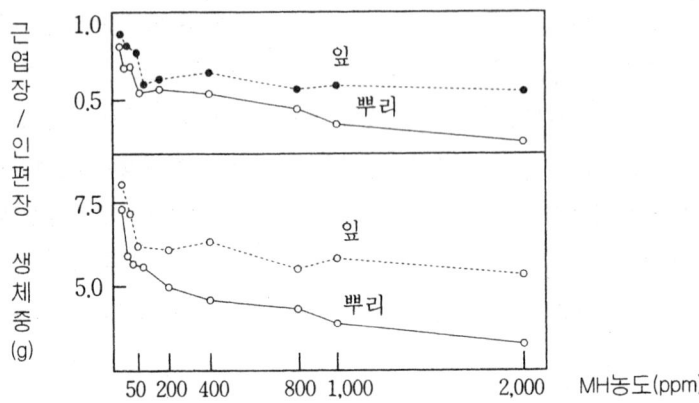

〈그림 13〉 MH가 마늘 뿌리와 잎의 생육에 미치는 효과(한원지, 1973)

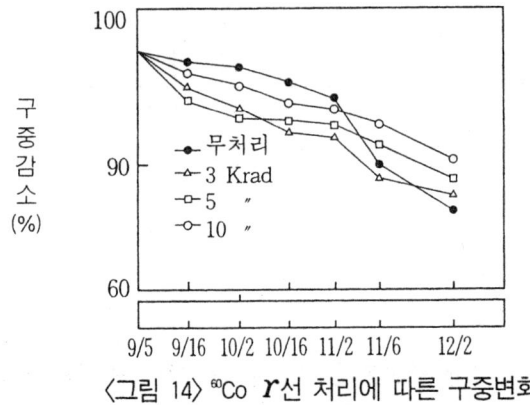

〈그림 14〉 ^{60}Co γ선 처리에 따른 구중변화

또 수확한 마늘에 ^{60}Co γ선을 처리하므로써 맹아를 억제하여 장기 저장이 가능하다(그림 14).

실용적으로는 PE 0.1㎜ 두께의 봉지에 밀봉저장하면 재래방법인 처마 밑이나 간이건조사에 저장하는 것보다 안전하게 오래 저장할 수 있고 밀봉된 PE봉지내에 CO_2나 N_2 가스를 주입하여도 좋다(그림 15).

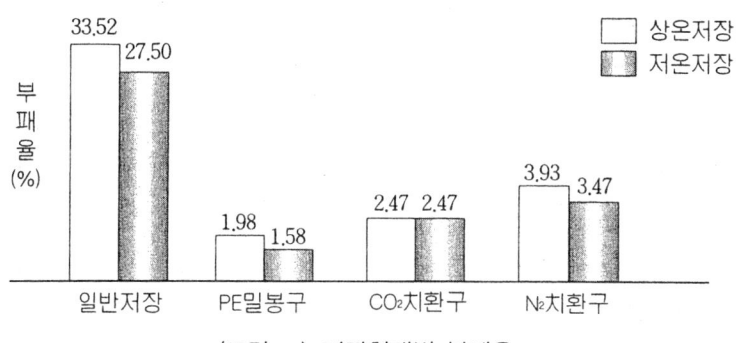

〈그림 15〉 저장형태별 부패율

저장 중 자연조건(실온)에서 마늘의 중량감소는 그림 16과 같으며 마늘의 저장온도는 -1℃~4℃의 저온이 효과적이다.

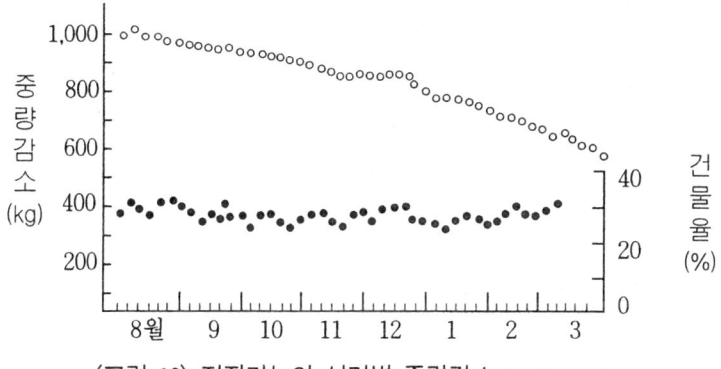

〈그림 16〉 저장마늘의 시기별 중량감소 (한원지, 1973)

8. 주아 재배

마늘증식율은 대개 6~12배로 낮아서 종구가 다량 소요되어 생산비 중 종구대의 점유율이 상당히 높다. 따라서 지상부에 착생하는 주아를 이용하여 재배하므로써 이를 해결할 수 있다.

마늘에 착생하는 주아수는 품종에 따라 다르지만 대개 8~12개 정도이다. 이 주아를 크기별로 파종하면 생산된 구의 크기도 달라진다(그림 17).

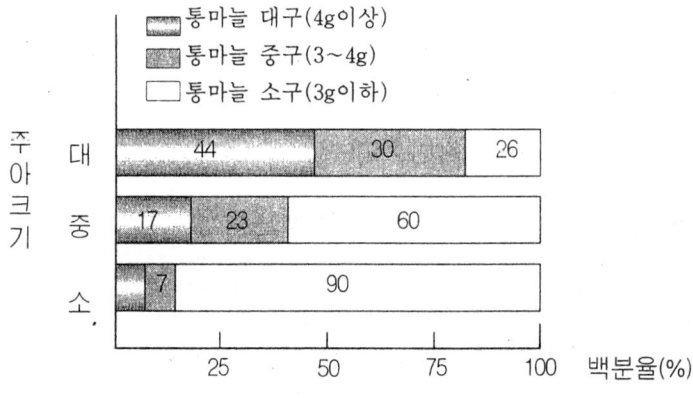

〈그림 17〉 주아의 크기에 따라 생산된 구중분포

주아를 1년 재배하면 분구가 되든지 분구되지 않은 통마늘이 생산된다. 이는 지역과 품종의 차이로 남부지방의 난지형마늘의 주아는 거의 분구가 되나 중부지방의 한지형은 거의 통마늘이 된다. 이것을 다시 1~2년 재배하면 보통마늘과 같은 크기가 된다.

주아를 묘상에 피복재배하면 구비대를 시키며 조기에 수확량도 높이게 된다.

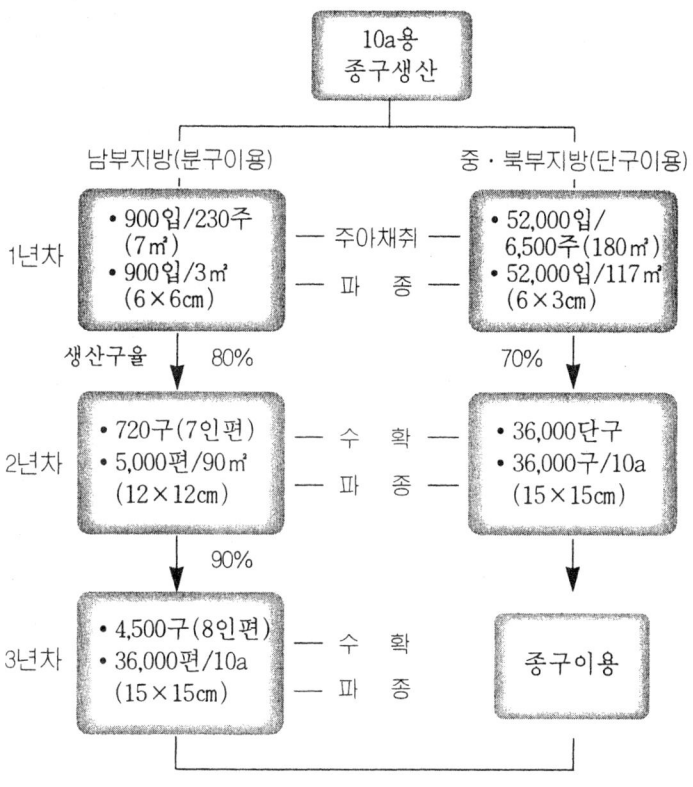

〈그림 18〉 주아를 이용한 생산체계 모식도

주아에서 생산된 마늘의 차대생산력은 보통마늘로 재배한 것보다 수확량이 높으나 이 원인에 대해서는 더 검사가 되어야 한다(그림 19).

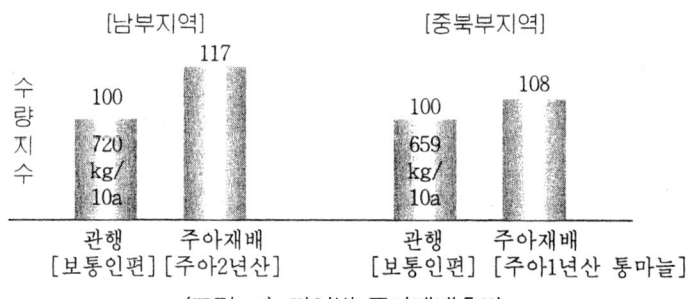

〈그림 19〉 지역별 주아재배효과

Ⅲ. 성상과 재배환경 및 생리적 특성

1. 성상

 마늘은 파종류로 학술적으로는 홀떡잎 식물의 백합과 식물에 속하며, 6~13개 정도의 비늘잎이 있는 알뿌리로 형성되는 비늘줄기를 만들고, 쫑이 나와서 꽃대의 선단, 때로는 중도에서 주아가 생성된다. 가끔 꽃이 피는 것도 있으나 거의 결실하지 않는다. 또한 전혀 추대하지 않는 품종도 있다.
 따라서 번식은 마늘쪽이나 주아로 하며 재배에는 마늘쪽을 사용한다.
 마늘은 특유의 냄새와 신미가 있으며 기호는 민족에 따라서 틀리며 열대 아시아에서는 파와 같이 잎과 줄기를 많이 이용한다.
 냄새와 매운 맛은 일련의 유화물로써 비타민 B_1을 많이 함유하고 있다.

가. 적응성
 내습성은 약하고, 내한성도 강하지 못하기 때문에 온대지방의 남부로부터 아열대 지방의 북부에 적응하고 있다. 맹아의 최고온도는 지온 22~23℃, 기온은 고온일수록 좋지 않고 저온에서는 발아까지 오래 걸린다. 생육의 저온은 18~20℃이며, 맹아 때는 별도지만, 생육이 진척되면, 25℃이상에서는 생육되지 않고 경엽이 말라 붙는다.
 토양은 중점토나 간척지의 점질토가 적합하고, 가벼운 토양에서는 딱딱하고, 건실한 마늘통이 되지 못하고, 마늘쪽을 싸고 있는 겉껍질이 찢어져서 쪽이 튀어 나오기 쉽다.
 pH는 5.5~6.0이 적당하고, pH가 낮아 산성이 강해지면 초장은 신장하지 않고, 뿌리의 선단이 굵고 둥글게 된다.
 마늘재배가 잘 되는 밭은 연작해도 좋지만 가급적 돌려짓기하는 것이 좋다.

　마늘쪽의 형성에는 일장과 온도와의 관계가 중요하다. 또 품종마다 내한성에도 큰 차이가 있으며 특히 저온의 영향이 현저하다. 북부지방의 추운 데서 재배되는 품종을 난지에서 재배하면 싹과 생육이 늦어져 결국 비대가 좋지 못하다. 이는 마늘은 품종에 따라서 저온 요구도가 틀리다는 것을 뜻하며, 한냉지대의 품종일수록 저온 요구도가 강하다는 것을 뜻한다.

　따라서 품종의 분포가 지방에 따라서 달라지는 원인이 된다.

　그리고 마늘쪽 분화를 관찰해 보면, 따뜻한 지방의 조생품종, 중생품종, 추운 지방의 재래종, 여섯쪽 마늘의 순서로 마늘쪽의 분화형성 과정이 늦다.

　또한 마늘쪽이 착생하는 엽위치는 따뜻한 지방의 조생종은, 7절, 여섯쪽 마늘의 만생종은 10절위로 착생되는 것도 높고 낮음이 있으며 착생엽위가 동일하더라도 난지 품종은 한지 품종보다 마늘쪽의 분화형성의 진척도가 빠르다.

　이러한 현상은 여섯쪽 마늘(6인편종) 즉 만생종의 품종은 저온감응도가 높고 난지의 품종이나 성숙기가 빠른 품종일수록 저온감응도가 낮다는 것을 말해주는 것이다.

나. 적응현상

　이처럼 마늘쪽의 분화와 형성되는 면에서 볼 때, 난지품종이 한지품종보다 진척도가 빠르다.

　그러나 추운 지방에서 따뜻한 지방의 품종을 재배하게 되면 내한이나 내설성이 약해서 겨울동안에 추위와 눈의 피해로 잎이 말라 죽고 만다.

　그리고 월동후에도 생육이 좋지 못하고, 마늘통의 비대도 순조롭지 못하여 결국 감수를 면치 못하게 되는 것이다.

　이러한 현상은, 추운 지방에 대해서는 적응성이 약하다는 것을 명백히 보여주는 것으로, 따뜻한 지방에서 마늘의 조기출하를 원한다면 저온감응성이 높은 품종을 선택해서 재배해야 할 것이다. 그렇지 않으면 보통 1℃ 정도에서 2개월간 냉장을 해서 순화된 마늘을 종구로 하는 것이 좋다.

각 품종마다 5월 상중순이 되면 추대가 시작되는데 품종에 따라서 추대하는 시기와 추대율이 다르다. 추대가 시작되면 화경을 재빨리 제거해 주어야 통이 커진다.

다. 생김새

마늘은 인경(Bulb)을 형성하는 인경작물(Bulb Crops)이다. 성숙된 구(인경)는 여러 개의 인편(clove)으로 되어 있고 인편은 보호엽(protective leaf), 저장엽(storage leaf), 맹아엽(sprout leaf), 보통엽(follage leaf)으로 구성되어 있다.

(1) 인경

인경은 여러 개의 인편(鱗片, 쪽)으로 분화되어 있고 한 개의 인편은 보호엽(保護葉), 저장엽(貯藏葉), 발아엽(發芽葉), 보통엽(普通葉)으로 구성되어 있는데 보통엽은 수확당시에 보통 3~4매, 파종시에는 6매 내외로 분화되어 있다.

우리나라에서 재배되는 마늘은 인편이 지엽(止葉, 最終葉)과 지엽직전엽(止葉直前葉) 2매가 엽초(葉草) 기부의 엽액(葉腋)을 중심으로 2~7개씩 반원형으로 착생 비대하여 화경을 중심으로 완전히 둘러싸게 된다. 그러나 미국의 가주만생같은 품종은 이상의 엽액 이외의 6~8엽의 엽초기부 엽액까지 10~20개의 인편을 착생시킨다.

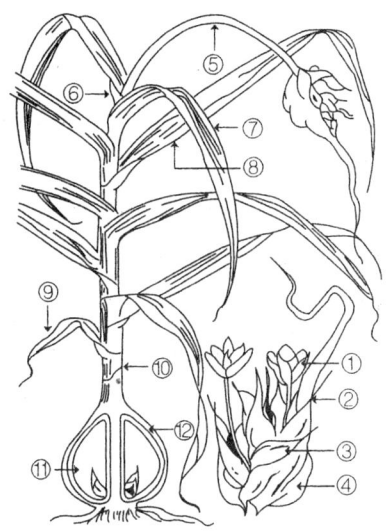

① 꽃
② 소포(小苞)
③ 주아(珠芽)
④ 총포
⑤ 화경
⑥ 최종엽(지엽)
⑦ 최종직전엽
⑧ 최종전전엽
⑨ 제1보통엽
⑩ 발아엽(맹아엽)
⑪ 최종엽 엽초기부착생인편
⑫ 최종직전엽
　　엽초기부착생 인편

〈그림 1〉 마늘의 형태

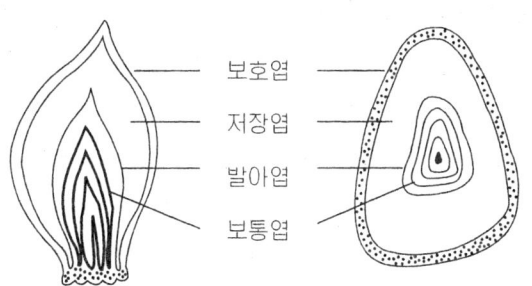

보호엽
저장엽
발아엽
보통엽

〈그림 2〉 마늘쪽의 단면도

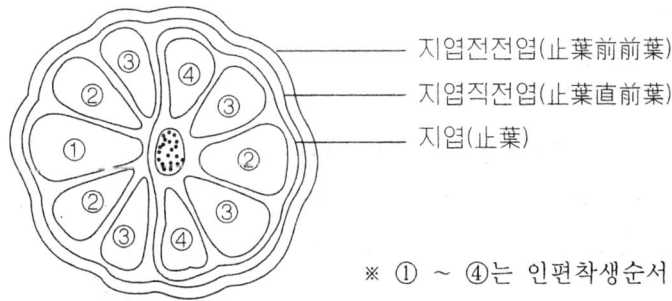

지엽전전엽(止葉前前葉)
지엽직전엽(止葉直前葉)
지엽(止葉)

※ ① ~ ④는 인편착생순서

〈그림 3〉 한국산(난지형) 마늘의 인편착생순서

(2) 잎

마늘의 잎은 엽초와 엽신으로 나누어지며, 엽초는 속이 빈 원통 모양이고, 엽초가 줄기에 착생된 부분은 지하에 있고, 각 잎의 착생부는 밀생해 있으며, 절간 신장은 하지 않는다.

심겨진 인편에서 먼저 전개되어 나오는 발아엽은 엽신의 발달이 극히 불량하고, 마치 엽신이 없는 것과 같은 모양으로 원통상의 엽초만 있는 발아엽이 나온다. 다음 그 안쪽에서 보통엽이 나와서 엽신을 전개하는데 첫째와 둘째로 나오는 보통잎은 엽신의 발달이 다소 불량하다. 이후는 차차로 새로운 잎이 먼저 나온 잎의 엽초 안쪽에서 형성되어 나오는데 이 새로운 잎의 엽초 길이는 전절엽의 엽초보다 얼마간 길게 신장해서 엽신을 전개하는데, 잎차례는 2분의 1 정도의 어긋나기이다.

생육의 초기에는 전개된 잎의 엽신 기부가 로제트모양에 가까운 모양이나 생육의 후기에 생장 전개하는 잎일수록 전절엽에서 나오는 길이가 현저히 증가하므로 자라는 모습을 잘 관찰하면 생식 생장의 전개 시기 즉 쫑이 나오는 시기라는 것을 알 수 있다.

마늘을 심는 시기는 제주 및 남해안 지방에서는 8월 하순 경부터이고, 중부지방은 각 지방의 기후 조건에 따라 9월 하순~10월 하순 경인데, 일찍 파종하면 추위가 오기 전에 발아해서 자라게 되고, 제주지방에서는 겨울에도 본잎 5~7장이 전개한다.

(3) 마늘 쫑

우리나라에서 재배되는 마늘은 대부분 봄에 꽃대가 생겨 선단에 꽃과 주아가 있는 마늘쫑이 되어 나온다.

꽃대의 분화와 땅속의 비늘줄기의 분화는 거의 동시에 시작되는데 분화시기는 조사한 바에 의하면 남부지방 마늘은 3월 하순~4월 상순에 분화되는데 이들은 남부지방(제주도 및 남부 해안지방)이나 온실 같은 데서 재배하면 더 빨리 분화(제주지방에서는 2월 하순~3월 상순에 분화됨)되기도 한다.

우리나라 중부 및 내륙지방 마늘의 대부분은 4월 상·중순경에 분화하고, 춘천 지방종과 원주 지방종 등은 4월 중·하순경에 분화되고 있다.

이 마늘쫑이 분화한 후는 급속히 발육하고 마늘쫑이 나타나는 시기는 남부지방에서는 4월 중순경부터 시작하고, 중부지방에서는 5월 하순~6월 상순까지는 추대하게 된다.

그러나 지방종 또는 재배 조건에 따라서는 추대가 되지 않고, 엽초내의 중도에 주아와 꽃이 있는 포가 착생되기도 하는데, 여기에는 여러가지 형태가 있다. 즉 인편 형성 절수에 있어서 연속 2엽액인 경우는 추대하는 것이 대부분이고, 인편이 연속 3엽액에 착생되는 경우는 추대율이 낮으며, 인편이 연속 4엽액 이상에 착생되는 개체에서는 추대가 거의 없다.

불추대종인 홍콩 마늘에서는 11~12엽액에 18~22개의 인편을 형성하고, 미국 마늘은 6~8엽액이 10~20개의 인편이 형성되며, 네팔 마늘은 6~12엽액에 12~24개의 인편이 형성된다.

(4) 꽃

꽃대 정부의 소위 꽃차례는 처음 총포로 쌓여 있으나, 곧 총포가 개포되고 꽃봉오리와 주아가 혼생하고 있는 것이 보이고, 어떤 것은 주아만 보이는 것이 있다.

꽃망울은 2cm 전후의 소화경을 가지고 담자색이며, 다른 파과식물과 같이 외화피 3개, 내화피 3개, 수술 6개, 암술 1개로 구성되어 있다. 이 꽃망울은 우리나라의 자연 조건하에서는 보통 꽃이 피지 않고, 쇠약하여 시들어지거나 혹은 꽃이 핀다 해도 수정도 안될 뿐만 아니라 발아능력을 가지는 종자를 형성하지 못한다. 외국에서도 아직 마늘의 종자를 얻었다는 이야기는 듣지 못했다. 마늘의 꽃은 불임성으로 지방(또는 지방종)에 따라 꽃밥에서 꽃가루의 발달상황을 살펴보면 5월 중·하순에서 6월 중·하순에 걸쳐 화분모 세포로부터 4분자와 확분립으로 발달된다.

　　꽃가루 발아 실험을 해보면 대부분 빈통이고, 꽃가루는 주로 4분자 형성 이후 퇴화하는 것 같다. 꽃은 기형화가 많고 한 총포내에 존재한다. 꽃의 기형에는 꽃부리와 꽃받침 및 수술의 형태적 이상, 수술의 수가 많은 것, 작은 것, 또는 전연 없는 것, 꽃밥의 부분이 편형 확대화된 것 등이 있고, 또한 꽃의 내부에 중복해서 적은 기형의 꽃이나 주아를 가진 기형화도 관찰되고, 다시 화경이 긴 것 중에는 겉으로 보기에는 꽃으로 보이나 실은 작은 2차 화경이라 할 수 있는 것도 관찰할 수 있다.

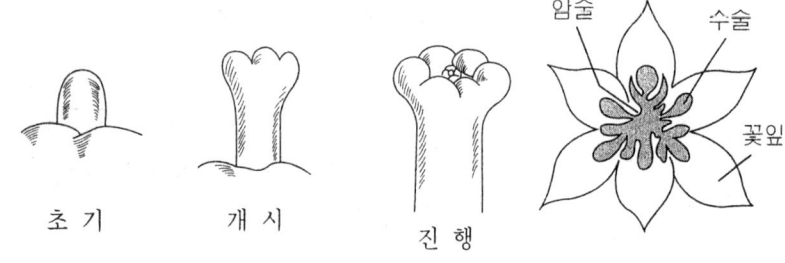

〈그림 4〉 마늘 꽃눈의 분화와 꽃

　　꽃망울과 같은 것은 꽃부리와 꽃받침은 아니고 총포적인 변형엽으로 둘러싸여 있고, 크기는 매우 작지만 그 속에 소수의 꽃과 주아가 있는데, 이러한 적은 2차 화경은 1차 화경 정단 총포 내에 2~3본 내지 그 이상 있는 것도 있다.

　　그런데 꽃망울과 주아의 혼생부인 총포는 1화 경상에 1개소인 것이 보통이나 때로는 혼생부로부터 다시 2차적으로 화경이 신장해서 꽃봉오리와 주아를 꼭지에 나게 하는 1화경상 2개소인 때도 있고, 다시 3차 꽃차례를 형성하는 것도 볼 수 있다.

(5) 주 아

주아는 매우 적은 것으로부터 비교적 큰 것이 있으나 대개 크기가 1cm 전후, 또는 이보다 작은 인편으로 지하부에서 형성되는 인편과 동일 구조를 가지는데 총포 내의 주아수와 크기는 지방종 또는 계통에 따라 다르다.

보통 이 주아는 마늘을 수확하기 전 20~30일에 제거하는데 주아를 번식에 이용하기 위하여 그대로 두고 성숙시키면 지하인경 즉 마늘통이 자라는데 지장이 있다. 그리고 이 주아가 성숙하자면 식물체는 거의 누렇게 시들어 버린다.

(6) 비닐줄기

우리가 식용하고 번식용으로 쓰이는 마늘은 심겨진 마늘의 잎이 지하부 엽액에서 형성된 인편인데 지하 인편의 착생 위치는 불추 대종인 미국산 마늘과는 다르며 꽃줄기를 형성하는 우리나라에서 옛부터 재배되어 온 마늘에서는 꽃줄기를 둘러싼 가장 안쪽의 잎 및 그 1절 하위의 잎의 엽초기부에 즉, 연속 2엽액에 착생되는 것이다.

새인편을 구성하는 잎은 그 생장점을 둘러싼 중공의 원통상 융기로서 분화가 시작되고 차차로 전출엽의 안쪽에 생장해 나간다. 이 때 제2잎이 비대해서 두툼해져 인편인 저장잎으로 된다.

새인편은 지엽과 지엽직전엽의 2엽액에 대생적으로 반원주상으로 병렬하고, 한 엽액에 각각 3~5개씩 1개 마늘통에 10개내외의 인편을 가지는 것이 가장 많으며 이것을 수확하는 시기는 제주도와 남부지방에서는 5월 상·중순에서 6월 상순경이고, 중부지방에서는 지방에 따라 6월 중순부터 7월 상순이다.

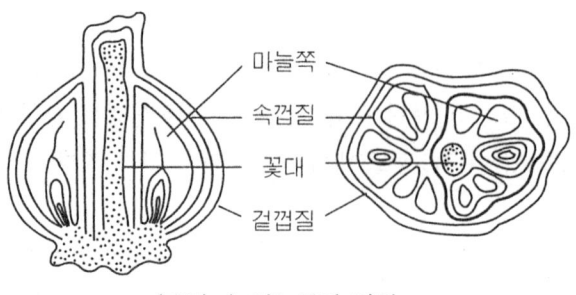

〈그림 5〉 마늘통의 단면

2. 재배환경

가. 온 도

 마늘은 내서성(耐暑性)이 비교적 약하고 내한성(耐寒性)도 그리 강하지 않으므로 세계적으로 보면 재배지는 주로 온대 남부에서 아열대 북부 지역에 분포되어 있다. 우리나라는 전국적으로 재배되는데, 남부해안 도서지방 및 제주도에서는 내한성이 약하고 저온감응성이 예민한, 즉 저온요구도가 약한 난지형 품종을 주로 재배하고 있으며, 내륙 및 중부지방에서는 내한성이 강하고 저온감응성이 둔하여 저온요구도가 강한 한지형 계통의 마늘이 재배되고 있다. 일반적으로 내륙지방의 한지형 품종을 난지에서 재배하면 생육 및 결구(結球)가 불량하게 되며, 반대로 난지형 품종을 한지에서 재배하면 한지형 품종보다 싹이 일찍 나오고 숙기도 빨라지나 결구가 좋지 않을 뿐 아니라 월동기간 중 한해(寒害)를 받기 쉽고 월동 후는 하엽고현상(下葉枯現象)이 심하여 구비대가 나쁘다. 따라서 품종을 선택할 때는 그 지방의 기후조건에 맞는 품종을 선택해야 한다. 맹아기와 재배적기는 품종의 생태에 따라서 다른데 일반적으로 맹아는 지온 22~23℃, 평균기온 25~27℃에서도 싹이 나오나 그 이상일때 맹아 상태가 균일하지 않고, 반대로 저온이 되면 싹이 나오는데 시일이 많이 소요된다.

마늘의 생육이나 구비대에 알맞은 온도는 18~20℃ 이상의 고온이 되면 생육이 정지되고 경엽이 고사하게 된다. 또 기온이 10℃ 이하가 되면 생육 속도가 감퇴되나 뿌리는 1℃내외의 저온에서도 신장하므로 파종 후 월동기간 중 지상부가 생육을 제대로 하지 못하는 때라도 뿌리가 발육할 수 있도록 토양 수분 관리에 유의해야 한다. 뿌리가 발육할 수 있도록 토양 수분관리에 유의해야 한다. 뿌리가 잘 발육되면 월동기간

〈표 1〉 마늘 생육과 온도

맹아(萌芽)				생 육		구(인경)비대	
개시온도		최고온도		적 온	장해온도	개시온도	적 온
평균기온	지온	평균기온	지온				
15~17℃	13℃	25~27℃	22~23℃	18~20℃	25℃ 이상	10℃ 전후	18~20℃

중 한해(寒害)에 잘 견디고 월동후에 생육이 빠르며 양호하게 된다. 이와 같은 생육 조건으로 보아 마늘은 겨울이 비교적 온난하고 봄이 일찍 와서 봄과 같은 따뜻한 기후가 오랫동안 지속되는, 말하자면 봄이 길고 여름이 늦게 오는 지방이 생육기간이 길어서 통이 큰 마늘을 생산할 수 있는 지대라고 할 수 있다. 우리나라 마늘 주요 재배지대는 이같은 기온 조건에서 품종의 분화가 이루어져 있고 주산지를 이루고 있다.

나. 일 장

일장은 특히 마늘의 구형성(球形成) 비대에 크게 영향을 미치는데, 장일조건(長日條件)에서 촉진되고 단일조건(短日條件)에서 억제된다. 이같은 점은 품종간의 감온성(感溫性), 감광성(感光性)의 정도에 따라 다르다.

우리나라 남부 해안연안과 도서지방(島嶼地方) 및 제주도에서 재배

되는 난지형 품종은 내륙 및 중부지방에서 재배되는 한지형(寒地型) 품종에 비하여 저온에 민감하고 저온요구도가 약하므로 인편분화(鱗片分化)도 빨라서 단일성(短日性)을 나타내며, 한지형은 난지형보다 고온(高溫) 장일성(長日性)을 갖는다. 화서(花序) 및 인편 분화기가 난지형 재배지대는 2월 중·하순~3월 상순인데 반하여 한지형 재배지대는 3월말 ~4월 중·하순경이다.

〈표 2〉 단일 처리가 마늘 구형성에 미치는 영향

항목 구별	생육조사(5월28일)					주 당	
	엽 수	엽 장	구 경	엽초경	제1인 편절위	인편수	인편중
8.5시간 단일	7.5매	72cm	2.4cm	1.4cm	6.5	5.3개	2.8g
9.5시간 〃	7.0	74	2.4	1.3	6.5	4.9	3.3
11 〃	8.5	69	2.2	1.1	6.0	5.3	4.1
12 〃	7.5	67	2.4	1.2	6.5	4.5	4.7
자연일장	7.3	75	2.5	1.5	6.7	4.5	4.9

주) 1. 품종 : 일본산 재래종   2. 9월25일 파종, 7월23일 수확

〈표 3〉 저온처리에 의한 품종간 특성비교

품종	처리여부	출현 일수	3월 중순			2차 생장율	생구 수확 가능기	수확기
			초장	엽초장	엽초경			
		일	cm	cm	cm	%	월일	월일
상해조생	"저온처리+ 비닐멀칭"	7	83.9	15.7	1.51	63.3	4/25	5/26
	관행	12	63.3	25.0	1.31	6.3	5/10	6/2
제주재래	"저온처리+ 비닐멀칭"	7	59.1	8.2	1.26	12.3	5/10	5/30
	관행	13	42.6	15.5	0.96	0	5/15	6/3

다. 토 양

 통이 크고 단단하며, 열구(裂球)도 적고 품질이 좋은 마늘을 생산하려면 경토(耕土)가 깊고 물 빠짐이 좋으며, 보수력(保水力)이 있으며 부식(腐植)이 풍부하고 비옥한 점질양토가 좋다. 사질토, 사질양토 및 화산회토 등은 점질땅에 비하여 성숙은 빠르나 구색(球色)과 인편을 둘러싸고 있는 외엽이 얇고 잘 벗겨지며, 구가 충실치 않아서 저장성이 약한 마늘이 생산된다. 마늘은 건조에 비교적 강한 작물이라고 하나 토양이 건조하면 양분의 흡수가 억제되고 아울러 양분 결핍장애 등 생리장해가 생기기 쉬우므로 생육이 불량하여 하엽에 황변현상이 일어나며, 구비대가 극히 불량해진다. 점토 50% 이상인 땅이 보수력이나 양분흡수도 좋으며, 병충해나 한해(旱害)에도 강하다. 우리나라는 특히 파종후 또는 봄에 가물기 쉬우므로 뿌리의 발육이나 초기 생육이 불량해지기 쉽다. 구비대기에는 적당한 토양수분이 있어야 구가 잘 비대하므로 땅의 보수력을 높이기 위하여 퇴기 등 유기질 비료를 충분히 주고 가물때는 짚 등을 깔아주어 건조의 피해를 막고 관수가 가능한 땅은 토양수분상태를 고려하여 관수한다. 토양의 산도(pH)는 5.5~6.0이 알맞으며, 5.5이하가 되어 산성이 강하면 활성 알미늄의 피해로 뿌리끝이 굵고 둥글게 되고 신장하지 못하여 생육이 불량하게 되므로 파종전 석회를 주어 산도를 교정하고(표 4 참조) 아울러 인산질 비료를 충분히 주어 뿌리의 발육과 신장을 좋게 한다.

〈표 4〉 토양산도와 마늘생육

산도pH	초 장	엽 수	엽초경	근 장
4	9.6cm	2매	0.3	2.1cm
5	27.7	4	1.5	24.6
6	30.0	4	1.9	19.5
7	23.5	4	1.4	19.6

마늘 재배시 잎끝이 마르는 이른바 엽선고현상(葉先枯現象)이 발생하는데 증상은 석회 결핍증과 유사하고 잎색이 황변하는 것은 마그네슘 결핍에서 오는 엽록소 생성 불량으로 보여진다. 이같은 현상은 생육이 왕성할 무렵 건조기에 이르면 양분흡수가 억제되어 양분결핍 장해가 일어나기 쉬우므로 보수력 증진을 위한 유기질 비료의 증시, 토양산성 교정 및 칼리질 비료의 충분한 사용이 효과적이다.

일반적으로 마늘재배는 토양 조건에 제약을 많이 받으므로 연작을 하는 경우가 많은데 연작은 토양 병충해의 발생원인이 되므로 연작을 피하는 것이 좋다. 적당한 점질토양에서의 마늘 재배상 이로운 점은,

① 병해충에 견디는 견고한 마늘이 되고, 녹병, 바이러스같은 병에 걸리는 율이 적다.
② 마늘 통의 충실한 생육은 뿌리에 달려있는데 그 뿌리가 빨리 쇠퇴하지 않으므로 결구비대를 바랄 수 있다.
③ 점질토에다 재배하게 되면, 내한·내서성이 강해진다.
④ 시비된 비료의 유실이 적기 때문에 경제적이다.
⑤ 다른 토양보다 점질토양은 건조기에 들어가서도 쉽게 건조되지 않으므로 통의 비대가 현저하게 좋아진다.

라. 구의 형성 및 비대

마늘의 인편분화는 일반적으로 일정한 저온기간을 거친 후에야 이

〈표 5〉 마늘 재배지대별 생육과정

생 육 과 정	제주 및 남해안 연안지방 (난지형 재배지대)	내륙 및 고위도 지방 (한지형 재배지대)
화서 및 인편분화기	2월 중·하순~3월 상·중	3월 말~4월 중·하순
인 편 비 대 개 시 기	4월 상순~4월 하순	5월 중순~5월 하순
추 대 기	4월 중·하순~5월 상·중순	5월 중·하순~6월 상순
인 편 비 대 종 기	5월 하순~6월 상·중순	6월 중순~6월 하순

루어지며 분화후는 장일조건이 구의 비대를 촉진한다. 구비대 개시시기는 품종이나 지역에 따라서 다른데 난지형 품종을 재배하는 남해안 연안과 제주도 지방에서는 4월 상순~하순이 되고, 한지형을 재배하는 중부 내륙지방에서는 5월 중순~하순으로 난지형이 빠르고 한지형이 늦다 (표 5 및 그림 6 참조). 요컨대 온도나 일장, 일조 등의 기상조건이 토양조건과 잘 맞아야 생육도 좋고 구의 형성이나 비대를 좋게 하여 통이 크고 품질이 좋은 마늘을 생산할 수 있다.

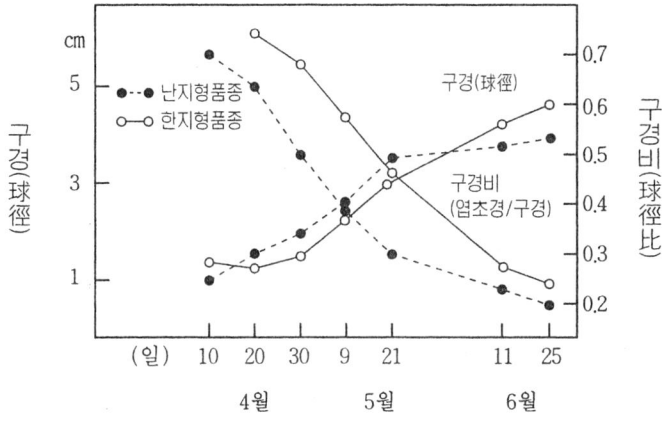

〈그림 6〉 구 형성 비대의 생태 품종간 차이 (李 : 1973)

3. 생리적 특성

가. 생태적 특성

마늘의 생육저온은 18~20℃로써 내한성이나 내서성이 아주 강한 편은 아니다. 가을에 종구 또는 주아(珠芽)를 심으면 곧 발근하고 싹이 나와 겨울의 저온으로 생육이 정지할 때까지 남부에서는 4~5매의 잎이 나며 초장이 20~40cm에 달한다.

겨울에는 외관상 생육이 정지하고 있으나 겨울부터 이른 봄에 걸쳐서 생장점이 화방(花房)에서 분화하여 그 주위에 쪽(側球)으로 발육하는 쪽눈(側球芽)이 분화한다. 따라서 자연조건하에서 겨울의 저온은 인경형성에 필요불가결한 조건으로 되어 있다.

봄에 온도가 상승하면 다시 활발한 생장을 시작하여 엽수, 초장이 증가하고 마침내 추대함과 동시에 구의 비대도 현저하게 되어 화경(花莖)의 기부 주위에 여러 개의 쪽(側球)이 가지런히 형성되게 된다. 즉 마늘은 0~5℃의 저온에서 1개월이상 지나게 되면 측구가 되는 쪽눈(側球芽)을 분화할 수 있는 생리적 상태로 되고 저온기간이 2~3개월에 이르게 되면 한층 더 구를 형성하기 쉬운 상태로 된다.

묘가 적고 엽수가 적은 상태에서 구가 형성되기 시작했을 때에는 구는 작은 상태에서 머물게 되며 엽수가 증가하고 뿌리가 충분히 뻗은 다음에 측아구가 분화하고 비대하면 큰 구가 된다. 또 측아구의 발육 즉, 측구의 비대는 장일조건에서 촉진되며 구의 비대가 끝나기 전에 30℃ 전후의 고온이 되거나 병 등으로 잎이 말라 버리면 큰 구가 형성되지 않는다.

저온요구도는 품종에 따라 다른데 일반적으로 난지의 품종은 저온요구성이 약하고 반대로 중부 내륙성 품종은 저온요구도가 높다. 또 마늘은 전혀 추대하지 않는 불추대의 품종부터 추대가 불완전해서 도중에 중지해 버리는 것, 화경(花莖)이 1m 이상이 되어 많은 꽃과 주아를 맺는 것 등 여러 품종이 있다.

그러나 추대한 화경을 그대로 두어 꽃이나 주아를 달아 두면 주아의 발육때문에 영양을 빼앗겨 인편의 비대가 방해되므로 재배시에는 추대하는 화경을 일찍 뽑아 주고 있다.

나. 구형성과 비대조건

동양종(한국, 일본) 마늘은 화경에 가까운 2매의 잎의 엽액부(葉液

部)에 수개의 측구아가 분화해서 이것들이 발육, 비대하므로써 결구가 이루어진다.

이 때에 화방의 형성과 쪽의 분화는 시기적으로 거의 동시에 이루어져 어느 기관이나 자연조건하에서 분화하기 위해서는 일정기간 식물체가 저온에서 경과될 필요가 있다.

또 분화한 측구아가 비대발육하기 위해서는 장일과 어느 정도 이상의 온도가 필요하다. 즉 월동기간 중 저온에서 경과하면 측구아가 분화하고 봄부터의 따뜻한 기온과 장일에 의해서 새로운 측구가 비대해서 구를 형성하는 것이다.

〈표 6〉 종구의 크기와 구의 비대, 수량과의 관계

연차	품종 / 종자용 인편의 크기	핑크종				화이트종			
		구경	구중	1a당 수량	비율	구경	구중	1a당 수량	비율
	g	cm	g	kg	%	cm	g	kg	%
1960	2.0 ~ 4.0	4.61	19.9	70.9	79.5	4.71	20.4	73.6	75.0
	4.1 ~ 7.5	4.85	24.6	88.9	100.0	5.14	27.2	98.2	100.0
	7.6 ~10.0					5.41	29.2	106.5	108.5
1961	2.5 ~ 5.0	3.29	19.4	77.6	68.4	3.17	15.9	63.6	73.6
	5.1 ~ 7.5	3.90	28.3	113.2	100.0	2.57	21.6	86.4	100.0
	7.6 ~ 10.0	3.37	39.8	159.2	140.6	2.75	23.4	93.6	108.3
	10.1 ~ 12.0					4.14	29.3	117.2	136.8

※재식본수는 1960년 3,600본/a, 1961년 4,000본/a

(1) 구형성과 온도

종구(種球)를 냉장(冷藏)하므로써 측구의 분화가 촉진되며 20℃ 이상에서 저장한 종구를 18~25℃에서 재배한 경우에는 측구의 형성이 억제되었던 실험성적이 있다. 즉 구 형성조건을 유기하는 저온의 적온과 한계온도를 보면 5℃ 정도가 가장 저온효과가 높으며 저온의 영향은 일반적으로 처리기간이 길수록 크나 그 효과도 온도에 따라 한도가 있다. 즉 저온효과가 높은 5℃에서는 처리기간을 3개월 이상으로 해도 구

형성은 3개월구 이상으로 촉진되지 않는다.

　한편 분화한 구의 발육비대는 10℃ 전후에서 시작하여 20℃ 전후의 온난한 온도에서 촉진된다. 따라서 조기재배시에는 저온처리한 다음 20℃ 전후의 온난한 온도조건이 좋다.

　다만 저온처리 후 구가 완전히 분화하기 전에 마늘을 고온조건하에 오래 두면 저온의 효과가 없어지는 일이 있으므로 조기재배에서 종구의 저온처리를 충분히 하지 않으면 생각지 않은 실패를 초래할 염려가 있다.

(2) 구 형성과 일장

　마늘의 구 형성과 일장조건과의 관계에 대해서는 시마다(1954) · 만(1958) 등이 최초로 실험을 실시하여 장일에 의해서 구 형성이 촉진된다는 것을 명백히 하였다.

　시마다는 일본종 마늘에 대해서 2월 26일부터 16시간, 12시간, 8시간의 일장처리를 행한 결과 꽃, 주아, 지하인경의 분화개시기가 자연일장구보다 장일구에서 빨라지고 단일구에서 늦었으며 그 후의 생장도 장일구에서 양호하고 단일구에서 불량하였다고 보고하고 있다.

　저온과 장일과의 두요인의 관계를 보면 종구가 충분히 저온조건을 경과하면 일장의 영향은 별로 나타나지 않고 일장이 매우 길면 저온처리의 효과는 적어지나 어느 범위내에서는 저온과 장일은 구형성촉진에 대해서는 서로 돕고 있다는 것을 알 수 있다.

　그러나 마늘에서는 저온과 장일이 동시에 작용해서 구 형성을 촉진하는 것이 아니라 저온은 구를 형성하도록 생리조건을 유기하고 장일조건은 구 분화후의 발육(10℃이상)을 촉진하는 것이다.

다. 수량과 품질에 관계하는 요인

(1) 종구의 크기

심는 종구의 크기와 생육과 구 수량과의 관계를 보면 종구가 클수록 분화가 빠르고 측구의 분화형성도 어느 정도 빠른 경향을 나타내고 있다.

경엽의 발육과 구의 수량에 관해서는 어느 실험성적을 보아도 같은 경향을 보였는데 종구가 클수록 엽수는 많아지고 초장은 길고 엽폭도 넓으며 초세도 좋고 측구수가 많아지고 구중도 크다.

마늘은 종구가 클수록 수량이 증가하나 구의 비대배율(肥大倍率)은 반대로 저하하고 또 구의 품질을 나쁘게 하는 분구(2차 생장)도 많아지는 경향이 있다. 분구는 재배조건의 영향도 받으나 종구가 7g 이상이 되면 발생하기 쉬운 경향이 있다.

큰 구를 종구로 선택하고 소구를 사용하지 않는 또 한가지 이유는 바이러스병과의 관계가 있다. 즉 바이러스병에 걸린 마늘은 생육이 나쁘고 구의 비대도 현저히 떨어져 소구가 되기 쉽다.

일반적으로 마늘재배에서는 종구를 자급하는 경우가 많으므로 생육기간부터 주의하여 품종의 특성으로 적당하지 않은 것이나 이병주 등은 종구로 사용하지 않도록 하는 것이 중요하다.

(2) 종구의 선택

종구를 선택하는 경우, 품종고유의 특성을 충분히 갖추는 것이 중요하며 동일 품종 계통에서도 1구중은 물론 1주당 쪽수, 분구율 등에도 개체간에 상당한 차이가 있다.

실험결과에 의하면 모구의 쪽수 착생수의 다소에도 불구하고 큰 종구를 쓰는 편이 차대의 쪽수 착생수가 약간 많아지는 경향을 보였다.

〈표 7〉 종구의 파종일과 발아와의 관계

발아일수	심은날짜	8월 1일	8월15일	9월 1일	9월15일	10월 1일	11월 1일
6~10				3.3			
11~15				8.3	1.8	33.3	
16~20			1.7	35.0	15.0	53.3	8.3
21~25			1.7	55.0	66.7	75.0	41.6
26~30			3.4	100.0	100.0	100.0	49.9
31~35		6.7	10.1				69.9
36~40		11.1	41.7				100.0
41~45		15.0	70.0				
46~50		40.0	100.0				
51~55		100.0					

※ 수치는 발아종구율(%)

〈표 8〉 마늘의 재식거리에 관한 실험 (니이가다농시, 1961)

구	재식거리	10a당 주수	평균구중	10a당 수량	10a당대구 수량
밀식	90×15cm 4조	29,640	54.0 g	1,617kg	1,330kg
보통	90×15cm 3조	22,230	56.7	1,270	1,148
조식	90×15cm 2조	14,820	65.7	1,025	931

　적당한 크기의 6편 종구를 사용해서 재배하면 6편종의 생산율은 많아지며 이것을 매년 계속하면 안정된 6편종을 많이 수확할 수 있는 것으로 생각되므로 항시 고른 종구를 사용하도록 주의하여야 한다.

(3) 종구의 심는 시기

　표 7은 난지(일본 구주 구루메)에서의 종구를 심은 날짜와 발아와의 관계를 본 실험성적인데 8월 일찍 심으면 발아에 상당한 일수가 소요되어 발아개시는 9월이 되었다. 반대로 10월 이후에 심어도 시기가 늦어질수록 발아개시일까지의 일수나 발아가 끝날 때까지의 일수가 많이 소요되었다.

　이것은 일찍 심으면 휴면과 고온이 발아를 억제하고 늦게 심으면

기온이 낮아지는 것이 생육에 영향을 미치기 때문이다. 이 성적으로 보아 9월 상·중순에 심는 것이 발아가 가장 단기간에 끝나는 것을 알 수 있다.

(4) 재식거리

마늘도 다른 작물과 같이 단위면적당 재식본수가 많아질수록 수량이 증가하나 구의 비대는 나빠져서 1구당의 구중이 가벼워진다.

따라서 어느 정도의 재식밀도가 적당한가하는 것은 재배목적에 따라 결정된다. 대구를 많게 재배하고자 할 때에는 드물게 심고 수량을 많게 하고자 할 때에는 밀식하면 된다.

그러나 너무 소식으로 하면 구는 커지나 변형구가 많이 발생하는 일도 있으므로 양질의 것을 많이 수확하기 위해서는 어느 정도 밀식해서 개체수를 많게 하는 편이 유리하다.

일본 니이가다농시의 실험성적에서는 1구중이 10a당 15,000구와 22,000구간에는 상당한 차이가 있으나 22,000구와 30,000구간에는 큰 차이가 없다. 그래서 10a당의 수량은 총수량, 대구수량 공히 30,000구까지의 범위에서는 밀식할수록 많아지고 있다.

우리나라에서는 보통 조간 20cm, 주간 10cm 정도로 배게 심으면 수량을 높일 수 있다.

(5) 토양조건과 시비량

마늘은 토양의 종류를 별로 가리지 않으나 경토가 깊고 배수가 양호하며 보수력이 있고 부식질이 풍부하면서 비옥한 식양토에서 양질의 구가 생산된다.

사질토나 화산회토에서는 점질토에 비해 구의 충실도가 떨어지고 저장성도 낮다. 그러나 이런 지대에서도 비배관리를 잘하면 품질이 좋은 것을 생산할 수 있다.

또 생육에는 토양수분이 적당히 유지되어야 하므로 건조하기 쉬운 지대에서는 관수설비가 있어야 한다.

토양산도는 pH5.5~6.0이 적당하며 pH5.5이하가 되어 산성이 될수록 생육이 나쁘며 강산성 토양에서는 뿌리의 선단이 둥글게 되어 그 이상 신장하지 않는다. 마늘의 산성장해로써 직접 관여하는 인자는 토양 중의 활성알미늄에 의한 뿌리의 신장 장해이므로 석회에 의한 산도교정과 더불어 산질을 충분히 사용해야 한다.

마늘의 생육은 재식 당초에는 주로 종구의 저장양분에 의존하고 있으며 또 익춘까지의 생육은 완만하므로 이 시기에는 각 양분의 흡수도 많지 않으나 봄이 되어 기온의 상승과 경엽이 급속하게 신장발육하며 양분의 흡수량도 이 때 생육 상태와 병행해서 증대하여 추대기까지 각 양분의 흡수가 왕성하게 이루어진다.

그 후의 구의 비대가 진행되면 경엽의 생장은 중지되고 양분의 흡수도 완만하게 된다. 구의 비대가 급속하게 진행되는 시기의 양분흡수 상황은 양파 결구시의 양분흡수와 매우 유사하다. 즉 경엽의 양분이 구에 이행하여 구가 비대하게 된다.

〈표 9〉 토양산도와 마늘의 생육

산 도	초 장	엽 수	엽초경	근 장
pH 4	9.6 cm	2 매	0.3 cm	2.1 cm
5	27.7	4	1.5	24.6
6	30.0	4	1.9	19.5
7	23.5	4	1.4	19.6

〈표 10〉 마늘에 대한 퇴비, 석회시용의 효과

항목 구분	평균 구경	구의 크기		평균 구중	10a당 수량	전량구를 100으로 한 수량비	월동 고사율
		구경 3cm 이상의 구 (수확갯수)	전량구의 구경 4cm 구의 갯수100(지수)				
전 량 구	4.61cm	95개	100.0	39.3g	708kg	100.0	2.5%
무퇴비구	3.91	60	63.2	27.6	482	68.1	12.5
무석회구	4.06	75	78.9	33.4	603	85.0	2.5

※ 1. 공시품종은 핑크종, 종구는 2~4g, 토양은 점질토양
  2. 전량구의 10a당 시비량 : 질소 14kg, 인산 9.3kg, 칼리 11kg, 퇴비 1,500kg, 소석회 110kg

따라서 마늘구의 비대 양부는 경엽의 생육여하에 좌우된다.

특히 마늘은 봄에 화방이 분화할 시점에서 엽수가 결정되고 그 후 잎은 증가하지 않으므로 한정된 잎을 얼마나 잘 생육시키느냐가 구 비대를 좌우한다. 그 때문에 적기에 종구를 심고 순조롭게 키우도록 하고 또 추비량이나 추비의 시기에도 주의하여 쫑수의 분화기부터 추대기까지의 생육이 왕성한 시기에 비료를 충분히 시용하여 구가 잘 비대하도록 해야 한다.

일본 이시가와농시에서 행한 3요소 실험의 결과에서는 10a당 질소 21kg, 인산 15kg, 칼리 21kg에서 수량이 가장 많고 질소 및 칼리의 경우에는 그 이상 많이 사용하면 오히려 감소하였다.

질소의 과용은 벌마늘 발생과 잎마름병의 원인이 되므로 조심해야 한다. 또 마늘은 산성토양을 싫어하고 양분으로 석회를 많이 흡수하므로 재배시마다 석회를 10a당 100kg 정도 시용하고 또 퇴비시용의 효과가 매우 크므로 퇴비를 10a당 15,000kg 정도 시용해야 한다.

(6) 쫑(장다리) 제거

마늘중에는 추대하는 품종과 추대하지 않는 품종이 있는데 우리나라 품종과 같이 추대하는 품종에서는 화구(花球)의 발육과 쫑의 발육

은 평행해서 이루어져 경합하므로 측구의 발육을 촉진하고 증수를 도모하기 위해서는 장다리가 나오기 시작하면 빨리 제거할 필요가 있다.

〈표 11〉 마늘의 적뢰와 수량

제 거 기	구 중 량	지 수
출현직후(6,12일)	64.2	100
7, 15일	42.2	66
방 임	25.8	40

표 11은 장다리를 그래도 남긴 것(방임구)과 추대하기 시작했을 때 적제한 것의 구의 비대를 비교한 것으로 이 성적에서는 장다리를 제거한 구가 현저하게 증수하고 있다. 또 시험지에 따라서 15% 정도 증수했다는 성적도 있다.

그러나 너무 일찍 장다리를 적제하면 분구하기 쉽기 때문에 주의해야 한다.

라. 수확과 저장생리

수확후의 마늘은 휴면에 들어가 있으므로 휴면이 깰 때까지는 저장하기 쉬우나 단경기 출하를 위해 장기 저장할 때에는 여러가지 문제점이 있다.

(1) 수확과 건조

저장하는 마늘은 경엽이 1/2~2/3 정도 황변했을 때가 수확적기이다. 수확이 빠르면 수량이 적고 늦으면 벌마늘이 많고 색깔이 나빠지는 등 품질이 떨어진다.

수확은 될 수 있는 대로 맑은 날을 택하고 수확한 것은 2~3시간 햇볕에 말리면 뿌리의 흙이 떨어지므로 이 때 뿌리를 곧 절단한다. 수확직후에 뿌리를 절단한 것은 건조중에 절단한 뿌리가 갈색으로 단단해져 그 후 구가 갈라지지 않는다. 햇빛에 건조하는 도중 비에 맞으면 구의 색깔이나 윤택이 나빠지고 부패 병균이 감염되어 썩기 쉽다.

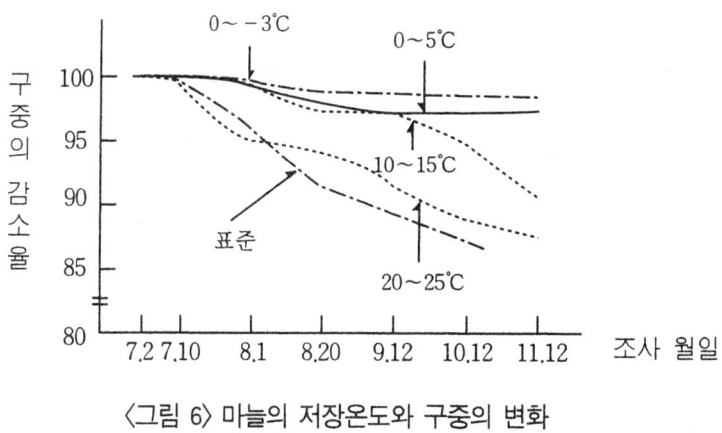

〈그림 6〉 마늘의 저장온도와 구중의 변화

그러나 수확한 구가 더러워 부득이 물에 씻을 때에는 수확 후 곧 씻어 어느 정도 건조한 다음 뿌리를 가르도록 한다.

마늘은 통풍이 나쁜 곳에서 건조하면 물러 썩기 쉬우므로 바람이 잘 통하는 헛간같은 곳에서 건조하는데 중량을 30% 정도 감소하는데 기간은 30~50일 정도 걸린다.

건조방법에는 줄기를 붙여 엮어 매다는 법과 경엽을 곧 절단해서 망포대에 넣어 건조하는 방법이 있는데 줄기를 달아 건조하는 법이 중량이 무겁고 후숙효과도 기대할 수 있다. 수확직후의 온풍에 의한 급속건조에 대한 최근 성적에 의하면 급속건조를 하지 않은 구(무처리구)나 건조가 충분하지 않았던 구는 저장 중에 표피의 부패나 곰팡이의 발생이 많아 처리효과가 뚜렷하였으며 외간이 가장 좋았던 것은 50°C에서의 12시간 처리였다.

저장 후 쪽의 상태도 맑은 날이나 우천시 수확 모두 무처리구가 가장 나쁘고 50°C의 12시간 건조구가 성적이 좋았는데 특히 수확직후의 급속 건조는 비가 많은 해에 효과가 크다.

(2) 저장

마늘은 9월경이 되면 휴면에서 깨서 싹이나 뿌리가 움직이기 시작한다. 저장에 있어서는 이와 같은 움직임을 가능한 한 중지한 상태로 두도록 하는 것이 좋은데 아래 그림 6과 같이 저온구일수록 감소율이 낮아 마늘은 얼지 않는 정도의 저온이 효과적이다.

그러나 보통 냉장(冷藏)해도 1월 말경부터 발아하기 시작하는 경우가 많으나 씨에이(CA) 저장으로 온도를 0~1℃로 하고 실내의 공기 조성을 산소(O_2) 3~4%, 탄산가스(CO_2) 4~5%로 조절하여 저장하면 중량감소도 매우 적고 입고 후 수개월이 경과해도 구중 감소율은 5% 정도로써 품질도 입고당시와 거의 변하지 않는다고 한다.

Ⅳ. 품종과 작형

1. 품종

가. 품종의 특성

마늘은 개화는 하지만 결실되지 않으므로 적극적인 육종이 진전되지 못하였다. 그러나, 마늘이 재배되고 있는 세계 각지역에 따라 많은 품종이 분화·발달되고 있다.

우리나라에서 재배되고 있는 마늘과 같이 추대해서 꽃과 주아가 혼생하는 것, 추대되지 않는 것, 추대되면서 여러 층의 엽초기부엽액에 인편이 착생되는 다인편종, 그리고 추대되지 않으면서 연속 6~8잎의 엽초기부엽액에 인편이 착생되는 다인편종 등이 있다.

중국에서는 재배역사가 오래 되어 많은 품종이 발달되어 있다고 한다.

일본에서도 각 지방의 계통에 대해서 생태분류하고 있고, 열대지방으로 갈수록 잎마늘용의 품종이 분포되어 있다.

미국에서는 마늘가루(garlic powder) 등 가공용에 알맞은 백색종의 마늘이 발달되어 있다.

우리나라에서는 각 지방에서 예로부터 그 지방의 기후풍토에 순화되어 재배되고 있는 지방종들이 있는데, 생태적으로는 난지형과 한지형으로 대별할 수 있다.

남해안 연안지방의 난지와 내륙 및 고위도지방의 한지로 크게 지역이 구분되고, 각각 품종의 적응성이 다르다. 품종을 선택할 때에는 그 지방의 재래품종을 중심으로 하고, 기후가 비슷한 지방으로부터 품종도입이 필요하다. 구와 인편의 외피색은 적갈색 또는 적자색인 것과 백색이거나 백색에 가까운 담갈색인 것으로 나눌 수 있다.

최근 바이러스에 의한 퇴화현상이 심하여 생장점 배양에 의한 무병 종구 육성에 의하고 있으나, 증식보급에는 난점이 많으므로 조직배양으로 얻어진 무병포기로부터 종구증식의 기술체계 확립이 요망되고 있다.

나. 난지형 마늘

우리나라 남해 연안과 도서지방 및 제주도와 같이 겨울이 온난한 지대에서 적응된 품종으로 한지형에 비하면 휴면기간(休眠期間)이 짧아 8월 하순~9월 초에 발근이 시작되므로 8월 중순~9월에 파종한다. 파종 후는 곧 발근되고 맹아와 생장이 계속되어 연내에 상당히 자란 상태로 월동하게 된다. 화서 및 인편의 분화도 빠르고 숙기도 빨라서 조생종에 속하나 숙기가 다소 늦은 중생종인 것도 있다. 난지형은 쪽수가 많고 대부분 화경(쫑)의 신장이 좋고 길며, 주아수나 크기는 지방종에 따라 차이가 있다. 저온에 대한 감응성이 한지형에 비하여 민감하고 저온요구도(低溫要求度)도 약하다.

난지에서 재배할 때는 생육이 빨라서 조숙 재배에 유리하고 냉장처리(冷藏處理)에 의한 촉성(促成)재배에도 유리한 품종이다. 난지형에 속하는 주요지방 재래종으로는 남해(南海), 고흥(高興) 및 제주 지방종 등을 들 수 있는데 제주 지방종은 외피가 담자색인데 비하여 남해 및 고흥 지방종은 백색에 가까운 담갈색이고 인편의 외피도 백색 또는 담갈색이며, 조생 다수성이나 매운 맛이 적다.

다. 한지형 마늘

내륙 및 중부지방의 한냉지에 적응된 품종으로 난지형에 비하여 휴면기간이 길고 발근이나 맹아기도 매우 늦다. 파종기는 9월 하순~10월이 되며, 파종 후 발근은 되나 월동전에는 맹아하여 출현(出現)되지 않고 월동 후 해동기부터 맹아하여 출현된다. 한지형 계통중에는 지방종에 따라 추대주, 불완전 추대주 및 불추대주 등이 있고 위도가 높은 한지에서 재배되는 마늘일수록 불완전 추대주와 불추대주가 많은 경향이다.

한지형 마늘은 난지형에 비하여 숙기가 늦은 만생종 계통으로 인편 수는 6~8개로 적은 편이고 품질이 좋고 저장성도 좋다. 주요 지방 재래종으로는 의성, 서산, 단양, 삼척, 울릉도종 등이 있고, 특히 서산, 단양 및 삼척 지방종은 구도 크고 품질도 좋은 것으로 알려져 있다(표 1참조).

참고로 외국에서 도입된 품종들의 특성을 보면 표 2와 같은데 생태형이 잘 맞지 않아서 일반농가에서 재배하기는 곤란한 것 같다.

〈표 1〉 우리나라 주요 지방 재래종의 특성

구분 대표 지방종	생태형	숙기	재식시기	주대성	화경의 장단	구의 대소	화방의 대소	2차생장	구의 색깔	저온감응	용도	분포지역
남 해	난지형	조생	8~9상	양	장	중	대	극소	백	강	조숙일반	남해를 중심으로 한 도서지방
고 흥	〃	〃	〃	〃	〃	중소	〃	〃	〃	〃	〃	고흥, 목포를 중심으로 한 도서지방
제 주	〃	〃	〃	〃	중	중	중	심	담적갈	〃	〃	제주, 남서연안과 도서지방
완 도	〃	중생	〃	양중	〃	중	대	소	적자	중	〃	완도를 중심으로 한 도서지방
함 양	한지형	만생	9~10상	양	장중	중대	〃	중	담갈	강	일반재배	내륙지방 전역
논 산	〃	〃	9하~10	〃	〃	중대	〃	〃	〃	약	〃	〃
의 성	〃	〃	〃	〃	〃	대	〃	〃	〃	〃	〃	〃
영 덕	〃	〃	〃	중	장중단	〃	〃	중소	〃	〃	〃	〃
서 산	〃	〃	〃	〃	〃	〃	〃	중	〃	〃	〃	〃
단 양	〃	〃	〃	중불량	〃	〃	〃	중소	〃	〃	〃	〃
삼 척	〃	〃	〃	〃	단	대	〃	소	〃	〃	〃	〃
울릉도	〃	〃	〃	중	중단	〃	〃	중	〃	〃	〃	울릉도

〈표 2〉 외국 주요 품종의 특성

국별	품종명	생태형	숙기	추대성	구의 대소	구피색	인편의 대소	인편수
일본	아오모리화이트	한지형	만생	불완전추대	대	백	대	5~7
일본	뉴 화이트	〃	〃	〃	〃	〃	〃	5~7
일본	일주조생	난지형	조생	추 대	〃	담자	중	10~15
중국	남도마늘	〃	〃	〃	〃	담갈~백	중~소	8~12
미국	캘리포니아래이트	한지형	만생	불 추 대	〃	백	중	12~16
이태리	컴먼랜드	〃	〃	〃	〃	담자	〃	12~16

〈표 3〉 마늘특성 및 수량 조사표

지방종	잎수	초장	지름	무게	10a당 수량	쪽수
울산 B	5.3cm	45.3cm	3.1cm	15.6g	449.28g	6.5
남 해	6.1	59.1	3.4	15.1	434.88	5.5
금 산	6.0	49.0	3.7	24.4	702.72	9.0
용 강	5.4	48.4	3.5	21.3	613.44	5.5
장성조	5.6	50.5	3.5	20.6	593.28	8.1
고 흥	6.1	43.9	3.5	20.7	596.16	6.5
시 흥	6.6	51.2	3.8	24.3	697.84	5.5
죽 곡	6.8	47.7	3.5	19.6	564.48	6.1
정 선	7.7	47.5	3.4	20.8	599.04	4.7
홍성 B	6.8	52.0	3.7	25.7	704.16	6.3
홍성 C	4.5	45.0	3.0	21.6	622.08	5.0
청주 B	7.7	58.9	4.2	32.0	921.60	8.0
경 주	5.6	35.2	2.7	11.0	316.80	-
경 주	5.0	58.3	3.7	22.1	636.48	6.2
하 동	6.6	45.9	3.7	21.8	627.84	5.3
의 성	5.5	50.3	3.6	21.8	627.84	6.2
성 주	6.5	34.4	3.1	18.4	416.84	6.5
서 산	5.7	43.8	2.9	14.3	417.60	5.1
대 전	6.6	42.9	3.4	17.2	495.36	7.4
진 도	5.3	47.0	3.1	16.3	369.44	6.0
공 주	5.8	43.5	3.4	12.7	510.76	6.1
청주 A	4.9	45.9	3.4	19.1	550.08	6.5
의성 B	5.0	45.2	3.4	17.0	487.60	5.2

<표 4> 주요품종의 재배지에 따른 수량차 ('78 제주농진)

재배지	품 종 명	생태형	종구중	수확후건구중	2차생장주율
제주	제주재래	난지형	22.7g	27.4g	0%
	남도마늘	〃	35.9	47.4	0
	서산재래	한지형	32.2	22.8	0
	북해도재래	〃	29.9	9.4	65

<표 5> 일주조생의 바이러스 무병주와 이병주의 생산력

종 류	대 (5cm이상)		중 (4cm이상)		소 (4cm이하)		합 계	
	구수	중량	구수	중량	구수	중량	구수	중량
무 병 주	개 50	kg 3.6	개 14	kg 0.6	-	-	개 64	kg 4.2
일반원종	21	1.3	32	1.4	13	0.3	66	2.9

주) 1구 2㎡ 2반복, 구중은 수확직후의 생구중

<표 6> 한지형 마늘의 주요특성 ('78~80 : 원시)

품 종 명	추태성	2차 생장율	구중*	인편수	1인 편중	구의색	이용
서산재래	완전추태	0.3%	32.0g	6.3개	5.1g	갈색	통마늘
New white	불추태	0.7	35.2	4.9	7.2	백	〃
청 삼	〃	0.7	43.8	4.5	9.7	〃	〃
암수 White	완전추태	3.3	39.9	5.8	6.9	〃	〃
삼 호	〃	2.3	39.7	4.9	8.1	〃	〃
홍 전	〃	2.3	40.8	4.8	8.5	〃	〃

※ '78~'80 3개년 평균치이며 도입후 3년차 재배년도인 '80년의 경우 전품종 공히 서산 재래와 구중이 거의 같았음.

〈표 7〉 난지형 마늘의 주요특성 ('78~'80 : 제주농진)

품종명	수확기	추대성	2차 생장율	구중	인편수	1인편중	구의색	이용성
	월/순		%	g	개	g		
제주재래	6/상	완전추대	2	27.4	10.3	2.7	담갈	(통마늘 풋마늘)
남도마늘	〃	〃	22	37.5	9.1	4.1	백	〃
일주조생	〃	〃	10.6	28.0	12.0	2.3	〃	〃
고흥재래	〃	〃	0	30.8	9.9	3.1	갈색	통마늘
남해재래	〃	〃	0	26.1	10.0	2.6	백	〃
자봉마늘	5/중	불추대	5.6	28.1	13.4	2.1	담갈	조기재배

라. 실험성적으로 본 남도마늘의 주요특성

〈표 8〉 월동전(12월 중순) 풋마늘 수량(kg/a) ('80 : 제주농진)

파종기(월/일) 품종	8/20	9/5	9/20	10/5	10/20
제 주 재 래	1,310	1,130	930	380	230
남 도 마 늘	2,920	3,070	2,820	1,530	710
일 주 조 생	1,550	1,590	1,330	610	350

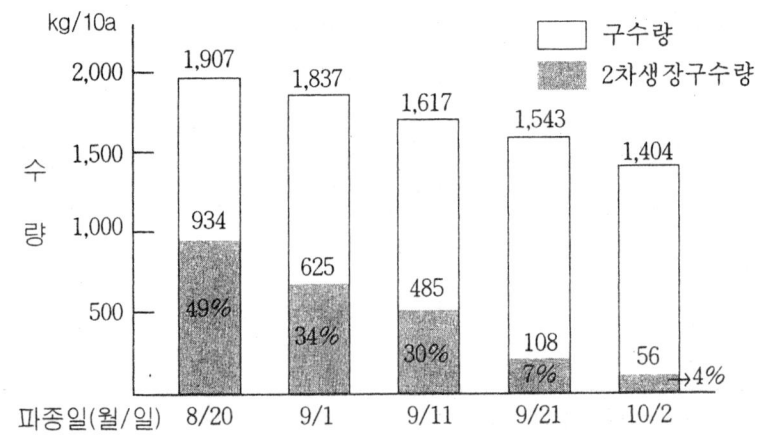

〈그림 1〉 남도마늘의 파종기별 수량 및 2차 생장율

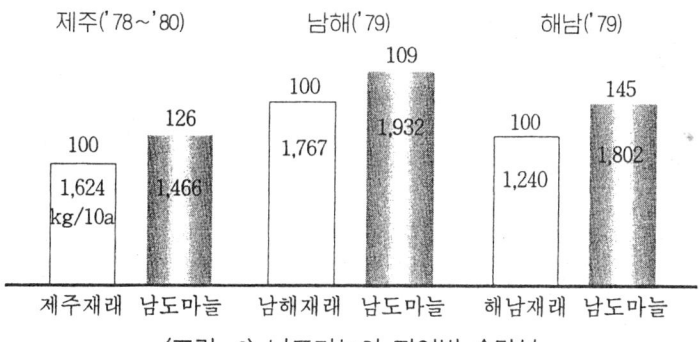

〈그림 2〉 남도마늘의 지역별 수량성

〈표 9〉 남도마늘 생육특성

품 종	초장	엽수	엽폭	인편수	구중	구피색	추대성
	cm	개	cm	개	g		
제주재래	78.5	9.0	2.6	11.9	30.0	담자	완전추대
남도마늘	91.8	8.6	3.3	8.2	39.1	〃	〃

〈표 10〉 남도마늘의 년차별 변이 ('78~82 : 제주농진)

재배년도 \ 조사항목	파종기	생구중	건구중	인편수	1인편중	10a당 건구수량	지수	2차생장율	초장
1977 (도입시)		45.4	35.9	7.5	4.8	1,292	100		
1978	10/10	57.0	47.4	8.5	5.6	1,659	128	0	90.6
1979	9/21	54.7	42.9	9.1	4.7	1,543	119	7	99.9
1980	9/20	40.7	30.1	7.6	4.0	1,178	91	28	90.7
1981	9/29	33.2	26.2	7.7	3.4	943	73	4	87.4
1982	9/28	46.9	33.2	8.6	3.9	1,327	100	0	95.5

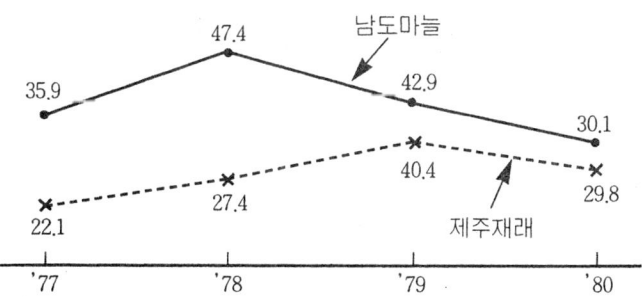

〈표 11〉 남도마늘 작황비교 ('82 : 제주농진)

▼ 실험포장

구분 품종명	파종기	재식 거리	잎출 현율	2차 생장율	인편 수	생구 중	10a당 생구수량	지수
		cm	%	%	개	g	kg	%
남도마늘	9월하순	20×10	100	0	8	46.5	1,860	109
제주재래	9월하순	20×10	100	0	11	42.7	1,706	100

※ 10a당 재식 주수 : 40,000주

▼ 농가포장

구분 품종명	파종기	재식 거리	잎출 현율	2차 생장율	인편 수	생구 중	10a당 생구수량	지수
		cm	%	%	개	g	kg	%
남도마늘	9월하순	20×10	96	2.9	7.4	38.2	1,467	104
제주재래	8월하순	17×10	96	1.2	10.6	30.1	1,415	100

※ 10a당 재식 주수 : 상해조생 : 40,000주, 제주재래 : 47,000주

▼ 파종기별 2차 생장율 조사(농가포장)

파종기 품종	8월 하순	9월 상순	9월중순	9월 하순	10월 상순	평균
남도마늘	20.0	6.0	2.5	2.9	0.5	6.4
제주재래	1.2	0.9	1.1	-	-	1.1

주) 평균 9월 하순 파종 남도마늘 2차 생장율 12.7%

〈표 12〉 시설을 이용한 남도마늘의 생산성 ('82:제주농진)

재배양식	인편분화기	생구수확가능기	주대기	4월25일(생구)			5월10일(생구)		지수	수확기	인편수	건구중	10a당 수량	지수
				1구중	10a당 수량	1인편중	1구중	10a당 수량						
	월/일	월/순	월/일	g	kg	g	g	kg	%	월/일	개	g	kg	%
하우스	1/22	4/중	4/6	33.8	1,343	3.5	33.7	1,340	113	5/10	7.9	26.1	1,038	93
터널	1/28	4/하	4/13	29.8	1,180	3.0	31.3	1,241	105	5/18	7.7	23.8	941	84
멀칭	2/15	5/상	4/25	30.5	1,180	2.4	45.8	1,769	150	5/25	8.5	38.5	1,487	133
노지	2/23	5/중	4/30	22.3	872	1.4	30.2	1,181	100	5/30	9.3	28.7	1,121	100

※ 품 종 : 남도마늘, 파종:9. 28, 파종거리 : 20×10cm
  시비량 : N-P-K=22-30-20kg/10a(퇴비 3,000/석회 100)

2. 작형

 마늘은 그 지방의 기후조건에 따라 적응품종이 발달되어 있고 일정기간동안 저온경과 후 고온장일하에서 구가 비대하게 되며, 또한 수확 후 보통의 저장방법으로도 이듬해 해동기까지의 저장이 가능하므로 작형의 분화가 되지 못하였다.
 그러나 근년에 수요가 증가되고, 3~5월의 단경기출하를 목적으로 재배법이 개발되어 작형이 점차 분화되고 있다.

〈표 13〉 재배작형

	재배지역	파종기	수확기
한지형	내륙지방	10상~10중	6중~7상
난지형		9하~10상	
- 보통재배	제주 및 남해안	(8하~9상)	5하~6상
- 잎마늘	〃	8하~9상	12월~3월
- 조기재배	〃	9하	5하~5중

※ ( ) 내는 재래종 파종기임.

〈표 14〉 지역별 우량품종

	재배지역	품 종	비 고
[난지형]			
-잎마늘재배	제주 및 남해안	난 지 형	제주종, 남해종, 고흥종 등
-조기재배	〃	남도마늘	
		자봉마늘	
-보통재배	〃	남도마늘	
		재 래 종	
[한지형]			
-보통재배	내륙지방	지 방 종	서산종, 단양종, 의성종 등

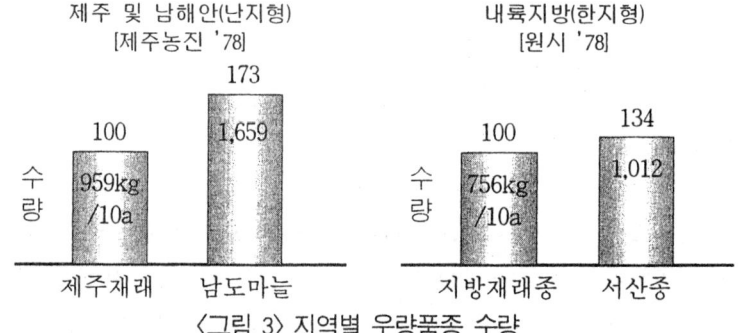

〈그림 3〉 지역별 우량품종 수량

가. 보통재배

우리나라 전역에 걸쳐 각 지방에서 재배되고 있는 일반작형으로, 재배기는 지역에 따라서 다소 다르다.

남해안 연안과 도서지방 그리고 제주도는 9월~10월에 파종하여 6월 상순~중순에 수확하고, 중부내륙지방은 9월 하순~10월에 파종하여 6월 중·하순~7월 상순에 수확한다.

우리나라 마늘 주산지인 의성, 단양 지방은 주로 답리작으로 재배되고 서산지방은 밭 마늘이 주가 되는데, 생강의 후작으로 많이 재배되므로 작부체계상 전후작 등으로 파종기가 늦을 염려가 있고 파종기의 지연은 수량에 영향을 미치므로 적기 파종이 중요하다.

수확물은 수확 후 바로 생구로 판매하거나 수확 후 1~2일 건조한 것을 음건하여 저장하였다 건구로 판매한다.

수량은 품종이나 재식밀도 등 지방에 따라 다르나 10a당 생구로 800kg 내외로 수확하여 건구로 560kg 정도 되는데 건구는 생구의 30% 정도 감량된 수량이다.

나. 조숙재배

겨울철 온난한 남부해안 및 제주도 지방에 난지형 조생품종을 이용하여 8월 하순~9월 상순경에 파종하여 12월 하순~1월에 비닐터널이나 멀칭을 하여 4월 하순~5월에 수확하는 작형이다. 비닐터널 재배는 날씨가 좋아지면 터널 내부의 온도가 높아져서 고온장해를 받을 염려가 있으므로 4월 중순 이후는 비닐을 제거하여 준다. 중부지방에서도 행동 직후 싹이 나온 뒤 추비한 다음 비닐멀칭 재배를 하면 초기에는 생육이 현저히 빠르고 양호하나 후기에는 점차 그 차가 감소된다. 비닐 멀칭재배시는 토양의 온도가 높아지고 수분상태도 양호하여 생육의 진전도가 빨라서 숙기도 다소 빠르나 벌마늘이 발생하기 쉬우므로 조심하여야 한다.

다. 종구 냉장에 의한 조숙재배

난지에서 저온처리 효과가 뚜렷한 조생품종을 이용하여 파종 70일 전에 15℃ 전후로 10일 정도 예냉한 후에 0~5℃에서 60일간 저온처리를 하여 재배하는 작형으로 12월부터 2월의 평균 기온이 7℃ 이상의 온난한 지대가 아니면 동기간 한해를 받든가 생육이나 결구가 불량하기 쉽다. 이와 같이 한해의 염려가 있는 지방에서는 12월부터 비닐터널이나 하우스내에서 재배하면 2~4월에 걸쳐 조기수확이 가능하다(그림 4 참조).

이 작형은 종구의 저온처리기간 중 뿌리가 너무 신장하면 파종 후 뿌리가 말라 죽어 새로운 뿌리가 발생할때까지 시일이 소요되므로 생육이 지연될 염려가 있다.

수량은 일반적으로 보통 재배에 비하여 떨어진다.

품 종	냉장 개시일	파종기	파종후일수 6 9 12 15 19 24 27 30일
일 주 조 생 (난지조생종)	6월 7일 7월 6일 7월 20일 8월 28일 무 처 리	9월 5일	(그래프) (81.3%)

〈그림 4〉 저온처리 개시기와 발아 촉진효과(阿部)

주) (1) X 발아개시 : ○90% 이상 발아기, ( ) 30일 후 발아율
  (2) 냉장처리속도 : 1~5℃
  (3) 수확 : 5월 하순

〈표 15〉 냉장기간 및 식부기와 구중과의 관계

파종기	냉장기간 수량	40일		50일		60일	
		구 중	구중비	구 중	구중비	구 중	구중비
		g	%	g	%	g	%
9월 10일		86.7	6.7	192.4	14.9	272.7	21.1
9월 15일		86.6	6.7	831.3	64.3	813.0	62.9
9월 20일		76.1	58.9	1,184.1	91.6	1,293.3	100.0
9월 25일				606.3	46.9	910.1	70.4

주) (1) 냉장은 0℃±1℃ 2㎡ 3구 평균
  (2) 구중비 : 60일 냉장 9월 20일 파종구에 대한 비율임.

라. 잎마늘 재배

남부해안 및 제주지방 등 온난지대에서 난지형 조생품종을 8월 중하순~9월 상순에 6cm×6cm 정도로 밀식하여 1월 하순부터 5월 상순 사이에 수확, 출하하는 작형으로 수요는 그리 많지 않으나 튀김과 함께 육류요리에 많이 쓰인다.

잎마늘 출하를 목적으로 재배하더라도 수요와 시장가격을 고려하여 시기적으로 솎아서 출하를 조절하고 일부는 적당한 재식밀도를 유지하여 재배한 후 건구용으로 수확하기도 한다.

마. 봄마늘 재배

봄마늘 재배는 가을에 파종기를 놓쳤거나 겨울동안 한냉 건조하여 파종하지 못한 지대에서 재배한다.

봄에 파종하더라도 해동과 동시에 일찍 파종하면 가을에 파종한 것보다는 수량이 떨어지거나 상당한 수량을 얻을 수 있다. 그러나 봄에 파종기가 늦으면 늦을수록 인편수도 적고 구중이 급격히 감소하여 수량이 떨어지고 때로는 통 마늘이 되기도 한다(그림 5 참조).

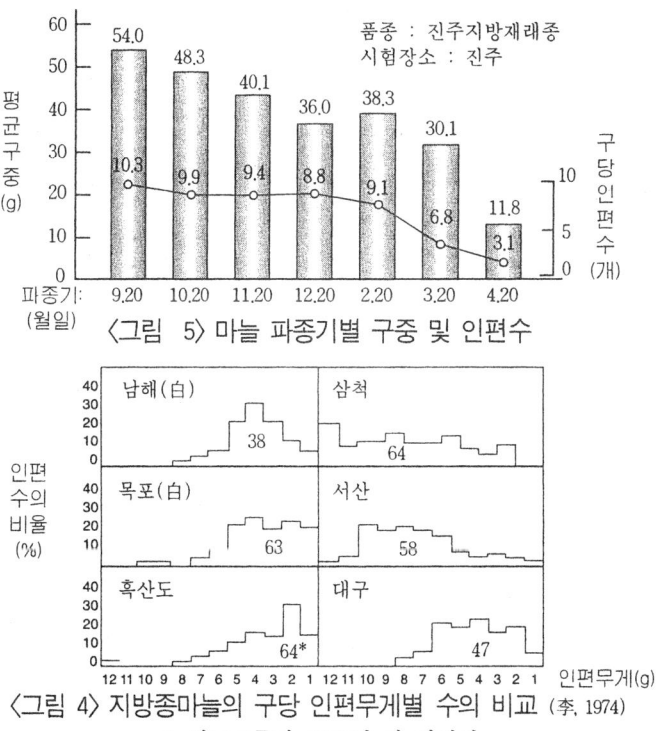

〈그림 5〉 마늘 파종기별 구중 및 인편수

〈그림 4〉 지방종마늘의 구당 인편무게별 수의 비교 (李, 1974)
※ 평균구무게, 1973년 각 지방산

바. 주아(珠芽) 재배

마늘이 추대(推戴)되면 화경(쫑) 상부에 있는 총포(總苞)내에 작은 마늘인 주아가 착생한다. 이 주아는 품종이나 생육상태 등에 따라 수나 크기가 다른데 품종에 따라서는 50개 이상인 것도 있으나 우리나라 지방 재래종은 10개 내외가 되는 것이 보통이다.

주아를 이용하는 것은 품종개량의 방법이 되는 것은 아니나 종구 값을 절감하고 수량을 증대할 수 있다. 즉 주아를 심으면 첫해는 대개 통마늘이 되고 2년차에 가서 인편 분화(분구)가 되고 3년차에 가서야 보통마늘과 같은 크기의 마늘이 된다. 파종 당년의 통마늘은 보통마늘 쪽보다 3배 이상 크므로 큰 마늘을 생산하는데 유리하다.

V. 재배법

1. 씨마늘 고르기와 준비

가. 씨마늘 고르기

(1) 지방 풍토에 알맞은 품종재배

품종을 고를 때는 자기 고장 지방 재래종을 중심으로 알맞은 생태형 품종을 골라 심고 다른 지방이나 외국에서 도입하여 재배할 때는 기후 조건이 비슷한 곳에서 재배하던 품종이라야 생육이나 수량을 기대할 수 있다.

(2) 통이 크고 쪽이 큰 것을 심을 것

우리나라에서 재배되고 있는 마늘은 과거에 비하여 단위 면적당 수량이 크게 증가되지 못하고 있는데 이같은 원인은 여러가지가 있겠으나 특히 바이러스병 등에 의한 퇴화에 원인이 있는 것으로 생각된다. 마늘은 바이러스 병에 걸리더라도 급격한 수량 감소가 보이지 않으므로 이를 모르고 재배하여 왔다. 이같은 바이러스 병에 의한 퇴화를 막기 위해서는 생육기에서 수확할 때까지 자기가 재배하는 포장에서 이병(罹病) 정도가 경미하고 생육이 좋았던 포기를 표시해 두었다가

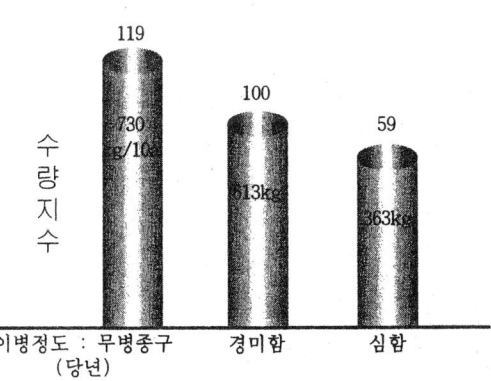

〈그림 1〉 마늘 바이러스 이병 정도와 수량

따로 수확한다. 종자로 쓸 때에는 수확한 마늘 중에서도 굵은 마늘을 골라 심든가 자기 고장 주위에서 굵은 마늘을 생산한 농가로부터 구입하여 씨마늘로 하여야 마늘의 퇴화를 방지하고 동시에 통이 큰 마늘을 생산하여 소출을 올릴 수 있다. 통이 작은 마늘은 바이러스병에 걸려 있을 위험이 훨씬 많고 이같은 마늘을 계속 재배할 때에는 역도태현상(逆淘汰現象)으로 퇴화가 격심하게 되어 점점 작은 마늘이 될 위험성이 많으니 주의를 요한다(그림 1 참조).

씨마늘은 통이 큰 마늘중에서도 쪽이 크고 무거운 것을 심어야 하는데 쪽이 큰 것을 심으면 싹틈과 생육이 빠르고 왕성하여 새로운 인편의 분화형성이 빠르고 인편수도 많게 되며, 1개의 구중도 무거워서 수량이 많아진다(그림 2 참조). 그러나 쪽이 너무 큰 10g 이상의 것을 심으면 벌마늘이 생기기 쉬우므로 시비량이나 추비시기 등에 주의해야 한다(표 2 참조).

한편 인편에 상처가 있거나 병충해를 받은 것, 발근부가 불량한 것은 골라낸다.

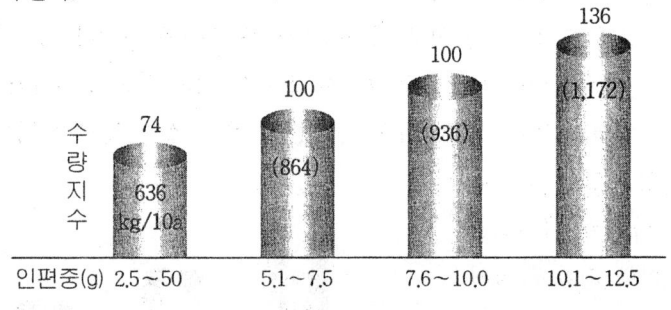

〈그림 2〉 인편의 무게와 수량

따라서 마늘은 대구일수록 큰 인편의 수가 많고, 큰 인편을 재식하면 생육과 구의 비대도 좋고 수량도 많다. 지방종에 따라서는 큰 인편의 수가 적으므로 가급적 큰 인편을 택할 수 있도록 대구의 마늘을 준비해야 한다. 종구마늘의 소요량은 품종·재배지 및 재식거리에 따라 다르다.

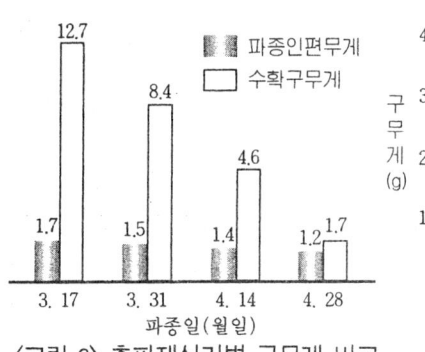
〈그림 3〉 춘파재식기별 구무게 비교 (의성지방종) (李, 1965)

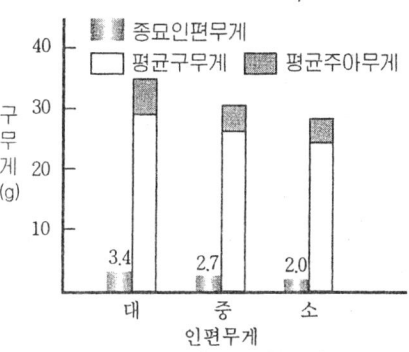
〈그림 4〉 마늘(의성지방종) 종구 인편무게의 크기와 수확구무게의 비교 (李, 1967)

나. 씨마늘 준비

(1) 씨마늘 소요량

씨마늘 소요량은 품종, 재배지 및 재식거리에 따라서 다르나, 보통재배인 경우 10a당 55~75접(210~260㎏) 정도 필요하므로 재배계획 면적에 맞도록 준비하여야 한다.

우리나라 지방종 중 서산, 단양, 삼척 등지의 한지형 마늘은 쪽수가 6~8개 정도이며, 평균 인편중도 난지형 마늘에 비하여 무겁고 제주 남해 등지의 난지형 마늘은 쪽수가 10개 이상으로 평균 인편중이 떨어진다. 난지형 재배지대는 재배 작형도 풋 마늘용의 밀식재배를 하는 경우가 많으므로 이같은 점을 고려하여 종구 소요량을 충분히 확보하여야 한다.

〈표 1〉 인편의 크기와 수량 및 벌마늘(2차 생장)과의 관계 (伊藤:1963)

인편의 크기	구의 인편수	구 중	2차 생장(벌마늘)발생수율
4.5g	3.1개	27.7g	3.3%
7.5	4.0	37.8	6.7
10.8	4.4	49.6	40.6
13.9	4.9	56.6	38.1
18.3	5.6	63.8	48.9

〈표 2〉 씨마늘 소요량   (10a 당)

이랑나비	물고랑	줄사이	포기사이	종구인편소요수	종구소요접수
60cm	30cm	15cm	15cm	29,600개	50~ 62 접
60	30	15	12	37,000	60~ 75
60	30	15	9	49,300	80~100
60	30	6	6	185,100	300~380

※ 6인편 기준

(2) 씨마늘 소독

　씨마늘은 병충해의 피해를 받지 않았던 것을 골라야 할 것이나 실제 종자용 인편에는 각종 병균이 붙어있을 가능성이 있으므로 소독을 하는 것이 안전하다. 소독방법은 벤레이트티 1000배액에다 디메토유제 1,000배액에 약 30분간 침지(浸漬) 후 맑은 물에 씻어서 그늘에 말린 다음 심는다. 소독액은 인편 1kg당 약 10ℓ를 준비하고 약액은 몇회 사용하되 약액이 줄어들면 보충해 준다.

2. 파종

가. 정지

　마늘의 뿌리는 곧고 깊게 자라므로 뿌리가 순조롭게 뻗을 수 있도록 깊게 갈아 주어야 하는데 파종 1~2일 전에 퇴비와 석회를 밭 전면에 골고루 뿌린 다음 깊이 간다. 파종 1~2일 전에 화학비료 및 토양살충제를 고루 뿌리고 정지하는데 이 때 큰 흙덩이가 없도록 고루 잘게 부수어야 하고, 특히 배수가 나쁜 땅은 물빠짐이 좋도록 배수로를 설치하여야 한다.

나. 파종시기

재배품종 및 재배형태에 따라 다르나 보통재배를 하는 경우 난지형 품종을 재배하는 남부해안 및 도서지방에서는 8월 하순경부터는 파종하고, 한지형 품종인 중·만생종을 재배하는 중부내륙지방에서는 10월 상순경부터 파종한다. 너무 빨리 파종하면 고온기에 부패 등으로 오히려 나쁜 영향을 주게 되고 파종기가 늦으면 기온이 낮아 뿌리내림이 나빠 건조 및 추위의 피해를 입기 쉬워 월동 후 초기생육이 불량하여 감수의 원인이 된다. 답리작 재배를 하는 곳에서는 벼를 수확하고 난 다음에 마늘을 파종하여야 하므로 파종기가 늦지 않도록 각별히 주의하여야 한다.

파종기는 각 지방의 기상조건과 품종에 따라 다르다. 남해연안 이남의 지방에서는 9~10월에 파종되고 있는데, 이들 지방에서 재배되는 마늘은 수확기가 빠르고, 휴면도 빨리 끝나므로 발근과 맹아가 빠르다. 그러나, 파종기가 빠르면 2차 생장의 원인이 되고, 또 고온 시기이므로 바이러스의 피해가 많아진다. 내륙 및 고위도 지방에서 재배되는 마늘은 9월 하순~10월이 적기이며, 답리작재배에서는 조파하는 것이 좋다.

파종기의 조만과 수량과의 관계를 진주지방의 실험성적에서 보면 9월 하순에 심는 것이 가장 많고 결빙기인 12월에 심는 것이 적었다.

〈표 3〉 마늘의 재식기 실험성적

파종기	조사개수	추대수	열구개수	총무게	구무게	구당인편수
9월 20일	40	40	16	6,805g	2,158g	10.3
10 20	40	40	20	6,295	1,930	9.9
11 20	40	37	21	6,165	1,605	9.4
12 20	40	39	6	5,020	1,440	9.8
2 20	40	39	20	5,475	1,530	9.1
3 20	40	32	10	4,090	1,205	6.8
4 20	40	0	1	1,895	472	3.1

※ 실험장소 : 진주, 품종 : 진주 지방 재래종

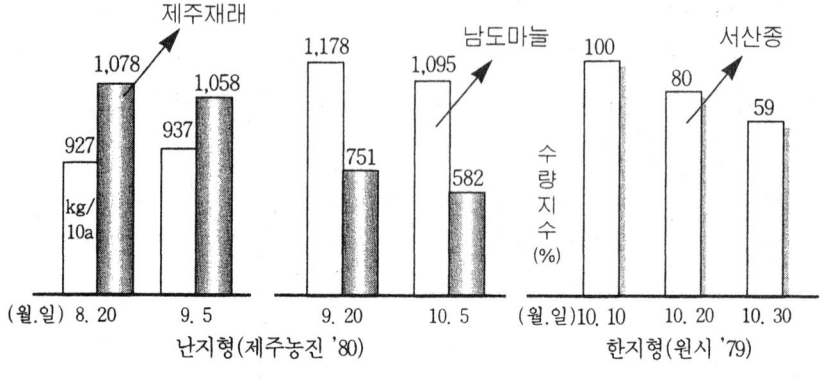

〈그림 5〉 마늘 파종기별 수량

다. 파종방법

　파종량과 심을 거리가 미리 준비되면 인편의 발근부는 밑으로, 발아부는 위로 되도록 심는 것이 중요한데, 이 때 특히 발근부가 상하지 않도록 가볍게 심어야 한다. 발아부가 옆으로 비스듬하다든지 밑으로 향한다든지 하면 발아가 늦어질 뿐 아니라 수확한 구의 모양이 좋지 않게 된다. 심는 깊이는 마늘 인편의 길이의 두배 정도 또는 4~5cm 가량 복토하는 것이 알맞고 이보다 더 깊이 복토하면 통이 작아지기 쉽고, 이보다 얕게 심으면 겨울 동안의 한해와 벌마늘이 많아진다. 그리고 복토한 다음에는 가볍게 흙을 다져서 모세관 작용이 잘 되도록 해준다. 한냉한 지방에서는 볏짚, 낙엽, 두엄 등으로 덮어주는 것이 좋다.

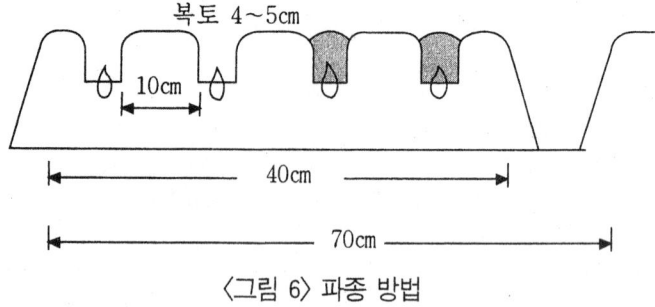

〈그림 6〉 파종 방법

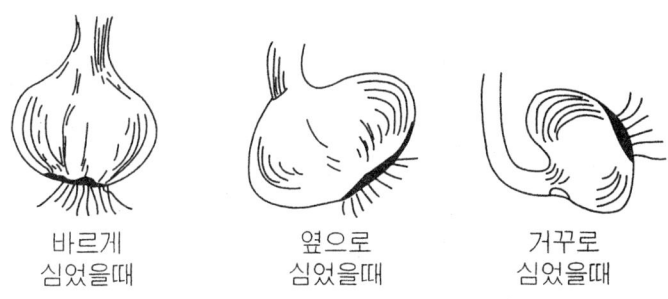

〈그림 7〉 재식방법에 따른 구의 형태

 마늘의 구는 지하에 착생되므로 너무 깊이 심거나 얕게 심으면 좋지 않다. 즉 발근부위가 지하 5~6cm 정도에 위치하도록 심어야 하는데 옆으로 비스듬히 심거나 거꾸로 심으면 구의 모양이 비틀어져 상품가치가 떨어진다(그림 7 참조). 너무 깊게 심으면 싹이 늦게 나오고 또 너무 얕게 심으면 월동시 인편이 땅위로 솟아 한해(旱害) 및 동해를 입기 쉬울 뿐아니라 중경제초할 때에 뿌리나 엽초부위가 상할 염려가 많다.

● 마늘심기와 흙덮기

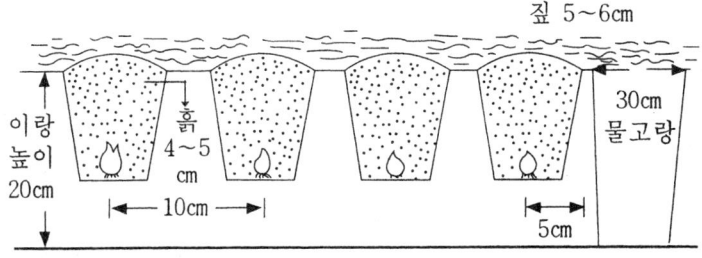

라. 심는 거리

 마늘의 줄기는 곧게 자라고 잎의 폭도 넓지 않으므로 밀식에 견디는 힘이 강하다. 밀식을 하면 할수록 단위 면적당 생산량이 증가하여 수량은 많아지거나 대구(大球)가 적어지고 소구(小球)가 많아져 양질의 구를 생산할 수 없게 된다(그림 8 참조). 종자로 쓰여지는 인편의 크기에 따라 심는 거리가 정해져야 하는데 소인편(小鱗片)을 심는 경우는 다소 밀식하는 편이 좋으나 인편이 큰 것을 밀식하면 도장하여 통기 불량 등으로 좋지 못하다.

　대체로 조간(俎間) 20cm, 주간(株間) 10cm로 심고 있는데 곳에 따라서는 조간 30cm에 2줄씩 서로 엇갈리게 심는 예도 있다(그림 11 참조). 보통 10a당 25,000~40,000주 정도 심는데, 난지형 품종은 인편이 작으므로 35,000~40,000주 심고 한지형은 30,000~35,000주 심으면 무난하다. 지역에 따라서는 그림과 같이 생강, 고추 등과 혼작하기도 하는데 조간을 30~40cm로 하고 그 사이에 작물을 심으며 주간은 8~12cm로 재배하기도 한다.

〈표 4〉 심는 거리와 씨마늘 소요량　　　　　　　　　　(10a 기준)

구　분	한지형 보통재배	난 지 형		
		잎마늘	조기재배	보통재배
심는거리(cm)	20×10	15×10	20×10	20×10
씨마늘소요량(접)	70~80	80~90	60~70	60~70

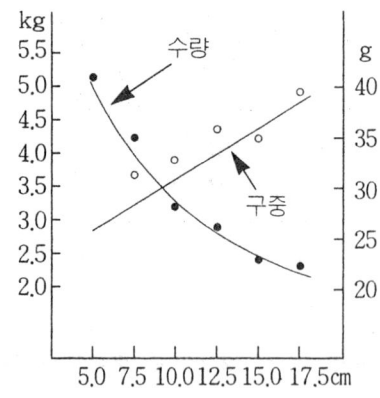

〈그림 8〉 심는 거리와 마늘의 평균
　　　　구중 수량과의 관계(Couto:1958)
※ 줄 사이 : 40cm

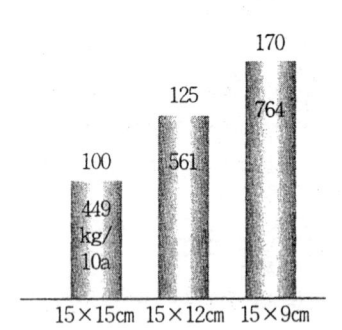

〈그림 9〉 마늘 심는 밀도와 수량
(원시:1969)

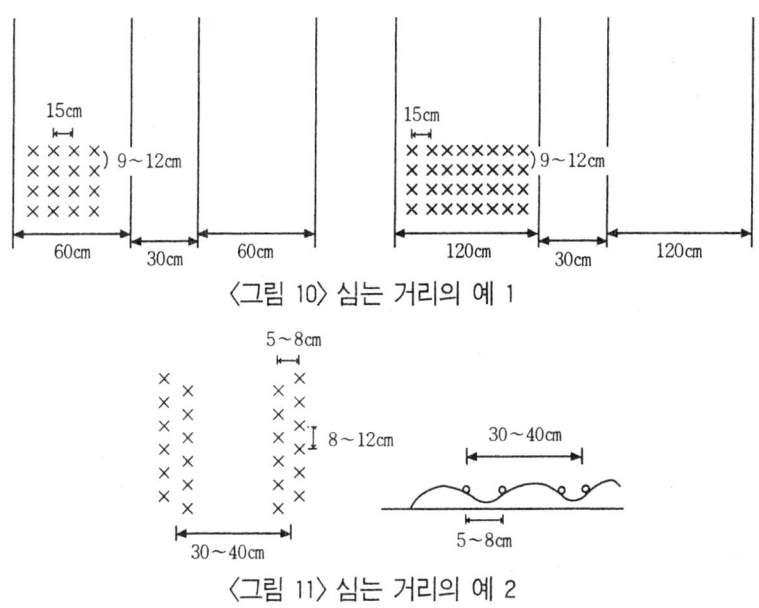

〈그림 10〉 심는 거리의 예 1

〈그림 11〉 심는 거리의 예 2

3. 시비

가. 마늘 생육과 양분흡수

마늘이 양분을 흡수하는 시기는 파종(播種)후 뿌리를 내리면서부터 시작되는데 처음에는 주로 종구(種球)의 저장양분(貯藏養分)에 의존(依存)하고 있으나 월동후 봄이 되어 생육이 진전됨에 따라 흡수량도 상대적으로 늘어난다. 그후 추대기까지 각 양분이 활발히 흡수되다가 구가 비대

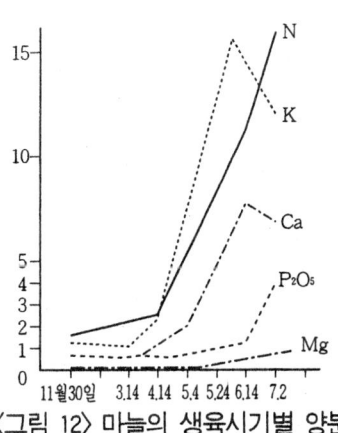

〈그림 12〉 마늘의 생육시기별 양분흡수(10a당 양분흡수량)

하기 시작하면 경엽(莖葉)의 생육이 중지되고 양분의 흡수도 멈추게 된다. 경엽에서 생성된 양분은 구가 비대할 때 인편에 이행되어 축적되므로 마늘의 구비대가 좋고 나쁨은 구비대기 전까지 마늘 경엽 생장량의 좋고 나쁨에 따르게 된다. 따라서 적기에 파종하고 충분히 생육할 수 있도록 추비시기 및 추비량에도 특별히 주의를 기울여야 한다.

마늘은 내비성(耐肥性)이 비교적 강한 작물로 비료의 양을 늘리면 그에 따라 수량도 늘어나나 질소질 비료의 과용은 도장하고 식물체가 연약하게 되어 병충해의 발생이 많고 2차 생장(벌마늘)의 발생이 많아질 우려가 많다.

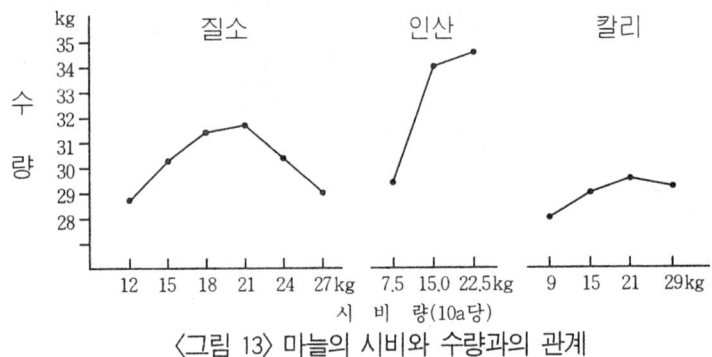

〈그림 13〉 마늘의 시비와 수량과의 관계

〈표 5〉 마늘 시비량

	총 량	밑거름	웃 거 름		
			1회	2회	3회
퇴 비	2,000	2,000	-	-	-
석 회	100~150	100~150	-	-	-
요 소	54	20(20)	17(17)	17(11)	(6)
용과린	100	100(100)	-	-	-
황산가리	40	14(20)	13(10)	13(10)	-

( )내는 제주지방 거름주는 양이며, 잎마늘 재배시는 2회 웃거름까지만 준다.
※ 조기재배, 난지형 비닐덮기 재배시는 전량 밑거름으로 사용

비료의 흡수량은 질소가 가장 많고 칼리, 석회, 인산, 고토의 순서인데 시기별 비료 흡수량을 보면(그림 12 참조) 칼리는 4월에서 6월까지는 질소보다 많고, 6월 이후는 감소하는 경향이 있다. 퇴비는 비료의 효과 이외의 통기(通氣) 및 보수력을 증진하는 등 토양 물리성을 좋게 하는데, 미숙퇴비를 사용하면 썩을 때에 주위의 토양 산도를 급격히 변화시켜 작물에 피해를 주며 또 썩을 때 냄새가 나서 고자리·파리 등 해충을 유인하여 큰 피해를 입게 된다.

3요소의 성분별 시비량은 그림 13에서 보는 바와 같이 질소는 10a당 21kg에서 인산은 15~22.5kg, 칼리는 21kg에서 최고 수량을 나타냈다. 그러나 실제 다수확 재배농가에서는 이보다 훨씬 많은 양을 시비하는 곳도 있다. 시비기준은 재배토양의 비옥도에 따라 각 비료를 가감하여 충실한 마늘을 생산할 수 있도록 하여야 한다.

마늘 비료는 위에서 설명한 단비(單肥)로 주는 것보다는 마늘전용 복합비료(7-20-7)를 사용하면 다수확이 된다. 즉 마늘전용 복합비료(7-20-7)는 속효성비료와 완효성비료를 함께 사용하였으므로 비료 유실이 적고 비료효과가 높으며 이 복합비료에는 질소, 인산, 가리 외에도 마늘 생육에 필수적으로 필요한 영양분인 고토(2%), 붕소(0.2%), 유기물(10%), 유황(4%), 칼슘(8%), 기타 미량 요소가 들어 있어 마늘생육이 좋을 뿐만 아니라 특히 유황성분이 들어 있어 매운 마늘을 생산할 수 있으며, 단비(單肥)를 사용하는 경우 각종 비료를 구입하거나 비료를 혼합하는데 불편한데 반하여 편리한 점이 있다.

● **마늘전용 복합비료 시용량** (kg/10a)

시비시기	밑거름	웃거름
비 료 명	마늘비료(7-20-7)	추비특호(13-2-13)
시 비 량	100	100

※ 웃거름은 2~3회 나누어 시용

● 마늘전용 복합비료 성분량 (%)

보 증 성 분						부 성 분		
질소	인산	칼리	고토	붕소	유기물	유황	칼슘	기타 미량 요소
7	20	7	2	0.2	10	4	8	약간

〈표 6〉 웃거름 주는 시기

	1회	2회	3회
제주지방	11월 상순(10월 하순)	12월 상순(11월 하순)	2월중순
남 해 안	2월 하순	3월 하순	-
내륙지방	3월 하순~4월 상순	4월 중순~4월 하순	-

( )내는 잎마늘을 재배할 때의 웃거름 주는 시기임

다. 질 소

질소비료를 과다하게 주어서 마늘을 재배한 것은 수량도 줄고 저장력이 낮고 부패가 많아진다.

질소의 공급시기는 수량에 크게 영향을 주며 마늘에서는 잎의 신장기에 필요하고 잎이 급속히 신장하는 시기에 공급해 줄 필요가 있다. 마늘은 양파와 같이 지상부의 경엽에 축적된 것이 5~6월에 지하부로 물질 이동이 되어 인경이 비대되는 것이기 때문이다.

작물이 흡수할 수 있는 질소의 형태는 질산과 암모니아이고 암모니아태 질소보다 질소태 질소가 좋다. 이들이 함유되어 있는 대표적인 비료는 요소와 유안으로 대부분의 화학비료 중에 들어 있다. 이들은 물에 녹아서 뿌리 가까이 가면 곧 흡수되어 효과가 나타나는 비료이다. 요소도 직접 흡수되나 토양중에서 곧 암모니아나 질산으로 변하므로 요소의 형태로 흡수되는 것보다 암모니아나 질산으로 변해서 흡수되는 것이 많다.

유박이나 어비 등 기타 여러가지 유기질 비료는 분해해서 암모니아 또는 질산으로 되지 않으면 비효가 발휘되지 못한다.

유기질 비료 중의 질소는 단백질 그외 함질소 유기 화합물의 혼합물이다. 단백질은 분해되어 아미노산으로 되고, 다음에 암모니아로 되어 그 다음에 질산으로 된다. 이와 같이 해서 분해되어 처음으로 비료로써 유효하게 되므로 지효성 비료라고 한다. 유기질 비료를 사용하면, 그 비료가 가지는 화합물에 따라 분해 과정이 다르므로 그 화합물이 암모니아대 질산대로 변하는 시기가 다른데, 이것이 비료를 오랫동안 유지시키는 원인이 되는 것이다.

라. 인산

인산은 토양에 흡수가 되고 산성이 강한 토양(pH5.0이하)에서는 불가급태로 되어 비료의 효과가 나타나지 않으므로 토양 산도를 중화시킨 후 시비해야 한다. 그러므로 인산 비료를 줄 때는 이미 토양중에 흡수 공급되어 있는 인산 비료의 형태와 작물의 종류에 다른 뿌리로부터의 흡수능력같은 것을 고려해야 한다. 인산은 발근을 촉진하는 효과가 있으므로 인산을 시용하는 시기는 특히 마늘과 같이 가을에 파종하는 작물에서는 밑거름으로 시용해선 연내에 충분한 발근 신장을 시켜 한해로 인하여 고사하는 것을 막아 준다. 인산은 토양 중에서 거의 이동하지 않으므로 추비로 주는 것은 뿌리가 많이 분포하는 장소에 도달시키는 것이 곤란하므로 효과가 적다. 인산 비료의 한 종류로써 수용성 비료인 과석이나 용과린의 효과가 크고, 구용성 비료인 용성인비, 인산 2석회, 인산 3석회, 도마스 인비의 효과는 좀 떨어지나, 다같이 가용성 비료로써 많이 사용되고 있다. 왕겨, 유박 등에 함유되어 있는 인산은 유기태의 인산은 분해하지 않으면 비효가 나타나지 않는다. 계분, 어비, 골분은 무기태의 인산인데, 이것 역시 분해하지 않으면 비효가 나타나지 않는다.

마. 칼리

마늘의 칼리 흡수량은 비료성분 중 가장 많으며 칼리를 많이 시용해서 재배한 마늘은 저장중의 부패가 적은 것 같다. 그러나 밑거름으로 너무 많이 주면 초기 생육이 불량해서 감수한다. 칼리의 다비는 질소의 흡수량이 감소되어 저장성을 높이는 것같이 생각된다. 칼리의 사용량이 많으면 작물체내에 불필요하게 흡수하고, 과잉으로 흡수한 칼리는 생산에 직접 영향이 없으나, 석회나 마그네슘의 흡수가 감소되고, 따라서 칼리의 과다 시용은 이들의 결핍증을 일으키는 원인이 되기도 한다. 칼리비료의 종류는 황산 칼리, 염화 칼리 등 화학 비료나 퇴구비, 녹비, 초목회의 칼리 등 다같이 물에 녹아서 흡수된다.

바. 석회

채소 가운데서 마늘은 칼리와 함께 석회를 가장 많이 흡수하는 성분의 하나이다. 전작물의 재배에서 석회의 시용으로 중성에 가까운 토양에서는 석회의 시용이 불필요하나, 산성이 강한 토양에서는 중화용으로 석회의 시용이 필요하게 되는데, 화학비료를 매년 사용함에 따라 이들 비료가 원인으로 되어서 토양염기의 유실 특히 석회가 토양으로부터 없어지기 때문에 산성토양으로 된다고 생각되고 있다. 그러나 여기에 부가해서 마늘에 흡수되어서 없어지는 석회가 많다는 것을 생각하지 않으면 안된다. 결국 토양이 산성으로 되는 것은 다량으로 시비된 화학비료만이 아니라, 석회를 다량으로 흡수하고 있는 작물(마늘)이 원인이 되는 것이다.

토양에 시비된 산도 교정을 위한 석회량은 그 토양에 재배된 작물의 그 시점에 있어서의 석회 시비 표준량이라고 생각할 수 있다. 석회는 퇴비와 같이 사용 효과가 크다는 것을 알 수 있다.

사. 미량요소

봄 일찍부터 건조기에 잎끝이 마르는 증상이 많이 보이는데 마늘을 많이 재배하는 지방에서는 매우 문제거리가 되고 있다.

일본에서는 인산, 암모니아의 처리가 효과적이라고도 하나 퇴비나 석회를 충분히 준 땅에서는 이러한 장해의 발생이 적은 것 같으므로 이 발생은 토양 조건(영양분의 과부족, 미량요소 결핍), 건조가 원인이라고 보여진다.

미량 요소 결핍증은 작물의 종류에 따라 다르나 일반적으로 고엽으로부터 나타나는 것과 새로 생장이 왕성한 부분에 나타나는 형으로 크게 나눌 수 있다. 전자는 질소, 인산, 가리고토의 결핍증이고, 특히 가리, 고토의 결핍증은 생육 초기에 나타나는 것이 적고, 어느 정도 생육이 왕성하게 되어서 증상이 나타나는 것이 많은 것에 비하여, 인산이 부족할 때는 이보다 더 일찍부터 나타나는 것인데 이들 요소가 결핍했을 때는 오래된 조직으로부터 새로운 조직에 그 성분이 이행하고 이로 인하여 오래된 조직에서는 결핍되어 증상을 나타낸다. 후자는 석회 붕소, 철, 망간 등의 결핍에서 볼 수 있는 것으로 식물 체내에서 오래된 조직으로부터 새로운 조직으로 이행이 곤란하기 때문이라 생각되고 있다.

마늘의 황화 현상으로 나타나는 결핍 증상은 엽록소의 감소 혹은 소실에 의한 것이고, 고토, 가리, 질소의 결핍은 하엽으로부터 나타나고, 질소는 잎 전체가 황화되고, 가리는 주변으로부터, 고토는 굵은 엽맥의 부분으로부터 나타나는 것으로 구별되고, 철의 결핍증은 엽맥에 나타나지 않는데 비해서 망간은 엽맥간 황변부가 나타나는 것으로 구별된다.

〈표 7〉 시비량 실험

구 별		생 구 중	건조총중	건조구중	비 율
질소질량	질소 12kg	7.20kg	3.39kg	2.97kg	91.1%
	〃 15	7.39	3.54	3.14	96.3
	〃 18	7.66	3.63	3.22	98.8
	〃 21	7.70	3.67	3.26	100.0
	〃 24	7.54	3.58	3.15	96.6
	〃 27	7.43	3.52	3.01	92.3

구 별		생구중	건조총중	건조구중	비 율
인산질량	인산 7kg	6.26kg	3.71kg	3.06kg	93.8%
	〃 15	8.23	3.79	3.28	100.0
	〃 22.5	8.34	3.89	3.43	100.6
칼리적량	칼리 9	7.27	3.27	2.84	94.7
	〃 15	7.33	3.36	2.94	98.0
	〃 21	7.48	3.42	3.00	100.0
	〃 27	7.28	3.40	2.98	99.3
석회적량	석회 0	7.05	3.18	2.76	96.5
	〃 120	7.09	3.30	2.86	100.0
	〃 240	7.08	3.42	2.99	104.3
	〃 75	7.03	3.25	2.81	93.6

4. 관리

가. 짚덮기

건조한 논은 동해를 입기 쉬우나, 밭은 토양 습도가 일정 정도 유지되면 품질이 좋은 마늘이 생산된다. 그러므로 건조한 토양에서나 가을에 한발이 오랫동안 계속되는 지방에서는 관수의 효과가 크다. 내륙 및 중부지방에서 결빙전에 충분히 발근이 되도록 적기에 파종해야 하고, 파종 후 곧 결빙기가 오면 동해를 받게 되며, 또 토양이 건조하고 겨울 동안 청명한 날씨가 계속되어 토양수분 증발이 계속될 때도 한발로 동해를 입게 된다. 습기가 있는 토양은 온도가 잘 내려가지 않고 열의 전도가 좋으므로 지하 40~50cm와 거의 같은 지온이 되므로 겨울이 오기 전에 관수해 두는 것이 좋다.

우리나라에서는 가을에 마늘을 파종한 후 별로 비가 많이 오지 않으나, 간혹 비가 많이 오는 해나 지방에서는 마늘 밭에 배수가 잘 되도록 해주고, 특히 논 마늘에서는 토양수분의 과부족이 안되도록 해서 동해와 습해의 예방에도 힘써야 한다. 제주도와 남부지방의 도서연안 지방에서는 8월 하순~9월에 파종하는 지방이 많으므로 이런 지방에서는 파종후 한발이 심하면 발근과 발아가 순조롭지 못하게 되는데 이때는 관수의 효과가 크다.

추위가 심한 지방에서는 한해를 받기 쉬우므로 토질에 따라서 파종후 복토를 좀 깊게 하거나 두엄 미숙퇴비, 왕겨, 볏짚, 낙엽같은 것으로 피복해 주는 것이 좋다. 이것은 지온의 유지로 동해의 직접적인 예방도 되나, 비나 눈이 적은 지방에서는 한발이 심할 때 토양수분의 증발을 억제하므로 가뭄의 예방에도 효과가 크다.

월동후 겨울동안 한발과 동해의 예방으로 덮었던 볏짚이나 낙엽, 퇴비같은 것을 해동 즉시 제거해야 한다. 이때 지상에 맹아되지 않은 지방에서는 해동 직전에 모아서 불을 피워 태워주면 월동 병충을 없애는 방법도 된다.

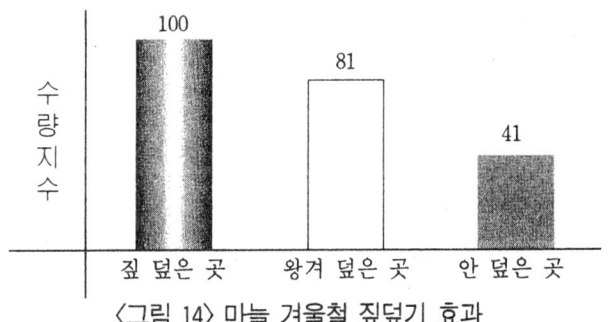

〈그림 14〉 마늘 겨울철 짚덮기 효과

나. 김매기

중경과 제초는 추비시에 겸해서 하는 것이 보통이다. 거름골을 팔 때 너무 깊이 파면 마늘 뿌리가 피해를 입게 되므로 주의해야 한다. 난지형 품종을 재배하는 지역은 월동기 이전에 싹이 나오고 생육을 하므로 때에 맞춰 제초를 한다. 대체로 마늘은 밀식하고 줄기와 잎이 강건하여 중경제초시 잎 등이 부러지는 예가 많아 피해가 많고 노력이 많이 들므로 제초제를 많이 사용한다. 근래에는 많은 제초제가 개발되어 한층 사용하기에 편하게 됐다.

마늘은 포장에 심겨져 있는 기간이 길기 때문에 파종후 초기에 월동전 잡초를 죽이기 위한 제초제와 월동후 생육 후기에 발생하는 잡초를 죽이기 위한 제초제의 특징을 갖추어야 하는데 이로 인한 이유로 마늘에 적용되는 제초제의 개발이 그간에 이루어지지 않았었다. 그러나 근래에 이르러 메타벤 수화제(트리브닐), 프로린 수화제(푸로메트렉스), 구사가드 수용제 등 3가지 제초제가 고시등록되었다. 메타벤 수화제(트리브닐)는 비닐피복 재배시에도 마늘에 피해없이 재배할 수 있는 농약이다. 대부분의 제초제는 살포 후 3~4일간 가스가 발생하게 되는데 제초제 살포 후 바로 비닐을 덮으면 이 가스의 피해가 발생하여서 비닐피복하여 재배하는 작물에 제초제 사용이 곤란하였다. 그러나 메타벤 수화제(트리브닐)는 비닐 피복재배시에도 안전하게 사용할 수 있고 월동 후에 마늘이 자라는 생육중에도 사용할 수 있어 앞으로 마늘재배에 획기적인 제초방법이라고 생각된다.

●마늘밭 잡초 약제 방제 효과 ('84 농약연구소) (방제가:%)

	명아주	바랭이	냉 이	쇠뜨기	평 균
트리부닐수화제	97.0	100.0	90.0	84.0	94.6
A 입 제	70.0	66.7	85.7	76.9	70.0
B 수 화 제	38.6	33.3	14.3	100.0	45.2
C 수 용 제	84.1	90.0	42.9	92.3	82.8
무 처 리	0	0	0	0	

● 잡초약 사용방법

약 명	사용적용량	물 20 *l* 당 사용약량	10a당 약량	
			약 량	살포량
메타벤수화제 (트리브닐)	잡초 발아전부터 2~3엽기 이내	50g	300g	120 *l*
프로린수화제 (푸로메트렉스)	월동 후 잡초발생시부터 2~3엽기 이내	33g	200g	120 *l*
구사가드 수용제	잡초 2~3엽기	20g	100g	100 *l*

※ 프로린수화제와 구사가드 수용제는 비닐덮기 재배시는 사용 금함.
※ 메타벤수용제를 비닐덮어 재배시 사용할 때는 가급적 비닐덮기 전에 충분한 시일을 두고 사용(최소한 비닐덮기 3~4일전)한다.
※ 메타벤수화제는 논마늘 재배시 적기보다 늦게 사용하면 후작인 벼 활착이 불량하므로 가급적 3월 하순까지 사용한다.

다. 관 수

건조하기 쉬운 토양이나 가뭄이 오래 계속될 때의 관수 효과는 매우 크다. 토양이 건조하게 되면 토양중에 있는 양분이 불가급태(不可給態)로 되어 식물 생육에 지장을 준다. 또한 월동시에 건조하면 동해율이 크나 수분이 있으면 피해가 훨씬 줄어든다. 월동 후 생육기에 건조하면 양분 흡수가 적어져 생산량이 적어 좋은 마늘을 생산할 수 없다. 그림 18에서 보는 바와 같이 건조할 때에는 10일 간격으로 30mm식 관수하면 좋은 효과가 난다. 그러나 토양중에 수분이 지나치게 많으면 뿌리의 호흡에 장애가 있어 오히려 나쁘다.

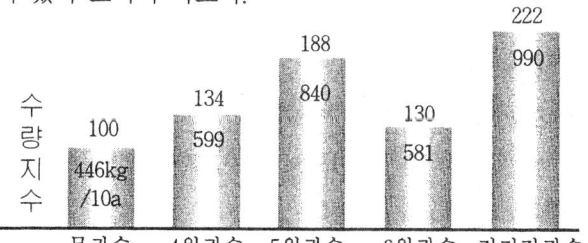

〈그림 15〉 마늘 생육시기별 관수효과 (원시, '77~78)

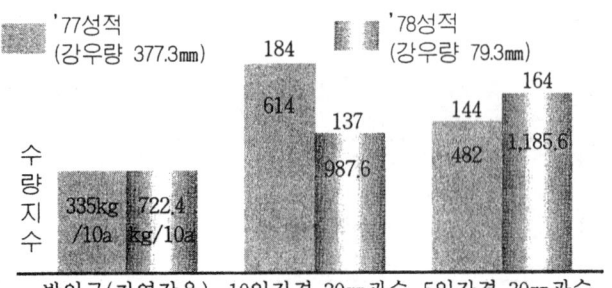

〈그림 16〉 마늘관수간격과 관수량·효과 (원시, '77~78)

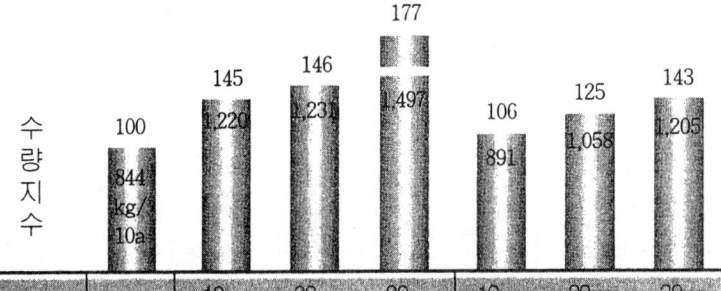

구 분	방임구	10mm	20mm	30mm	10mm	20mm	30mm
		5일간격			10일간격		
생구중 (g)	23.5	33.9	34.2	41.6	24.8	29.3	30.8
엽초경 (cm)	0.9	1.1	1.1	1.3	0.9	1.0	1.2
지하부중(g)	2.6	3.9	3.9	6.1	3.4	4.0	4.7

〈그림 17〉 마늘관수간격과 관수량 (원시, '77~78)

라. 웃거름주기

마늘의 흡비력은 늦게까지 지속되므로 웃거름주기에 주의하지 않으면 안된다. 마늘은 양파와 상이되는 점이 많은데 경엽이 수확하기 직전까지도 갈색으로 변색하지 않는다.

마늘은 6월 중순까지 계속해서 비료분을 흡수하는데, 4월 중순경에 마늘쪽의 분화가 시작되고 5월 중순경에 가서는 개개의 마늘쪽이 그 모양을 형성시킨다.

　그리고 5월 하순부터 6월 상순경에 걸쳐서 마늘통의 비대가 갑자기 진척되는 것이다. 특히 4월경에 비료분이 절대로 필요한 이유는 이 시기에 있어서 마늘쪽의 분화기의 생육이 마늘통 비대에 크나큰 영향을 미치기 때문이다. 그렇다고 해서 너무 비료를 많이 주거나 시비하는 시기가 늦으면 녹병과 벌마늘같은 장애를 일으키기 쉬우므로 주의하지 않으면 안된다.

　상술한 바와 같이 마늘의 생육과정을 관찰해 보면, 추비의 시기를 다음과 같이 할 필요가 있다고 생각된다. 즉, 제1차 추비의 시기는 3월 하순부터 4월 상순에 주고, 제2차 추비의 시기는 4월 중순부터 4월 하순에 준다. 웃거름주기는 표 6과 같이 한지형인 경우에는 제1회는 3월 하순~4월 상순에 10a당 요소 17kg, 염화카리 12kg을 준다.

　마늘밭에 인분뇨를 주는 경우에는 고자리파리들이 인분냄새를 맡고 이랑으로 모여들어 산란한 장소를 만들기 때문에 인분뇨를 주지 않는 것이 좋다.

　추비는 마늘과 마늘 사이에 추비할 수 있게 도랑을 만들고 시비한 후 흙으로 덮어준다. 그리고 제초를 겸해서 시행한 마늘의 비배관리에 있어 특히 주의해야 할 것은 벌마늘이 생기지 않도록 웃거름을 주고 제초제 사용시는 식물체에 접촉되지 않도록 주는 것이 좋다.

마. 북주기

　중부내륙지방의 한지형 마늘은 겨울이 지난 후에 솟아오른 마늘을 가볍게 눌러주고 북주기를 해 준다.

　제주 및 남해안지방의 난지마늘은 웃거름 줄 때 북주기를 하여 마늘이 벌어지는 것을 막는다(남도마늘은 필수적으로 실시).

　1회는 12월 상순에 2~3cm 북주기를 실시하고 2회는 1월 하순경에 2~3cm 북주기를 하여야 하며 3회 북주기는 3월 하순경에 북주기를 실시하여야 마늘이 벌어지는 것을 막을 수 있다.

바. 잎끝 고사 대책

땅이 너무 건조하거나 습하면 칼리흡수가 안되어 발생된다.
대책으로는
- 토양습도 알맞게 유지(가뭄과 습해 방제)
- 충분한 석회시용으로 토양 pH 교정(10a당 100~150kg)
- 두엄 많이 주기(10a당 3,000kg 이상)
- 칼리질 비료 알맞게 주기와 웃거름 제때주기(거름주기 참조)

사. 마늘 쫑 제거(주아시기)

마늘의 품종에는 추대하는 것과 추대하지 않는 것이 있는데 추대하는 것은 주아의 발육이 인편의 비대와 경합하게 되므로 양분 쟁탈전이 벌어져 주아를 그대로 두면 그만큼 구에 적은 양이 배당된다.

따라서 주아를 빨리 제거하면 할수록 구의 비대에 유리한데 어떤 품종에서는 추대된 화경을 조기에 적제하면 2차 생장(벌마늘)이 많아지는 것도 있다. 농가에서는 추대된 화경을 뽑아서 조리용 등으로 시장에 출하하

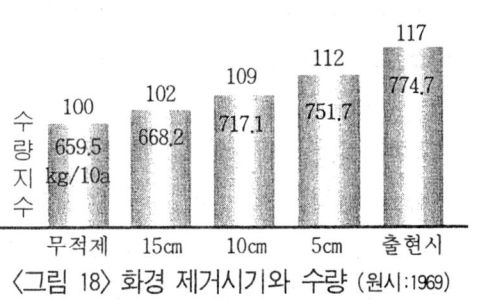

〈그림 18〉 화경 제거시기와 수량 (원시:1969)

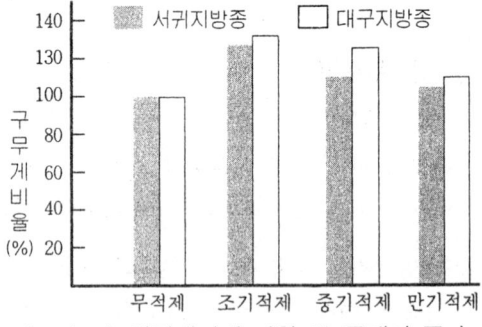

〈그림 19〉 화경제거에 의한 구 무게의 증가
(李, 1965)

고 있어서 주아 제거시기가 약간 늦어지는 경향이 있는데 가급적 빨리 제거하는 편이 좋다.

　추대하는 시기는 제주도 및 남부지방에서 재배되는 난지 생태형 지방종은 대개 4월 하순~5월 상·중순이고, 내륙 및 중부지방에서는 5월 중순부터 6월 상순인데, 지방종 또는 개체에 따라 차가 있다. 추대가 되면 주아가 형성 비대해지므로 지하 인편을 비대시키기 위해서 거의 일시에 추대하는 지방종은 제거를 한꺼번에 하는 것이 좋고, 그렇지 못한 지방종은 2~3회에 걸쳐 제거해 준다. 제거시기에는 추대 후 빠를수록 좋은데, 파종시 인편중을 같게 하여 추대 직후부터 시기별로 제거 실험한 결과는 일찍 뽑을수록 좋다. 마늘쫑은 식용에 좋고, 감미가 있으며, 마늘의 인편만큼 냄새가 나지 않으므로 인기가 있다. 그래서 마늘쫑의 시판을 위해서 추대후기에 제거하는 경향이 많은데 그 제거 시기가 늦기 때문에 상당히 감수되고 있는 것이다. 또 지방종에 따라서는 주아를 조기에 제거하면 2차 생장이 되어 벌마늘의 원인이 되는 것도 있다.

아. 비닐덮기

(1) 난지형 마늘 비닐덮는 요령
- 비닐덮는 시기는 8월 하순~9월 상순에 파종한 마늘은 10월 상순에 덮고 9월 하순~10월 상순에 파종한 마늘은 파종 즉시 또는 잎이 1~2매 나올 때 덮는다.
- 기음약을 줄 때는 3~4일 후에 비닐을 덮는다.
- 비닐걷는 시기는 4월 중순에 걷는다.

(2) 한지형 마늘 비닐덮는 요령
- 비닐덮는 시기는 해빙기에 덮은 짚을 걷어내고 기음약과 웃거름을 준 다음 3~4일 후에 비닐을 덮거나 겨울전에 덮는다.
- 비닐걷는 시기는 4월 하순에 걷는다.

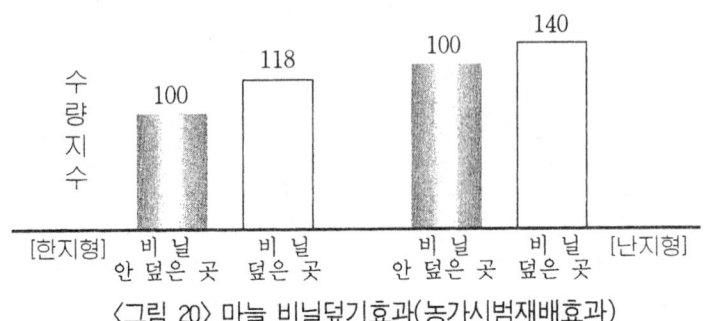
〈그림 20〉 마늘 비닐덮기효과(농가시범재배효과)

〈표 8〉 난지형 마늘 비닐피복의 효과 (전남농진:'77)

수확량 (kg/10a)	100% 932	156 1,454
수확시기	6월 5일	6월 5일
처 리	피복하지 않음	멀칭(PE 0.02mm)
통무게(g)	28.6	42.9
통의지름(cm)	3.9	4.6

※ 품종 : 남해재래, 파종일 9월 10일, 멀칭기간 11. 1 ~ 3. 20

    특히 비닐덮기 재배에서 주의할 점은 비닐 걷는 시기가 중요하다. 비닐을 걷어내지 않거나 늦게까지 덮어두면 생육이 좋고 수량은 많으나 벌마늘이 많이 생긴다. 따라서 비닐은 4월 20일경에는 걷어내야 한다. 그런데 걷어내려면 많은 인력이 필요하고 걷어내는 과정에서 마늘에 많은 상처를 주게 되며 기계적 상처가 많이 생긴다.
    걷어내지 않은 경우에는 흙을 비닐 위에 1~2cm정도 덮어주면 비닐을 걷어내지 않아도 별 피해는 없다. 그런데 4월 20일경부터는 봄 가뭄이 계속되게 되어서 가뭄 피해를 막기 위해서는 비닐을 걷어내지 않은 경우에는 필수적으로 흙을 1~2cm 비닐 위에 덮어 주어야 한다.

〈표 9〉 비닐피복시기 및 제거시기별 수확량 (kg/10a)　　(충북농진 : '80)

제거시기 피복시기	4월20일	5월10일	6월 1일	6월20일	관 행	평 균
10. 20	621	740	756	769	-	721.8
12. 20	757	882	989	996	-	906.0
2. 10	852	1,047	1,088	1,089	-	1,019.7
3. 20	725	789	790	991	-	773.8
관 행	-	-	-	-	-	544.3
평 균	738.8	864.4	905.8	911.3	544.3	-

자. 벌마늘

2차 생장은 새로이 형성되는 인편의 보호엽, 저장엽, 보통엽들이 이상 생장하여 엽화되는 것을 가리키는 것인데, 이 2차 생장하는 잎의 기부에 새로이 다수의 적은 인편이 새로이 형성되고, 이 때 신장된 2차 생장의 잎들이 지상의 엽초부를 찢어지게 하는 것이 보통이다. 이렇게 되면 벌마늘(2차생장)이 되는데 그 원인을 들면 다음과 같다.

① 각 지방의 품종 계통별로 파종 적기보다 조파하면 많이 나타난다.
② 사질이 많은 토양에서 재배하면 많아진다.
③ 질소 비료를 과용했을 때나, 추비를 늦게까지 주었을 때도 많아진다.
④ 겨울동안 따뜻하여 생육 상태가 양호했을 때 많아지는데 특히 남부지방에서 심하다.
⑤ 인편의 분화 형성기에 비가 많이 와서 급격히 생육되었을때도 많이 나타난다.
⑥ 봄이 길고 고온기까지 생육기간이 길 때도 많이 나타난다.
⑦ 추대된 쫑을 너무 조기에 제거했을 때도 많이 나타난다.

⑧ 불완전추대를 하는 지방종 계통은 이것이 많이 나타난다.

따라서 벌마늘 방지대책으로는
① 사질토양에서 재배지양
② 큰 마늘쪽(7.5kg 이상) 사용억제
③ 적기파종(재배작형 참조)
④ 질소질 비료 알맞게 주기와 웃거름 제때 주기(거름주기란 참조)
⑤ 알맞은 토양습도 유지와 북주기 실시
⑥ 제때 거두기(늦게 거두면 통터짐 마늘이 발생하므로 잎이 1/2~2/3 황변시 수확)

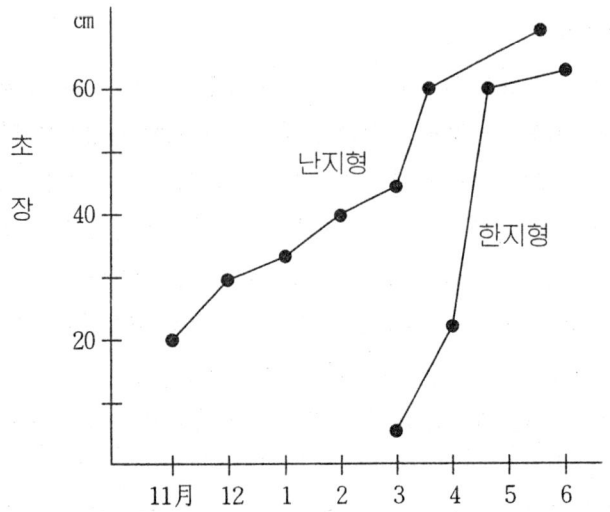

〈그림 21〉 자연 상태에서 난지형·한지형의 생육차이 (羅朴, 1986)

5. 마늘 병충해 방제

가. 탄저병

(1) 발생시기
이 병은 마늘의 전생육기를 통해서 발병하고 저장 중에도 발생한다. 또한 이 병은 파·양파에도 발생한다.

(2) 병 징
발병 부위는 잎 또는 마늘통에 발생한다. 처음 외축의 잎이나 엽초의 하축 가까이에 여러가지 모양의 암녹색 또는 흑색의 반점이 생긴다. 잎에 발생하면 끝부분부터 회갈색으로 되어 마르고, 그 부분에 작은 갈색 반점이 많이 생긴다.

(3) 전염 경로
균사 홀씨로 피해부에 붙어서 겨울을 지나고, 다음해에 홀씨가 생겨서 공기 전염으로 널리 퍼진다.

(4) 병원균
이 병균은 분생 홀씨만을 만든다. 분생 자경은 무색 단포 곤봉상으로 크기는 11~18마크론의 홀씨층을 만든다. 분생 포자는 무색단포, 타원형 또는 방추형으로 만곡하고 크기는 18~28×3~4μ, 강모는 포자층에 존재하고, 암갈색으로 0~4개의 격막을 가지고, 크기는 80~135×3.7~5.6마크론의 보통 1포자층으로부터 수본~10수본 축출한다. 이 병균의 발아 최적 온도는 20℃로 최저온도 4℃, 최고온도 34℃, pH는 최적 5.7이고 2.4~9.2에 번식한다.

(5) 방제법
① 발병한 땅에서는 가급적 연작을 하지 않는다.
② 수확은 2~3일 청명한 날이 계속될 때 행하고, 비가 올 때는 피하고 수확후 충분히 건조시킨다.
③ 발병초기부터 살균제를 살포한다.
④ 마늘을 저장할 때 저장고의 온도를 1~2℃로 낮추는 것이 좋고, 통풍이 잘 되도록 해 준다.

나. 노균병

(1) 발생시기
  봄과 가을에 발생하는 병으로 3월 하순부터 발생하기 시작하여 가장 심하게 만연하는 시기는 4월 중순경으로 이 병균은 15℃ 전후의 기온을 좋아하고, 찬비가 내릴 때 발생이 가장 심하며 5월 하순에는 점차 적어진다. 9월 중순전에 파종하는 남부지방에서는 10월 중순~11월 초순경에도 발생한다. 이 병은 파, 양파, 쪽파에도 발생한다.

(2) 병 징
  발병 부위는 잎 또는 화경에 발생하고, 이들의 표면에 긴 타원형 또는 방추형의 커다란 황백색의 병반이 생기고, 처음에는 흰곰팡이가 생기나, 나중에는 암자색으로 변하고 비를 만나면 분생 포자는 씻겨 내려서 담황 백색으로 된다. 어린 잎에서는 황녹색의 병반이 되고 병반의 상부는 말라 죽는다.

(3) 전염 경로
  이 병균은 병환부에서 난포자를 형성하여 피해 식물, 종자 및 토양속에서 겨울을 지나 초봄부터 발생하고 그 발생 표면에 분생 포자를 만들어 이것에 의해서 공기 전염으로 제2차 전염이 된다.

(4) 병원균

이 병원균은 분생 포자와 난포자를 만든다. 분생 자경은 기공으로부터 1~2본씩 추출되어 끝부분은 5~6회 분지되고, 그 선단에 담갈색 방추형 또는 난원형, 단포의 분생 포자가 붙고, 크기는 $10~65 \times 22~30\mu$ 이다. 이 분생 포자는 포장에서 자연발생할때는 평균기온 6℃ 이상에서 발생되어 일중 기온이 10℃를 넘으면 분생포자가 형성된다. 병세는 14~18℃ 정도에 가장 심하고, 형성량도 많으나 10℃이하 20℃이상이 되면 현저히 감소해져서 6%이하 또는 25℃이상에서는 전혀 생기지 않는다. 또 분생 포자의 발아 최적온도는 11℃이고, 3℃이하나 27℃이상에서는 전연 생기지 않는다. 또한 비가 자주 오는 때에 발생하기 쉽다.

(5) 병원균의 생태

남부지방 제주도와 전남 도서지방 등지에서 추계 발생의 전염원은 봄부터 여름에 재배되는 파의 조직 중에 균사의 형태로 잠복한 채로 여름을 지나고 있고 9월 상순에 심는 쪽파의 종구내에도 균사가 있고, 양파에서 보다 먼저 9월 하순이나 10월초에 걸쳐 발병이 보인다. 또 야생달래에서도 발병이 관찰되므로 이것도 중요한 전염원이 되는 것이라 생각된다. 병균의 월동은 양파, 파, 쪽파, 남부지방에서 마늘의 월년 이 병주와 야생달래에 의해서 되며, 이들 파속식물에서는 뿌리를 제외하고는 전신에 균사의 잠복이 보이는데, 그대로 겨울을 지나서 2월 말부터 3~4월에 병징을 나타내고 분생 포자를 형성해서 제2차 발생의 근원이 되고 있다.

(6) 피 해

이 병에 감염되면 고사까지가 단기간이고 만연이 급속하다. 균이 식물 조직내에 들어가면 균사는 종횡으로 번지고, 표면에 병징이 나타날 때에는 이미 한잎의 대부분을 침범했을 때가 많다. 또 병반부로부터 구부러지는 것이 많고, 곧 이어서 마르게 되고 그 후에는 2차 기생균이 부착되어 흑갈색으로 된다. 피해 정도도 말라들어가는 것이 빠르면 빠를수록 통의 비대에 미치는 영향이 크며 수량이 반감, 50%이하일 때도 있다. 잠복기간은 4월에는 14일 이내이나, 5월 상순경이 되면 4~7일로 단축되고 반복함으로 병엽에서 건강엽으로 감염이 극히 빠르며, 특히 발병한 마늘밭에서는 소구가 많아지므로 경제적인 손실은 매우 크고 저장중의 부패도 심히 많아진다.

(7) 방제법
① 발병지에서는 적어도 3년간 다른 작물을 재배한다.
② 종자 마늘은 무병한 땅에서 재배된 것을 택한다.
③ 발병 잎을 모아서 태운다.
④ 이 병의 발병 성기는 각 지방의 수확전 30~40일이므로 예방할 때는 수확전 45~55일 전에 행하는데, 남부지방에서는 3월 중하순부터 중부지방은 4월 중순부터 7~10일마다 적용 약제를 살포해 준다.

다. 잎마름병

(1) 발생시기
마늘에서는 중부지방에서 5월경에 많이 발생하는데, 파에서는 5월에서 11월초까지 발생하고 기주 식물은 마늘, 파, 양파이다.
봄에 비가 자주 오는 해에는 마늘 재배시 5월 중하순경에 잎에 발생이 심하고 피해가 많았다.

(2) 병 징

잎과 줄기에 발생해서 병반을 만든다. 병반은 처음 담갈색으로 타원형 또는 방추형을 나타내고 차차로 움푹해지며 암자색을 나타내는데 그 표면에 그을음이 밀생하여 둥근 무늬가 형성된다. 이 부분은 쇠약하여 구부러지고 담갈색으로 마른다.

(3) 전염 경로

이 흑색 곰팡이는 균사 또는 분생포자가 피해 식물에 붙어서 겨울을 지나 전염하고, 제2차 전염은 병반상에 형성되는 분생포자가 공기 전염에 의해서 일어난다.

(4) 병원균

단자경은 담갈색 내지 갈색이고, 격막 2~3, 크기는 40~60×5.7~6.3μ으로 총생 또는 단생한다. 분생포자는 원통형 또는 긴 곤봉상으로 갈색 내지 흑갈색이고 7~13의 횡격막과 2~3의 종격막이 있다. 크기는 66~129×10~23μ으로 끝부분은 세장하게 되어 있다. 번식 최적 온도는 22℃ 내외이다.

(5) 방제법

① 스립스(Thrips)와 같은 곤충들의 피해부로부터 침입 발병하므로 스립스와 진딧물을 조기 발견해서 구제해야 한다.
② 피해 식물은 빨리 제거, 소각하여 공기 전염을 방지한다.
③ 발병하기 전에 적용 약제를 생육초기부터 10일 간격으로 여러번 살포한다. 마늘이나 파속 식물은 약제가 부착하기 어려우므로 전착제를 소정량의 2~3배 가용해야 한다.
④ 수확할 때 피해 잎을 모아서 태우거나 퇴비로 완전히 부식시키고, 발병이 심한 곳에서는 가급적 1~2년간 다른 작물

을 재배하는 것이 좋다.

라. 무름병

(1) 발생시기
박테리아(Bacteria)의 침입으로 발생하는데 생육초기의 지제부로부터 발병해서 부패되고, 냄새가 나며 잎이 마르고 넘어진다. 마늘의 인편이 연화부패할 때도 있고 비가 올 때 수확하면 저장중에도 발병한다.

(2) 병 징
지제부에서 발병해서 지하 연백부를 부패시키는데 녹색부에서는 처음 방추형 암녹색이고, 잎맥에 따라 적은 방추형 수침상의 병반이 생겨서 점차 연화부패한다. 이 때 심한 냄새가 나고 피해주를 조사해 보면 처음 수침상의 연화부가 나타나고 이것을 중심으로 상하로 진전되어 상부의 잎은 황변한다.

(3) 병원균
박테리아의 기생으로 발생되고 막대꼴 세균으로 양쪽 끝은 둥글고 균체의 주변에 2~5본의 편모가 있고 크기는 0.6~0.9×1.5~5.0μ이다. 최적 발육 온도 28~34℃, 최고 37~39℃, 최저 0℃, 사멸 온도 51℃에서 10분간 pH는 최적 7.1이고, 5.6~9.3에서 발육한다.

(4) 전염경로
이 병균은 토양 중에 존재하고 기주의 지하부로부터 침입 부패시킨다.

(5) 방제법
① 피해주는 발견 즉시 제거하고, 연작을 피하며, 2~3년간 벼과 작물을 재배하는 것이 좋다. 이 병균은 무우, 양배추, 토마토, 감자, 강낭콩, 오이, 토란 등에도 발생하므로 이들의 작물이 부패했을 때는 그 토양에 마늘을 재배하지 않는 것이 좋다.
② 이 병은 석회부족시 발병이 많으므로 석회를 기준량을 준다.

마. 녹병

(1) 발생시기
이 병은 4~5월부터 발생하고, 파에서는 가을에도 심하다. 기주 식물은 마늘, 양파, 파, 쪽파 등 여러가지 파속 식물을 침해한다.

(2) 병징
발병 부위는 잎과 화경에 생기고, 처음에는 그 표면에 타원형 또는 방추형으로 다소 융기한 병반이 생기고 그 중앙부는 점차로 등황색으로 된다. 다음에 종열되어 가운데서 황적색의 분말을 비산한다. 이 하포자층에 접해서 다음에 흑갈색의 동포자층이 되나 표피는 찢어지지 않는다.

(3) 전염경로
이 병은 이종 기생을 하지 않는다. 기을에는 피해부에 생긴 동포자로 겨울을 지나고 봄에 전염 발병하고 그 후는 병반상에 생긴 하포자의 비산으로 봄에는 만연된다. 이 병균은 서늘한 음지에서 파의 생잎이나 고사잎 등에서 하포자 그대로 생존해서 가을에 파속식물에 만연하게 된다.

(4) 병원균

하포자와 동포자로 나누고 하포자는 구형 또는 타원형으로 황색~황갈색, 크기는 27~32×20~26μ, 동포자는 곤봉상, 암갈색을 나타내고 32~70×18~25μ으로 무색의 자루가 있다. 이 병균은 기온이 24℃이상일 때는 거의 번식하지 않는다.

(5) 방제법

① 피해부를 절제하거나 뽑아서 태워버리고, 또 발병의 염려가 있을때는 일찍 수확한다.
② 약제에 의한 방제는 잎마름병에 준해서 방제한다.
③ 비료분이 중단되면 발병이 많아지므로 3요소 비율에 주의해서 비료가 중단되지 않도록 해야 한다. 또 퇴비와 석회를 사용해서 건전하게 재배해야 한다.

바. 마늘 분홍썩음병(후사륨병)

(1) 병 징

인편의 상처로부터 감염되면 습기가 있을 때는 연부하고 건조할 때는 위축건부되어 단단해져서 갈색으로 변하는데 표면에 백색의 분상물이 생길 때도 있다.

(2) 병원균

후사륨균의 일종인 균의 기생에 의하고 마늘과 양파에서 생기나 파에서는 볼 수 없다. 두 종류의 분생포자를 만드는데 대형의 포자는 건상이고 격막이 1~3개 있고 크기는 25~42×4.5~6.3μ, 소포자는 단포 무색이다.

(3) 전염 경로

마늘에서는 밝혀지지 않았으나 종구에 기생해서 전염하거나 포자의 형태로 피해 잎이나 토양 중에서 겨울을 지나는 것이라고 생각된다. 양파에서 밝혀진 것은 토양 중에서 후막 포자 균사로 월동하고 다음해에는 기주의 인경부에 기생 침입하고 있다.

(4) 방제법

① 이 병이 발생된 지역에서는 2~3년간 다른 작물을 재배하고 마늘을 재배할 때는 토양 소독을 철저히 한다.
② 씨마늘 소독을 실시한다.

사. 오갈병

(1) 발생시기

이 병은 빠를 때는 4월부터 발생하나 대부분 5, 6월경에 많이 발생한다. 기주 식물은 마늘 외에도 파, 양파에서 발생한다.

(2) 병 징

자세히 관찰해 보면 몇가지 형이 있다.
① 한 포기 전체가 황변하고 현저히 왜성으로 되는 것.
② 잎에 황색 또는 담황색으로 모자이크 현상이 나타나고 잎이 구부러지며 위축되고 생육이 불량하다.
③ 잎은 보통색이나 반입은 없고 요철이 되어 파상을 나타내고, 기형이 되어 포기 전체가 위축되고 구부러져서 생육이 불량하다.
④ 잎에는 황색의 반입이 있으나 구부러지지 않으면서 생육이 불량하다.

⑤ 잎은 황변하고 구부러지나 병반은 없다.

이상과 같이 이 병에 걸리면 생육이 현저히 저해될 뿐만 아니라 잎이 일찍 마르기도 하므로 쉽게 이것을 검출할 수 있다.

(3) 전염 경로

종자 마늘과 진딧물 그리고 스립스에 의해서 전염되는 것이라 생각된다. 진딧물에 의해서 감염될 때는 비교적 장시간을 요하고, 봄에는 발병하기까지 20~30일 전후이다. 마늘은 영양 번식을 하므로 인편에 기생해서 생존했다가 이것을 종구로 파종하면 발병하게 된다.

(4) 병원균

여러가지 병징이 나타나는 것으로 봐서 여러 종류의 바이러스 (virus)가 존재하는 것이라 생각된다. 양파나 파의 바이러스와 동일한 바이러스는 내희석성 1만배 이상, 내보존성 5배 이상, 내열성 70℃ 이상 등의 물리적 성질이 명백하다는 것 외에 아직 충분히 밝혀지지 않았다.

(5) 방제법

① 종자 마늘은 반드시 건전한 것을 택할 것. 건전한 개체라도 이병주 부근의 것은 피할 것.
② 마늘의 채종포를 설치해서 이병주는 발견 즉시 제거할 것.
③ 이병의 전염을 막기 위하여 바이린, 진딧물 방제약을 살포해서 진딧물을 구제한다.

아. 검은 곰팡이병

(1) 병 징

저장 중에 발병되는 병이고, 처음 인편의 표면에 흑갈색의 반점이 생기고, 점차 인편내부로 침입해서 전체가 검은색으로 변하고 표면에는 검은색의 분상물이 밀생한다.

(2) 병 징

저장 중의 마늘에 많이 침해하는 병의 하나이다. 이 병은 저장 양파에서도 발병하고 생육 중의 잎에서도 발병한다. 공기 및 접촉 전염으로 전파되고 있다. 발병부에 회색분상의 곰팡이가 밀생한다.

(3) 방제법

① 수확은 맑은 날을 택해서 정하고 잘 건조시켜서 저장한다.
② 저장 중 발병한 개체는 발견 즉시 제거한다.
③ 마늘을 수확 건조 후 저장할 때 발생한 마늘은 조기에 제거한다.

자. 고자리파리

(1) 기주 식물 : 마늘, 양파, 파, 쪽파, 부추
(2) 분포 : 한국, 일본, 중국, 시베리아, 유럽, 미국, 캐나다 등
(3) 가해 상태

우리나라에서는 마늘에 피해가 심하다. 초봄에 싹이 트는 내륙 및 중부지방에서는 본잎이 3~4매 전개될 때까지 가장 심하다.

이때는 해동후 마늘의 종자 인편의 저장잎이 부숙하여 냄새가 나는데 이것은 생마늘의 성분인 알리인(Alline)이 알리나아제(Allinase)라는 효소의 작용으로 알리신(Allicin)으로 되어 이 알리신이 냄새를 풍기게 한다. 고자리 파리는 양파, 파에도 어릴 때에 피해를 주고 양파 묘상에서는 이 피해가 심하다. 또한 유충은 부패 병균을 매개하여 세균에 의해서 가해 부위를 부패시키고 또 그 즙액을 빨아 먹으므로 직접, 간접으로 피해를 준다고 할 수 있다.

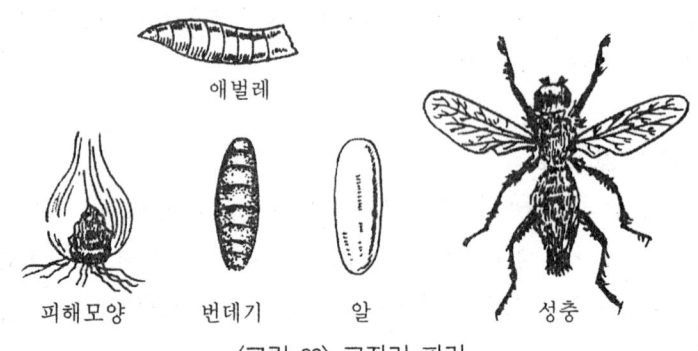

〈그림 22〉 고자리 파리

(4) 형태

성충의 수컷은 몸길이가 5~7mm이고 겹눈 사이는 암컷에 비해 적으며 눈의 주위는 백색이다. 촉각은 검은색이고 제3절은 제2절의 2배나 되며 제3절의 전면에 가는 털이 많이 나 있다. 가슴은 담갈색을 띠는 회황색이고 배의 배면은 회황색이며 중앙에 암갈색의 종선이 있다.

생식기의 상미협은 가늘고 또 주머니 모양이며, 하미협은 가늘고 길며, 협상 돌기의 끝은 가늘고 안으로 구부러져 있다. 날개는 담황색이고, 다리는 흑색이다.

암컷은 몸길이가 수컷보다 길고 배끝이 수컷보다 가늘며 겹눈 사이는 넓어 겹눈의 지름과 동일하다. 가슴과 배는 회황색이며 수컷보다 회색을 띤다. 알은 길이가 1mm 가량이고 폭이 0.25mm 가량이며 긴 타원형이다. 처음에는 백색이었다가 부화 직전에는 다소 투명해진다. 알껍질에는 전길이의 3/4 길이의 홈이 패어 있는데 끝으로 갈수록 그 폭이 넓다. 애벌레는 유백색의 구더기이며 몸은 11절로 되어 있다.

앞쪽이 가늘며 각 마디의 봉합부는 융기되어 있다. 앞의 기문은 1쌍이고 약 11개의 옆편이 부채 모양으로 배치되어 있다. 배끝 쪽에서 7쌍의 육질 돌기가 있는데 그 배치 상태는 분류학상 중요한 특징이 된다. 노숙 유충은 몸길이가 9~10mm이고, 몸넓이는 2mm 가량이다. 번데

재 배 법

기는 방추형이고 적갈색이며 배끝의 돌기는 유충의 것과 마찬가지로 뚜렷하다. 몸길이는 6~7㎜이고 몸넓이는 2㎜가량이다.

(5) 생활사

서늘한 지방에서는 1년에 2회, 보통 더운 지방에서는 1년에 4회 발생하며 땅속 5~15㎝깊이 되는 곳에서 번데기로 월동하고 봄에 7~8℃ 이상되는 3월 중·하순~4월 하순에 부화해 나와 마늘, 양파, 파의 엽초나 엽초의 지하부에 알을 낳는다.

암컷의 수명은 약 25~30일이고, 발생횟수는 많으며 제1회 암컷(제1화기 엄지)는 지방에 따라 3월 하순, 3월 상순부터 나타나며 암컷의 발생 최성기는 5월 상순이다. 제3회 성충은 7월 하순부터 나타나며 암컷의 발생 최성기는 6월 상순부터 나타나고 제4회 성충은 8월 하순부터 나타나며, 암컷의 발생 최성기는 9월 상순이다. 제5회 성충은 9월 중순부터 나타난다. 그러나 발생은 매우 불규칙하며 3월 하순에서 남부지방에서는 12월까지 파리를 볼 수 있으나 7~8월 한여름에는 수가 훨씬 줄어진다.

성충은 이슬이 마른 후에 활동을 개시하는데, 오후 2~4시 사이에 가장 활발히 활동하며, 알도 이 때 낳는다. 애벌레는 배광성이 있어 부화하면 가해 부위의 지하부로 내려와서 지하부를 가해하며, 기주의 지상부가 완전히 쇠약하며 시들어진 다음에는 인접한 주기로 옮아간다.

유령기에는 마늘 지하 부위에 다수가 기생하나 점차 분산하여 그 수가 적어지고 노령층이 되면 그 수가 아주 적어지며, 노숙 애벌레는 가해 부위를 떠나서 땅속에서 번데기로 된다.

(6) 방제법

① 미숙한 유기질 비료의 사용을 피한다. 특히 해동 후 미숙인 분뇨를 뿌려주지 말 것

② 전용약제 입제를 10a당 5~6kg을 파종전에 밭갈이할 때 뿌려준다. 또 해동후에 마늘 밭 포기 사이에 뿌려준다.
③ 고자리파리의 산란을 방지하기 위하여 전용약제를 7~10일 간격으로 3월 하순부터 뿌려준다.
④ 이미 발생하였을 때는 바이린, 세빈 등의 살충제를 2,000~3,000 배액을 관주해 주면 효과가 있고 또 하룻밤 동안 물을 대어주면 죽어 버리게 된다.
⑤ 성충을 유살하는 방법으로 마늘밭 주위에 파리 통을 놓아 유살한다.

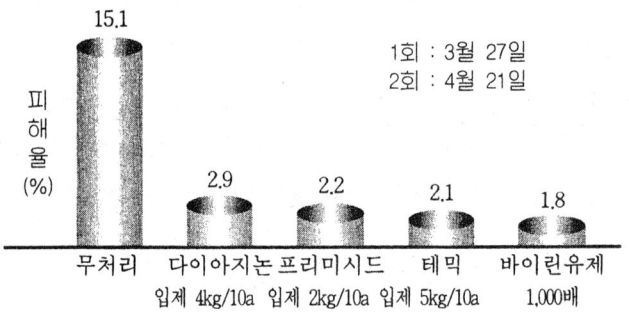

〈그림 23〉 마늘 고자리파리 약제방제효과(원시'78)

차. 총채벌레

(1) 기주 식물

마늘, 양파, 파, 양배추, 담배, 감자, 오이, 토마토, 다알리아, 카네이션

(2) 분 포

한국, 일본, 기타 세계 각지

(3) 가해 상태

성충과 유충이 마늘 잎에서 즙액을 빨아 먹으므로 잎에는 군데군데 백색 또는 황백색으로 변하며 발생이 심하면 작물전체가 변색하고 마르게 된다. 가뭄 때 번식이 왕성하며 마늘에서는 그 피해가 매우 많다.

그리고 여름파에도 심하고 양파에서는 꽃이 필 때 그 속에 파고 들어가 피해를 주기 때문에 결실이 되지 않아 채종에 많은 지장을 준다.

(4) 형 태

성충의 몸 길이는 0.8~1.5mm로 매우 작은 곤충이므로 보통 눈에 잘 안 보인다. 몸은 담황색 내지 담갈색이고 겹눈은 적색이고 두쌍의 날개는 가느다란 작대기 모양인데 시맥이 적으며, 날개의 둘레에는 긴 섬모가 규칙적으로 발생한다. 날개로 쓰지 않을 때에는 나란히 접어 놓는다.

알은 짧은 바나나형이고 길이는 0.3mm 가량이며 기생식물의 조직속에 낳아져 있다. 어린 벌레는 성충과 비슷하나 날개가 없고 빛깔이 성충보다 엷다.

(5) 생활사

성충으로 가해 식물의 지표 가까운 지하부 또는 잡초 사이에서 월동하며, 봄에 날씨가 따뜻해지면 활동하기 시작하여 가을에 이르기까지 불규칙하게 계속 발생하고 특히 여름에 번식력이 왕성하며 일년에 10회 이상 발생한다. 성충과 어린 유충은 다수가 집단적으로 가해하며 가뭄 때에는 특히 피해가 심하다. 암컷이 식물 조직속에 산란하면 수일 후에 부화해서 유충은 겉껍질을 갉아 먹으며 자라서 약 10일 후에 성충이 된다.

(6) 방제법

① 한발이 계속되는 해에는 조기 발견해서 살충제를 2~3일간

격으로 살포한다.

② 파종전 전용약제의 입제를 10a당 5~6kg을 살포한다.

카. 진딧물

진딧물에는 종류가 많으며, 마늘잎에 기생하면 즙액을 빨아 먹으므로 마늘잎은 생기가 없어지고 심하면 누렇게 된다.

다른 채소류, 과수류, 화훼류, 수목, 특용 작물 등에서도 발생이 많다. 마늘에 진딧물이 기생하면 바이러스병을 매개하므로 일찍부터 구제해야 한다.

4월 상순부터 5월 상순에 걸쳐 부화하여 간모는 단위생식을 하는데 1년에 수10회 발생한다. 특히 진딧물은 약제에 저항성이 강하기 때문에 진딧물 전용약을 뿌려주되 가급적 약을 여러가지로 바꾸어 가면서 뿌려주어야 한다.

(1) 방제법

번식력이 왕성하므로 약제를 골고루 뿌리지 않으면 다시 발생하게 된다. 가뭄이 계속되면 크게 발생함으로 가뭄이 계속될 때는 적용약제를 뿌린다. 진딧물의 천적이 있으므로 잔효성이 큰 살충제는 피하는 것이 좋다.

타. 뿌리응애

(1) 가해작물

낙교, 양파, 마늘, 파 그외 채소류, 과수류의 뿌리, 튜울립, 수선화, 백합 등

재 배 법

(2) 가해상태

뿌리의 끝에 모여서 집단으로 가해하여 뿌리가 떨어지거나 구근 내부까지 썩는다. 또한 낙교나 마늘은 저장 중에 증식하여 큰 피해를 받는다.

(3) 형 태

어른벌레는 1mm 내외로 유백색의 적은 벌레로 어른벌레는 다리가 4쌍, 애벌레는 3쌍이다.

(4) 생 태

구근 또는 땅속에서 각태로 겨울을 지낸다. 연 발생횟수는 지방에 따라 다르나 따뜻한 지방에서는 십수세대를 경과하고 고온다습 조건에서 번식이 왕성하며 1세대가 10~14일이다. 어른벌레는 구근의 표면이나 인편에 몇개씩 알을 낳는다. 모래땅이나 화산회토, 산성토양, 유기질이 많은 밭에 발생 및 피해가 많다.

(5) 방제법

① 뿌리응애가 발생하지 않은 밭의 마늘을 종구로 사용한다.
② 종구 소독을 응애알을 죽이는 약제를 선택하며 30~60분간 담갔다가 심는다.
③ 매년 발생되었던 밭은 전용약제 입제를 10a당 5~6kg을 뿌리고 밭을 경운한다.
④ 생육 중에 발생되는 경우에는 전용약제를 밭 전면에 뿌리고 겉흙을 긁어 준다.

※ 농촌진흥청 농약연구소에서 마늘 뿌리응애에 대한 실험결과 다음과 같다.

〈표 10〉 처리내용

약제명	주성분 함량(%)	약효				약해			
		살포량 (10a)	처리 일자	처리방법		기준량	배량	처리 일자	처리방법
다수진 G	6kg	6kg	토19	토양전면 처리후 토양표면을 긁어줌		6kg	12kg	5. 12	마늘 지제부에 주원처리
에토프 G	5	〃	〃	〃		〃	〃	〃	〃
디설폰 G	5	〃	〃	〃		〃	〃	〃	〃
타 보 G	3	〃	〃	〃		〃	〃	〃	〃
다수진 Ec	34	1,000x (1,0001)	〃	마늘 지제부에 관주처리		1,000x (1,0001)	500x (1,0001)	〃	〃
디메토 Ec	46	〃	〃	〃		〃	〃	〃	〃
메 타 Ec	25	〃	〃	〃		〃	〃	〃	〃

〈표 11〉 뿌리응애에 대한 약제별 방제효과

공시약제	1차 (17DAT)						2차 (75DAT)						약해 정도
	생충수(마리/3주)				유의차 (DMRT)	방제가	생충수(마리/3주)				유의차 (DMRT)	방제가	
	1	2	3	평균			1	2	3	평균			
디설폰 G	15	48	10	63.3	bc	87.0	413	167	122	574.3	ab	92.5	0
다수진 G	182	45	63	157.3	d	24	413	720	590	574.3	ab	67.1	0
에토프 G	104	188	185	157.3	d	0	468	390	242	366.7	ab	79.0	0
타 보 G	29	55	30	38.0	ab	54.9	403	720	686	603.0	ab	65.5	0
다수진 Ec	61	32	53	48.7	a-c	42.2	480	308	330	372.7	ab	78.7	0
디메토 Ec	21	11	15	15.7	a	81.4	242	344	137	241.0	a	86.2	0
메 타 Ec	13	33	19	21.7	a	74.3	832	1000	747	859.7	b	50.8	0
무 처 리	85	98	70	84.3	c	-	2420	1720	1104	1748	c	-	-

파. 마늘 구근선충

(1) 가해작물

마늘, 양파, 튜립, 백합 등 300여종

(2) 가해상태

기주에 따라 다르나 마늘이나 양파의 경우 애벌레와 어른벌레가 껍질과 껍질사이에 침입하여 즙액을 빨아 먹으므로 영양결핍을 일으키고 심하면 건부(乾腐) 현상을 일으키며 지상부 생육은 물론 쪽의 생육이 극히 불량하게 되며 저장 중에도 계속 가해하여 저장 중에 많은 피해를 가져온다.

(3) 형 태

암수 모두 실모양의 비교적 큰 어른벌레로 꼬리가 뾰족하다. 암컷의 크기는 1.4~1.6mm로 음문은 꼬리 근처에 있고 숫컷은 1.3~1.5mm로 교접낭을 갖고 있다. 애벌레의 크기는 0.3~0.5mm이다.

(4) 생 태

사질토로써 습도가 많은 곳에서 잘 번식하므로 비가 올 때 활동을 많이 하며 피해도 이 때가 심하다. 마늘이나 양파의 경우 4령 애벌레 상태로 껍질내에서 겨울나기를 하여 주 전염원이 된다.

암컷 어른벌레는 반드시 교미해야만 알을 낳으며 1마리가 207~498개의 알을 약 1개월 동안에 낳는다. 알기간은 5~6일, 애벌레 기간은 7~11일, 어른벌레 기간은 40일 정도이다. 1세대 경과기간은 15℃에서 20~25일이며 마늘 생육기간 동안 3회 정도 발생할 수 있다.

(5) 방제법

① 발생이 심한 밭은 도양훈증제로 도양을 소독한다.
② 선충 전용약제를 10a당 6kg을 밭 전면에 뿌리고 경운한다.
③ 선충은 1mm 내외로 극히 작고 선상인데 식물 기생종의 암컷 중에는 비대해서 레몬(lemon)형 서양배 콩팥형으로 변형된 것도 있다. 또는 수컷이 전연 발견되지 않는 것도 있다.

우리나라에서는 파에 있어서 파썩이선충(Pratylenchus Penetrans)의 기생으로 위축 황변한다는 사실이 알려지고 있으나 마늘의 선충에 관한 연구는 아직 없으며 조사한 바에 의하면 우리나라에서는 전국적으로 마늘이 재배되고 있는 토양에서는 마늘에 기생하는 선충이 검출되고 있으며, 이 선충은 마늘의 뿌리, 줄기, 잎에도 많은 수가 기생하고 있을 뿐만 아니라 우리들이 매일 먹고 있는 저장 마늘에서도 선충이 잠복기생하고 있다.

　마늘에 선충이 기생하면 마늘의 생육이 불량해지고, 잎끝은 비틀려지는데 그 정도는 새로히 전개되어 나오는 어린 잎일수록 그 증상이 심하고 나중에는 잎끝이 마르기도 한다. 선충이 마늘에 기생하면 바이러스의 이병도 용이하게 되고 마늘 재배에서 마늘에 기생하는 선충의 피해가 전국적으로 심하므로 마늘 선충 방제 방법의 개발은 시급하다. 따라서 지금까지 보편적 효과적인 방법은 파종할 때 전용약제 입제를 10a당 5~6kg을 뿌리고 씨마늘은 소독을 하여 파종하면 효과적인 방제 방법이 되겠다.

Ⅵ. 수확과 저장

1. 구비대와 휴면

 마늘구의 비대에는 일장과 온도가 관계하고, 종구와 어린 식물의 저온경과는 구의 비대를 촉진한다. 품종과 재배지에 따라 구의 비대기에는 조만이 있고, 한지계는 난지계에 비하여 단일저온을 요구한다.
 인편비대개시기의 조만은 저장 중 인편내 맹아엽의 생장개시기·맹아기 그리고 생장호조건하에서의 발근기의 조만과 관련되고 있으며, 저장 중 마늘의 인편내 맹아엽은 자연온도하에서는 수확 후 40~60일에 생장이 개시된다. 맹아의 생장속도에는 난지형과 한지형간에 뚜렷한 차이가 있다.

2. 수확

 마늘의 수확적기는 품종, 재배형태 및 재배지역에 따라 다르나, 잎마늘은 1월 하순경부터 제주도 남부해안 및 도서지방에서 출하되기 시작하고 5월 하순부터는 제주도 등지에서 조생계통의 마늘이 출하되기 시작한다. 중부내륙 지방에서는 6월 중순~ 6월 하순 경이 수확 성기가 된다. 수확기가 빠르면 인편의 비대가 끝나지 않아서 구의 발달이 덜 되어 미숙인편 및 경엽의 수분 함량이 많아 부패하기 쉽다. 수확기가 가까워지면 하엽과 잎의 끝부터 마르기 시작하는데 1/2~2/3정도 마를 때 수확한다. 날씨가 좋은 날 상처가 나지 않도록 캐어서 밭에서 하루나 이틀간 말리는 것이 좋다. 특히 캘 때에 마늘 뿌리에 붙은 흙을 털기 위해서 호미나 삽 등에 마늘을 두드리는 수가 있는데 이것은 마늘 인편에 상처가 나기 쉬워 부패하기 쉬우므로 삼가해야 한다. 수확한 후 건조할 때는 통풍이 잘 되고 그늘진 곳에서 건조시킨다. 이때에는 마늘을 100개씩 묶어서 보통 처마 밑이나 창고 등을 사용하여 저장하는데 30~40일 건조시키면 마늘의 외피가 광택이 있게 되고 구도 단단해진다. 날씨가 좋지 않을 때에는 화력을 이용하여 건조시키기도 하나 외피나 인편이 상하여 저장력이 떨어진다.

〈표 1〉 수확 시기별 수량

	생체총중	건조총중	건조구중	실 수 량	비 율	결 주 율
	kg	kg	kg	kg	%	%
6월 1일	9.65	6.21	2.88	676.8	28.4	6.0
6월 10일	8.23	6.43	3.49	794.0	96.7	9.0
6월 20일	7.09	6.46	3.65	821.2	100.0	10.0
7월 1일	7.03	6.57	3.68	818.8	99.7	11.0

가. 약제처리에 의한 맹아억제

저장 중의 마늘은 휴면기가 끝나면 저장엽 속에 있는 발아엽 및 보통엽이 자라기 시작하여 저장양분을 소모하여 중량이 줄어들고 품질이 떨어지게 된다. 이를 방지하기 위하여 MH-30을 처리하면 맹아 억제가 되어 중량감소를 방지할 수 있다. 수확 10~20일 전에 MH-30 0.15~0.25%액을 10a당 90 l 가량 전착제를 가하여 마늘의 줄기와 잎에 고루 살포한다. 잘 처리된 것은 약제가 마늘의 생장점 부위에 이동해서 그곳에 세포분열을 억제하므로 싹이 자라지 않게 되어 구중의 감소가 적어진다. 보통 MH-30으로 처리한 것은 월동 후 4월 이후까지도 수확 당시와 별 차이가 없이 보관할 수 있다(그림 1 참조). 그러나 종지용 마늘에는 싹이 나지 않으므로 절대 살포하지 않도록 하여야 한다. MH-30제중에는 사람에 해로운 것도 있으니 살포를 금한다.

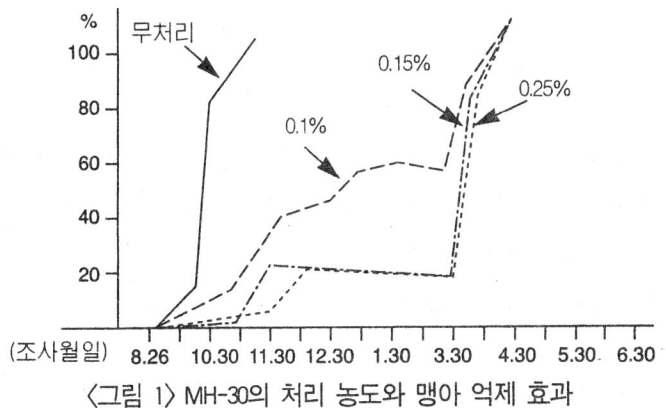
〈그림 1〉 MH-30의 처리 농도와 맹아 억제 효과

나. 선 별

수확한 마늘을 건조하기 전에 크기별 또는 무게별로 등급을 나누어 100개씩 엮어 건조시켰다가 출하하면 유리한 가격을 받을 수 있으며, 앞으로는 마늘의 구만을 깨끗이 조제하여 상자에 넣어 중량을 기준으로 판매하면 취급시 부주의로 인한 마늘 인편의 상해(傷害) 방지에도 큰 도움이 될 것이다. 선별기준은 구의 직경이 5cm 이상인 것은 대(大)로 구별하고, 4~5cm인 것은 중(中)으로, 3cm 이하인 것은 소(小)로 구분한다. 선별시에는 병충해 피해가 있는 것이나 상처가 있는 것은 골라서 따로 처리하여 피해가 번지지 않도록 한다.

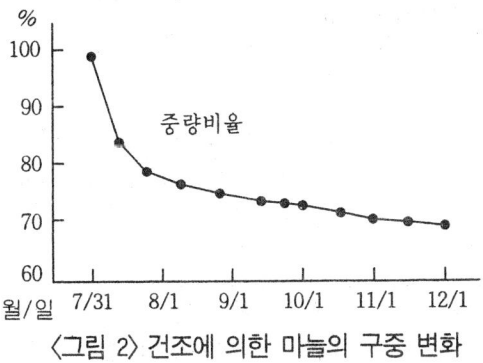
〈그림 2〉 건조에 의한 마늘의 구중 변화

3. 저장

　수확시의 생체중에 비해서 수확 30~40일 후의 건조된 것은 그림 2에서 보는 바와 같이 약 30%의 중량이 감소되고 그 이후 김장때까지 별로 많이 감소되지 않으나 그 이후에도 감량이 급속히 진행되며 부패율도 높아진다. 남부 해안이나 제주도 등지의 난지 생태형 마늘은 휴면기간이 짧아 그만큼 저장력이 한지형 마늘에 비하여 떨어지므로 장기저장을 위해서는 중부 내륙지방에서 생산되는 한지형 마늘을 택하는 것이 좋다. 보통 한 접씩 엮어 추녀 밑이나 저장고에 통풍이 잘 되게 매달아 저장하는데 장기간 저장하려면 저온저장하는 것이 좋으며, 온도는 낮을수록 좋은데 온도 0~1℃, 습도 65% 정도에서 저장하는 것이 무난하다.

　마늘은 수확익년 1월경부터 발아, 부패, 감모가 급격히 진행되기 시작하여 일반저장이나 저온저장에서는 공히 3월말에 30%이상의 감모현상이 나타나 마늘저장이 거의 안되는 것처럼 생각해왔다.

　그러나 0.1mm 폴리에칠렌 필름에 밀봉저장하면 마늘의 호흡과정에서 발생된 탄산가스가 포장내에 축적되어 마늘저장에 적당한 8% 정도로 되므로 마늘의 저장성을 높여주게 되는 것이며 3월 말까지의 감모율을

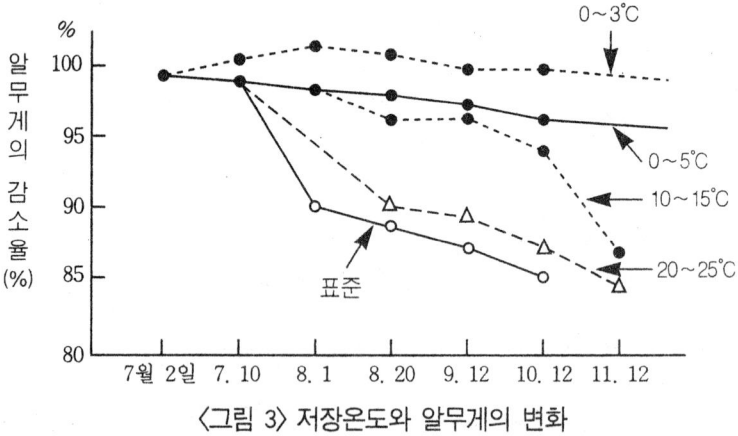

〈그림 3〉 저장온도와 알무게의 변화

<표 2> 마늘 상온저장 중 중량변화 및 부패율

구분 \ 월별	9	10	11	12	1	2	3	4	5
중량감소율(%)	-0.23	-1.90	-4.58	-8.58	-16.14	-21.57	-26.28	-40.46	-56.67
부 패 율(%)	-	0.99	3.08	7.02	15.29	18.95	24.43	38.59	48.83

12~13%로 방지할 수 있게 되어 마늘의 장기 안전저장을 기할 수 있게 되었으며 Allyl Suphide 함량은 약간 감소하였으나 저장방법간에는 큰 차가 없었다. 12월에 포장한 마늘의 포장 후 감모율은 익년 3월말 상온에서 5.31%, 저온은 4.40% 였으며 변색발생시기는 익년 4월 15일이었다.

따라서 마늘을 안전하게 저장하기 위하여서는 품종은 한지형 마늘로 선택하여 일반 농가에서 재래식 저장방법으로 실시하고 있는 것처럼 마늘대를 엮어서 처마밑이나 광에 걸어두었다가 11월~12월경에 0.05mm 폴리에칠렌 필름으로 밀봉포장하여 저장하는 것이 좋다.

가. 저장마늘의 선택

(1) 품종선택

저장용 마늘의 품종선택은 매우 중요한데 일반적으로 마늘의 생태형을 한지형 마늘과 난지형 마늘로 구분하고 있으며, 한지형 마늘이 저장력이 강하다고 알려져 있다. 난지형 마늘은 조생종으로 휴면기간이 짧으며 한지형 마늘은 강원도, 충청남북도, 이북에서 수확되는 마늘로서 만생종이며 휴면기간이 길다.

(2) 토질 및 재배조건

습한 토양에서 재배된 마늘보다 건조한 토양에서 수확된 것이 저장성이 높으며 비료를 많이 사용해서 재배하였거나 병해충이 발생된 지역에서 수확된 마늘은 같은 품종이라도 저장성이 약하다.

(3) 수확시기

중부지방은 6월 하순, 남부지방은 6월초·중순경 마늘잎이 2/3~1/2정도 황변됐을 때 맑은 날을 택하여 마늘통이 상하지 않도록 수확한다.

나. 저장전 처리

포장에서 수확된 마늘은 수분함량이 약 85%정도나 되어 이것을 바로 저장하면 저장고 내나 폴리에칠렌 필름 포장내의 상대습도가 높게 되어 마늘의 부패 및 변질을 촉진하게 되므로 통풍이 잘 되고 햇볕이 들지 않는 장소 또는 창고에 걸어두어 2개월 이상 충분히 가건조(수분함량 60~62%) 시키는 것이 중요하다.

다. 저장조건

① 온도 : 0~1℃
② 습도 : 60~70%

라. 저장방법

(1) 일반저장

마늘은 40~60일 정도의 휴면기간을 갖고 있으며 이 기간이 지나면서부터 저장에 본격적인 문제가 제기되는 것이라 하겠다. 따라서 10월 경부터는 본저장 시기가 되는 것이며 이것은 건조가 끝나는 시기와 거의 일치한다. 충분히 건조된 마늘의 본저장은 환기가 잘 되고 습기가 높지 않은 서늘한 창고를 이용하는 것이 좋으며 저장방법은 일반농가에서 재래식 저장방법으로 실시하고 있는 것처럼 마늘대를 20cm정도로 절단하고 부패 또는 상처난 것 등을 선별하여 정선된 마늘을 접 단위로 엮어서 저장하거나 마늘의 뿌리와 대를 완전히 절단하여 그물망에 넣어 저장한다.

(2) 저온저장

저온저장은 온도 0℃, 습도 60~70%로 저장하며 7~8개월 저장이 가능하다. 저장방법은 일반저장방법에서와 같이 엮거나 그물망에 넣어 저장하거나 통기가 잘 되는 용기에 넣어 저장한다.

(3) 0.05mm 폴리에칠렌 필름 밀봉포장 저장

저장원리란 생체농산물은 생명을 가진 것으로 끊임없이 호흡을 계속하며 공기중의 산소를 소모하고 탄산가스를 배출하고 있다. 이와 같은 호흡의 계속은 영양분의 소모를 의미하는 것으로 농산물의 품질저하와 생명의 단축을 가져와 부패, 변질 등을 일으키기 쉽다.

그러나, 공기중의 산소 농도를 줄이고 탄산가스 농도를 높여주면 농산물의 호흡이 적당히 조절되어 신선도가 유지되고 생명이 연장되어 부패, 변질 등을 막을 수 있다. 또한 산소가 적고 탄산가스가 많으면 부패, 변질 등을 일으키는 미생물의 번식을 억제하는 효과도 있어 농산물의 저장에 더욱 효과가 크다.

이러한 저장방법을 환경조절저장법이라 하며 선진국에서는 특수한 시설을 장치하여 실시하고 있으나 경비가 많이 드는 어려운 점이 있다.

농촌진흥청에서 개발한 0.03mm 폴리에칠렌 밀봉 저장법은 위의 환경조절 저장법의 원리를 이용한 것으로 0.03mm 폴리에칠렌 필름에 밀봉된 마늘이 호흡에 의하여 봉지내의 산소농도를 2~4% 정도로 감소시키고(공기 중 21%) 탄산가스농도를 8~10%로 증가시켜(공기 중 0.03%) 마늘의 호흡을 억제시켜 신선도를 유지하며 저장 중 부패, 변질 등을 방지하고 저장기간을 수확익년 3월까지 연장시킬 수 있게 하는 방법이다.

저장용 마늘의 품종선택은 매우 중요한데 일반적으로 마늘의 생태형을 한지형 마늘과 난지형 마늘로 구분하고 있으며 한지형 마늘이 저장성이 강하다고 알려져 있다.

　토질 및 재배조건은 습한 토양에서 재배된 마늘보다 건조한 토양에서 수확된 것이 저장성이 높으며 비료를 많이 사용해서 재배하였거나 병해충이 발생된 지역에서 수확된 마늘은 같은 품종이라도 저장성이 약하다.

　수확시기는 중부지방은 6월 중순, 남부지방은 5월초·중순경에 마늘잎이 1/3~1/2정도 황변되었을 때 맑은 날을 택하여 마늘통이 상하지 않도록 수확한다.

　저장전 처리로는 포장에서 수확된 마늘은 수분함량이 약 85% 정도나 되어 이것을 바로 저장하면 저장고내나 폴리에칠렌 포장내의 습도가 높게 되어 마늘의 부패 및 변질을 촉진하게 되므로 통풍이 잘 되고 햇볕이 들지 않는 장소 또는 창고에 걸어 두어 약 2개월 이상 충분히 건조(수분함량 60~62%) 시키는 것이 중요하며 건조된 마늘을 10월부터 12월 사이에 마늘대 및 뿌리를 절단하면서 부패 또는 상처난 것 등을 선별 정선하여 저장원료로 사용하여야 한다.

　0.03mm 폴리에칠렌 필름으로 포장하는 방법은 정선된 마늘을 3kg 정도(1~1.5접)로 0.03mm 폴리에칠렌 필름으로 밀봉 포장하여야 하며 0.03 폴리에칠렌 필름의 폭은 30cm로써 겹으로 되어 있는 것을 사용하면 편리하다.

　0.03mm 폴리에칠렌 필름의 길이는 마늘이 3kg정도 들어갈 수 있게 약 45~50cm 정도로 절단하여 사용하며 절단된 양면은 촛불이나 인두를 사용하여 완전히 밀봉하여야 한다. 이때 밀봉이 완전하지 못하거나 밀봉작업 중 필름에 구멍이 생기면 밀봉의 효과가 없어지므로 특히 주의를 하여야 한다.

　촛불을 이용하는 방법은 밀봉(접착)하려는 0.03mm 폴리에칠렌 봉지의 끝에서 1cm 정도의 안쪽의 위치에서 위와 아래에 직선의 유리를 대고 촛불로 폴리에칠렌을 녹여서 밀봉(접착)시킨다.

전기다리미를 이용하는 방법은 밀봉(접착)하려는 0.03mm 폴리에칠렌 봉지의 끝에서 3cm 이상을 위와 아래쪽에 헌 신문지를 대고 다시 폴리에칠렌 봉지의 끝에서 안쪽으로 1.5cm의 위쪽에 직선의 나무나 자를 대고 전기다리미로 다려서 밀봉(접착)시킨다.

마늘을 저장하는 장소는 쥐의 피해를 방지할 수 있는 서늘한 창고나 광을 이용하는 것이 좋으며 겨울철 혹한기에 동해를 받지 않도록 관리할 수 있는 곳이 좋다. 저장 중 취급부주의와 쥐 등에 의하여 폴리에칠렌에 구멍이 나면 위에서 설명한 환경조절 저장효과가 없어지고, 내부의 습도만 높아져 저장이 더욱 어렵게 될 위험성이 있으므로 주의해야 한다.

저장 중 관리는 마늘을 이상과 같이 관리하며 특별한 일이 없는 한 익년 3월까지 안전하게 저장할 수 있다. 그러나 4월 중순이후부터는 등황색으로 변색되는 문제점이 있으므로 우선은 4월 중순까지만 저장하는 것이 효과적이라 하겠으며 간혹 원료 선별의 잘못이나 필름의 파손 등으로 저장 중 포장내에 부패가 발생하기 시작하면 부패 세균이 다른 마늘에까지 전염되므로 수시로 관찰하여 부패가 발생되기 시작한 포장의 마늘은 부패 정도의 진행에 따라 그때 그때 처분하는 것이 좋다.

마. 실험성적을 중심으로 한 저장법의 검토

① 본 저장전에 2개월정도 건조기간이 필요하다.

〈표 3〉 마늘 저장 중 통풍건조(반건조) 처리실험 (단위:%)

월별 구분	수 분	중 량
'78. 7. 21(입고)	65.16	100
8. 21	62.40	96.85
9. 25	61.19	94.53

② 가건조후의 수분함량의 변화는 크지 않았으며 10월이후는 평형수분함량이었다.

〈표 4〉 마늘 저장 중 수분함량변화
(단위:%)

저장고별	상 온 저 장					저 온 저 장					-2~3℃ 저장
처리별	대조구	공기밀봉		CO_2	N_2	대조구	공기밀봉		CO_2	N_2	공기밀봉
월별 P.E두께별	0.1mm	0.1mm	0.05mm	0.1mm	0.1mm	0.1mm	0.1mm	0.05mm	0.1mm	0.1mm	0.1mm
입고시(9. 25)	61.19 61.04	61.19	61.19	61.19	61.19	61.19	61.19	61.19	61.19	61.19	61.19
10. 30	61.04	61.35	61.42	61.39	61.29	61.22	61.32	61.48	61.32	61.27	61.27
11. 30	60.74	61.53	61.60	61.55	61.37	61.14	61.55	61.65	61.41	61.38	61.34
12. 30	60.58	61.57	61.74	61.42	61.42	60.95	61.47	61.82	61.37	61.33	61.30
1. 30	60.27	61.53	61.89	61.38	61.38	60.88	61.32	61.95	61.33	61.29	61.32
2. 28	60.06	61.60	61.97	61.48	61.44	60.68	61.39	62.03	61.41	61.36	61.30
3. 30	59.94	61.58	62.03	61.53	61.40	60.51	61.45	62.75	61.47	61.42	61.33

③ 마늘의 저장은 0.1mm 폴리에칠렌 필름에 밀봉포장저장하여 저장하는 것이 효과적이며 0.05mm 폴리에칠렌 필름 밀봉포장은 0.1mm보다 효과가 떨어졌다. 또한 저온처리시는 0~2℃보다 -2~-3℃에서 효과가 더욱 좋았다.

〈표 5〉 마늘 저장 중 감모율

저장고별	상 온 저 장					저 온 저 장(0~2℃)					-2~-3℃ 저장
처리별	대조구	공기밀봉		CO_2	N_2	대조구	공기밀봉		CO_2	N_2	공기밀봉
월별 P.E두께별		0.1mm	0.05mm	0.1mm	0.1mm		0.1mm	0.05mm	0.1mm	0.1mm	0.1mm
입고시(9. 25)	0	0	0	0	0	0	0	0	0	0	0
10. 30	4.15	1.87	2.72	1.72	1.28	3.45	0.67	2.25	0.95	0.85	0.01
11. 30	7.04	3.48	5.18	3.27	2.85	8.84	1.05	4.43	2.05	1.97	0.09
12. 30	10.35	5.72	18.72	4.85	4.91	13.46	2.02	20.14	3.76	2.57	0.18
1. 30	17.65	7.64	24.27	6.24	6.85	19.14	3.62	26.02	4.97	4.12	0.34
2. 28	26.03	9.85	29.12	9.02	9.43	28.87	5.74	30.74	6.12	5.87	0.69
3. 30	32.47	11.94	40.21	11.47	12.12	35.02	8.85	41.85	9.27	9.02	1.08

④ 마늘의 주요성분인 Allyl Sulphide 함량은 저장방법에 따른 차이가 거의 없었다.

〈표 6〉 마늘 저장 중 Allyl Sulphide 함량변화 (단위:%)

월별	처리별 저장고별	상온저장				저온저장				2~3℃ 저장
		대조구	0.1mm P.E 공기밀봉	CO₂	N₂	대조구	0.1mm P.E 공기밀봉	CO₂	N₂	공기밀봉
입고시(9. 25)		2.87	2.83	2.81	2.81	2.85	2.80	2.79	2.78	2.81
10. 30		2.81	2.75	2.74	2.73	2.79	2.74	2.73	2.72	2.74
11. 30		2.74	2.70	2.69	2.69	2.72	2.68	2.68	2.66	2.69
12. 30		2.68	2.64	2.62	2.61	2.66	2.61	2.60	2.57	2.62
1. 30		2.59	2.56	2.53	2.53	2.57	2.54	2.54	2.53	2.54
2. 28		2.52	2.50	2.48	2.47	2.54	2.48	2.47	2.47	2.48
3. 30		2.46	2.45	2.43	2.43	2.45	2.44	2.42	2.42	2.43

⑤ 포장시기는 감모율, 부패율 및 변색문제를 고려하여 12월경이 좋다.

〈표 7〉 0.1mm 폴리에칠렌 밀봉포장시기별 감모율 (3. 31 현재) (단위:%)

구분	포장시기별 저장고별	'78. 9. 25		11. 1		12. 5		'79. 1. 5		2. 2		무포장	
		상온	저온	상온	저온	상온	저온	상온	저온	상온	저온	상온	저온
포장전 감모율		0	0	4.15	3.45	7.04	8.84	10.35	13.46	17.65	19.14	32.47	35.02
포장후 감모율		11.94	8.85	7.02	5.80	5.31	4.40	3.79	2.75	2.14	1.85	-	-
계		11.94	8.85	11.17	9.25	12.35	13.24	14.14	16.21	19.79	20.99	32.47	35.02

〈표 8〉 0.1mm 폴리에칠렌 밀봉포장 중 부패율 (3. 31 현재) (단위:%)

구분	포장시기별 저장고별	'78. 9. 25		11. 1		12. 5		'79. 1. 5		2. 2		무포장	
		상온	저온	상온	저온	상온	저온	상온	저온	상온	저온	상온	저온
포장전 부패율		0	0	2.14	1.89	5.18	6.14	7.25	10.16	14.43	16.87	28.02	30.77
포장후 부패율		9.88	7.02	5.38	4.35	3.92	3.20	2.14	1.25	0.87	0.53	-	-
계		9.88	7.02	7.52	6.24	9.10	9.34	9.39	11.41	15.30	17.40	28.02	30.77

〈표 9〉 0.1mm 폴리에칠렌 포장시기별 변색발생시기 (4. 15 현재)

구분 \ 입고일 저장고별	'79. 2. 15		9. 15		12. 15		'79. 1. 15		2. 2	
	상온	저온	상온	저온	상온	저온	상온	저온	상온	저온
변색발생일	'79. 2. 15	-	'79. 3. 15		'79. 4. 15		-	-	-	-

〈표 10〉 마늘 저장 중 고내온습도 변화

창고별 월별	고내온도 (℃)		고내습도 (%)	
	상 온	저 온	상 온	저 온
9월	20.10	2.50	80.04	73.00
10월	13.00	3.00	74.80	78.00
11월	4.80	3.00	72.50	79.00
12월	-6.50	3.00	79.50	79.00
1월	-5.50	2.50	62.50	80.00
2월	4.50	3.00	76.20	78.00
3월	6.14	3.00	77.52	77.00
4월	12.00	2.50	71.20	79.00
5월	18.00	3.00	69.00	77.50

〈표 11〉 마늘 저장 중 온도의 변화   (단위:℃)

월별 \ 창고별	상 온	저 온
9	19.90	2.50
10	12.90	3.00
11	4.80	3.00
12	-6.10	3.00
1	-5.40	2.50
2	4.50	3.00
3	6.10	3.00
4	12.00	2.50
5	18.00	3.00

〈표 12〉 마늘 저장 중 수분변화 (단위:%)

월별 \ 지역별 \ 창고별 \ 입고시	충 북		경 북	
	상 온	저 온	상 온	저 온
입고시	66.55	66.53	68.58	68.53
9	66.55	66.53	68.58	68.53
10	64.54	63.68	67.62	67.91
11	62.67	63.00	65.78	65.71
12	62.54	62.05	64.93	65.02
1	62.57	61.87	64.62	64.32
2	62.87	61.99	64.69	64.37
3	62.65	61.63	64.35	63.99
4	62.74	61.54	64.42	63.92
5	61.95	60.70	63.73	63.38

〈표 13〉 마늘 저장 중 중량변화 및 부패율

월별 \ 지역별 \ 창고별 \ 입고시	충 북				경 북			
	상 온		저 온		상 온		저 온	
	중량	부패	중량	부패	중량	부패	중량	부패
	0	0	0	0	0	0	0	0
9	-0.231	-	-0.491	-	-0.260	-	-0.522	-
10	-1.899	0.99	-1.987	1.03	-1.798	0.90	-1.998	1.03
11	-4.584	3.03	-3.027	2.23	-4.523	2.33	-3.175	2.02
12	-8.576	7.02	-11.133	9.87	-9.462	8.14	-10.796	6.73
1	-16.140	15.29	-30.250	28.94	-17.780	16.68	-23.990	22.77
2	-21.570	18.95	-36.500	33.73	-24.530	21.87	-41.110	39.22
3	-26.280	24.43	-41.670	39.88	-32.150	29.44	-45.320	43.72
4	-40.460	38.59	-56.610	53.94	-41.500	38.90	-53.170	50.64
5	-56.670	48.83	-71.100	59.04	-59.440	49.23	-72.730	59.82

〈표 14〉 마늘 저장 중 Vit. C의 변화 (단위:mg %)

지역별	충북		경북	
창고별	상온	저온	상온	저온
월별 입고시	9.19	9.05	9.05	8.90
9	9.19	9.05	9.05	8.90
10	9.05	8.90	8.90	8.76
11	9.00	8.62	8.76	8.60
12	8.37	8.23	8.27	8.18
1	7.21	7.18	7.20	7.16
2	6.32	6.12	6.15	6.11
3	5.88	5.72	5.80	5.75
4	5.12	5.08	5.12	5.10
5	5.03	4.97	5.04	5.01

〈표 15〉 건조방법 및 조건

건조방법	건조시간	건조조건
열풍건조	1~14시간	온도 60℃ 송풍 2.3m/sec
진공건조	1~48시간	온도 60℃ 진공 50cm Hg
천일건조	1~9일	평균온도 15℃ R. H 75%

〈표 16〉 포장·재료별 물리적 특성

포장재료	두께 (cm)	인장강도 (kg/cm²)	인장율 (%)	투습도 g/cm²/ 24시간92% RH 30	접착조건		
					온도 (℃)	시간 (초)	압력 (kg/m²)
P.E	0.04	2.40	2,073	18.6	120	1	2~3
P.P	0.03	3.23	4,030	9.5	160	2	〃
O.P.P	0.02	26.33	103,300	6.8	135	4	〃
P.V.C	1.025	19.25	65,000	28.4	130	2	〃
Pollyeel 10	0.04	15.83	126,670	7.7	140	5	〃
Al/P.E	0.055	13.14	272,000	1.6	165	8	〃
Al/P.G	0.07	12.55	257,000	0.9	165	8	〃

〈표 17〉 마늘의 지역별 화학성분

항목 지역별	수분 (%)	열량 (cal/100g)	조단백 (%)	지방 (%)	당질 (%)	섬유 (%)	회분 (%)	Vit.C (mg%)	Allyl Sulphide (%)	Tottal Sulphur (mg %)
경 기	60.67	162	3.3	0.4	30.2	0.92	1.34	5.5	2.62	787
경 북	62.68	153	3.0	0.3	28.8	0.90	1.37	6.2	2.76	882
충 북	61.41	166	3.2	0.3	30.5	0.83	1.31	6.6	2.82	896

〈표 18〉 마늘 건조 중 수분함량 및 Allyl Suphide함량변화

건조시간 항 목	0	2	4	6	8	10	12
수분함량(%)	60.67	48.85	36.78	29.43	17.47	1.87	8.16
Allyl Sulphide 함량(%)	2.62	2.28	2.04	1.76	1.38	1.06	0.76

건조조건 : 통풍건조(60℃, 2.6m/sec)

〈표 19〉 Brown식에 의한 안전저장기간(Shelf-life)　　(단위:일)

포장재료 내용물	P.E	P.P	O.P.P	P.V.C	polycello	Al/P.E	Al/P.C
마 늘 분 말	21	41	57	14	51	244	435
고 추 분 말	16	32	44	11	39	188	335
혼합분말(1:3)	20	40	55	13	49	235	419

저장조건 : 38℃ 92% R.H

Ⅶ. 마늘 특수재배

1. 특수조기재배

작형의 항에서 말한 바와 같이 출하가 없는 1~2월 또는 2~3월에 수확하기 위한 특수 조기재배법의 대강을 소개한다.

- **품종** - 조생종을 사용한다. 제주종이나 남해안 지방종이 좋고 보통마늘도 된다. 알이 고르고 단단한 것을 사용한다.
- **냉장** - 7월 상순에 10일간 15~18℃로 미리 냉장했다가 그 후 0~5℃에서 60일간 냉장고에 넣어 본냉을 행한다. 이때 마늘은 뿌리가 난다.
- **심기** - 따뜻하고 바람이 막힌 기름진 밭을 골라서 9월 10~15일에 심는다. 냉장고에서 나온 뿌리가 상하지 않게 심는다. 재식거리는 이랑폭 30cm, 포기사이 8~10cm로 한줄로 심거나 두줄 심기를 한다.
- **거름** - 전량을 밑거름으로 퇴비 1,200kg, 소석회 100g, 용과린 100kg을 10a에 준다.
- **멀칭** - 9월 하순~10월 중순에 싹이 일제히 났을 때 비닐 멀칭을 한다. 이렇게 하면 지온이 유지되고 건조를 방지한다.
- **보온** - 10월 하순부터 비닐 터널을 씌운다. 추운 지방에서는 11월 하순에 2중 터널을 다시 씌워서 생육 적온인 18~20℃를 유지시킨다.

그 밖의 관리는 보통재배와 같다.

- **수확** - 보온만 잘 되면 1월 하순에 수확이 가능하다. 잎마늘로 이용하기 위하여 밀식해서 중간에 솎아내는 방법도 있다. 가장 품귀한 2~3월에 수확이 가능해서 상당한 수익을 올릴 수 있다.

2. 주아재배

 마늘을 재배해서 일정기간 후에 추대하게 되면 마늘쫑에 주아가 많이 붙게 된다. 주아는 크기에 따라 여러가지로 고르지 못하나 보통재배하는 마늘재배시기에 주아를 따서 포장에 정식한다. 마늘 재배는 종자대가 많이 들어서 비경제적인 면이 있다. 그 이유는 마늘쪽을 종자로 사용하기 때문이다. 그렇기 때문에 이 주아재배는 씨마늘의 소용량을 미리부터 예정하고, 나머지 씨마늘 대신에 주아를 재배 육성하여 대용으로 사용하기 위한 것이다.

 그리고 주아재배에서 수확되는 마늘은 외마늘(마늘쪽이 하나 뿐)이므로 식용으로도 사용하기가 아주 간편해서 좋다.

 마늘 포장을 갈아 엎어서 흙덩이를 부수고 10a당 퇴비 500kg, 계분 30kg, 요소 15kg, 용과린 10kg, 황산가리 10kg을 씨마늘을 심기 약 1주일 전에 포장 전면에다 골고루 시비하고, 흙과 잘 혼합시킨 다음 45~60cm 넓이로 이랑을 만든다.

 파종하기 직전에 후라단, 큐라텔 등을 10a당 5~6kg을 포장 전면에 살포한 다음 정식한다. 재식 거리는 보통 재배보다 약간 밀식하고 그 밖의 관리는 일반 마늘의 재배에 준하여 같이 한다.

가. 파종기

 일반적으로 마늘 파종기와 동시에 하게 되나 큰 주아를 일찍 파종하면 주아 1년생이라도 분구(쪽)가 된다. 특히 난지형 조생계통을 일찍 심게 되면 증식 효율을 높일 수 있다(표 18 참조). 일찍 파종할 때는 파종 후 건조를 막기 위하여 짚을 깔아주는 것이 좋으며, 중부 내륙지방에서는 월동 중 한해(寒害)를 입지 않도록 충분히 피복한다.

〈표 1〉 품종별 주아수 및 크기별 비율 (전북농진:1972~1973)

품종별	주아수 (1개충포내)	크기별 비율		
		대	중	소
고창종	9.4개	65.4%	19.1%	15.4%
시흥종	11.9	33.0	39.4	27.4
춘성종	8.0	34.4	17.4	48.1
일주조생	9.4	84.8	6.7	8.4

※ 크기 : 대 8mm이상(93g/300개), 중 7.0~7.9mm(56g/300개), 소 6.0~6.9mm (43g/300개)

〈표 2〉 주아의 크기 및 파종별 구중과 인편수 (전북농진:1972~1973) (주아 1년생)

주아크기별 구분 파종기	대			중			소		
	구중	인편수	평균인편중	구중	인편수	평균인편중	구중	인편수	평균인편중
월 일	g	개	g	g	개	g	g	개	g
8 18	13.8	8.1	1.7	11.0	7.3	1.5	9.5	7.5	1.3
28	13.1	8.9	1.5	10.0	7.3	1.4	9.2	7.4	1.2
9 28	11.6	7.4	1.6	8.3	7.3	1.1	7.8	6.5	1.2
18	8.6	7.3	1.2	7.3	5.2	1.4	6.2	5.2	1.2
28	6.3	7.2	0.9	7.0	4.8	1.5	4.4	2.7	1.8

※ 품종 : 시흥지방종

나. 재식거리 및 시비량

주아 1년생은 6×6cm로 재식하고, 2년째는 12×12cm로 하며 3년째 가서는 보통재배와 같이 한다(표 3참조). 시비량이나 시비방법 및 일반 관리는 보통재배와 같이 한다.

〈표 3〉 주아를 이용한 재배법
(전북농진 : 1972~1973)

연차별	파종기	수확기	재식방법 휴폭	재식방법 파폭	재식방법 재식거리	3년차 10a재배기준 파종예정 개체수	3년차 10a재배기준 소요면적	3년차 10a재배기준 증식율(분구율)	비고
1년차 (주아)	8중하 ~9월	6월중순	cm 150	cm 120	cm 6×6	640	m² 28.8	7배	주아를 큰 것을 골라 심었을 때 성적을 기준함.
2년차	〃	6월하순	〃	〃	12×12	4,480	80.6	8	
3년차	9~10	6월하순	〃	〃	20×12	35,840 (33,000)	1,000	-	

다. 수 확

주아 1년생은 조기 파종하면 보통재배보다 구의 형성비대를 일찍 끝내므로 수확도 10~15일 정도 빨리하고 2년차 이후는 보통마늘 수확기와 대략 같게 한다.

년차별 구중은 표 4에서 보는 바와 같이 파종 당년에 크게 증가하고 3년차에 가서는 보통재배와 비교하여 16% 증수된 예도 있다.

〈표 4〉 주아 년생별 수량비교

구 중			3년생 수량비교(10당)	
1년생	2년생	3년생	보통재배	주아3년생재배
13.8g	24.4g	35.7g	1,050kg(100)	1,218kg(116)

※ 주) (1) 품종 : 시흥 지방종
 (2) 년생별 구중 : 파종기별 성적 최고 구중
 (3) ( ) 내는 수량지수

기타 재배상에 있어서 주아 및 종구 소요량이나 면적은 표 3에 준하면 될 것이나 실제는 이론치와 같이 되지 않을 경우를 감안하여 주아나 종구 및 파종면적을 넉넉히 잡도록 한다.

3. 마늘종구소독 재배

1983년에 충북 단양군 덕산면 도전리에서 단양마늘을 이용하여 스미랙스 수화제에 의한 마늘종구 소독으로 인한 종자전염병해와 토양병해를 방제하므로써 증수효과를 보았다는 보고가 있다(住友化學工業(株) 崔相珍).

〈표 5〉 마늘종구 소독재배효과(논)

약 제 명	초 장		수량 10a 당			
	1차 cm	2차 cm	구중 g	구 수	수량 kg	%
Sumilex 50wp 1%	59.2	86.9	18.8	50,040	940.8	155.1
Sumilex 50wp 0.75%	62.9	91.1	18.2	53,910	981.2	161.8
Sumilex 50wp 0.5%	61.4	92.6	18.2	52,800	961.0	158.5
PCNB 20D 1%	45.9	83.5	16.9	33,540	566.8	93.5
Benlate 50wp 1%	49.6	83.3	17.2	34,110	586.7	96.8
무 처 리	48.3	84.2	17.5	34,650	606.4	100.0

(파종:10. 15 / 수확:6. 20)

〈표 6〉 마늘종구 소독재배효과(밭)

약 제 명	초 장		수량 10a 당			
	1차 cm	2차 cm	구중 g	구 수	수량 kg	%
Sumilex 50wp 1%	46.5	70.8	17.0	51,570	876.7	215.7
Sumilex 50wp 0.75%	48.0	72.1	17.1	51,570	881.8	217.0
Sumilex 50wp 0.5%	49.2	70.4	16.9	51,570	871.5	214.4
PCNB 20D 1%	45.5	70.8	16.5	41,670	687.6	169.2
Benlate 50wp 1%	44.1	68.3	16.0	30,600	489.6	120.5
무 처 리	45.2	69.1	16.6	24,480	406.4	100.0

(파종:10. 28 / 수확:6. 20)

소독방법은 마늘종구쪽에 약을 묻혀 처리(분의처리)를 하여 다음날에 파종하여 비닐피복재배를 하였으며 수확후 4일간 햇볕에 말린 후 무게를 측정하였다.

4. 마늘의 엽선단고사

마늘의 엽선단고사는 인경비대 개시기인 4월 말에서 5월 초에 발생하며 엽선단부터 황화하기 시작하여 심할 경우에는 기부로 전진하면서 엽 전체가 고사하는 증상을 나타낸다.

실험결과에 의하면 본 증상이 심할수록 엽신중의 K 함량은 현저히 저하되며, 한편 K/N比도 저하되는 경향이다. Cauto에 의하면 마늘에 대한 양분결핍 실험에서 엽선단고사와 유사한 증상이 나타났음을 보고한 바 있으며 또한 Zink가 조사보고한 마늘의 시기별 양분흡수 과정상에서 가리의 요구도가 가장 많은 시기가 인편비대초기라는 점으로 보아서도 마늘의 엽선단고사의 발생원인은 가리결핍에 의한 생리장해로 판명된다.

현지에서 조사한 결과로 보면 엽선단고사는 질소에 비하여 가리 사용량을 적게 준 농가와 경사지의 건조토양 또는 논마늘이 재배되는 과습답에서 많이 발생되고 있는데 일반적으로 가리의 흡수는 한발이나 과습 조건에서 크게 저해를 받는다. 이와 같은 점으로 보아 엽선단고사의 발생을 방지하기 위해서는 기본적으로 가리 시비량을 높여야 하겠으며 밭마늘에서는 한해를 받지 않도록 멀칭이나 관수를 하고 논마늘의 경우에는 배수를 철저히 하는 것이 효과적일 것으로 생각된다.

5. 마늘의 염류장해

마늘의 염류장해는 엽신이 꼬부라진 채 얇은 피막으로 쌓여져서 전개가 되지 못하고 엽초의 내부는 쭈글쭈글한 증상의 기현상으로 나타난다. 이 증상은 '78년 한발이 심할 때 충남 서산농가포장에서 나타나 토양과 식물체를 분석한 결과 염류장해로 밝혀졌다. 염류장해를 받은 토양은 받지 않은 토양에 비하여 pH와 수분함량 차이는 없으나 염류농도(E.C.)가 1.01mmhos로 높았고 무기성분 함량도 건전주에 비하여 장해주가 높았으며 특히 질소와 가리의 함량이 현저히 높고 한편 부위별로 보면 엽신보다 엽초에서 높았다. 따라서 장해를 받은 마늘은 엽초에서 엽신으로 양분의 이동이 안된 채 축적되고 있음을 보여주고 있다. 일반적으로 장해가 나타나기 쉬운 작물은 양파, 강남콩, 상추, 딸기 등이라고 하며 양파의 경우 염류농도가 0.5mmhor 이상일 때 장해가 나타나고 염류의 집적은 비료를 다량 시용했을 때 토양수가 아래로부터 위로 이동하여 하층의 Ca, Mg 등이 경토에 집적되고 초산이 Ca 및 K와 결합하여 $CaNO_3$ 또는 KNO_3 형태로 되어 장해를 일으킨다는 보고들이 있다. 염류장해의 방지책으로는 심경 유기물시용, 또는 피복방법 등에 의하여 장해경감을 기할 수 있으나 기본적으로는 비료를 1회에 다량 사용하지 말고 가급적 분시하도록 해야 할 것이다. 표면에 집적한 염류를 제거하기 위해서는 볏짚을 피복하거나 관수를 많이 해서 염류가 유실되도록 하는 것이 좋을 것이다.

6. MH-30 처리

마늘은 수확후 휴면기간이 종료되면 인편내부의 맹아엽 및 보통엽이 생장을 개시하므로 양분의 소모와 중량감소가 되고 이에 따라 품질이 저하되므로 장기저장을 목적으로 할 때는 맹아억제제인 MH-30을 처리하면 맹아를 억제시키므로 중량감소는 물론 장기저장이 가능하다.

그러나 종구로는 사용할 수 없으므로 이 점에 특히 유의하고 저장 중 판매시에도 종구용으로 잘못 구입 사용하여 피해를 보는 일이 절대로 없도록 취급하여야 한다.

가. MH-30 처리방법

(1) 처리시기 : 수확적기 10~15일전
(2) 처리농도 : 0.20~0.25%(2,000~22,500ppm)
(3) 살포방법 : 10a당 물 90 l 에 MH-30, 180~225cc를 넣어 0.2 ~ 0.25% 처리약액을 만든 다음 전착제를 첨가하여 분무기로 경엽에 충분히 흡착되도록 고루 살포한다. MH-30 처리시 특히 유의할 점은 수확적기를 정확히 판단하여 처리시기를 앞당기는 일이 없도록 하고 농도를 정확히 준수할 것이다.

처리시기가 빠르고 농도가 높게 되면 구비대를 정지시켜 수확량의 감소를 보게 되고 너무 늦게 처리되거나 농도가 낮으면 맹아억제 효과가 감소된다.

나. MH-30 처리효과

(1) 맹아억제효과

MH-30을 0.2% 내외로 처리하면 무처리에 비하여 약 6개월정도 맹아억제 기간을 연장시킬 수 있다(그림 1참조).

마늘 재배

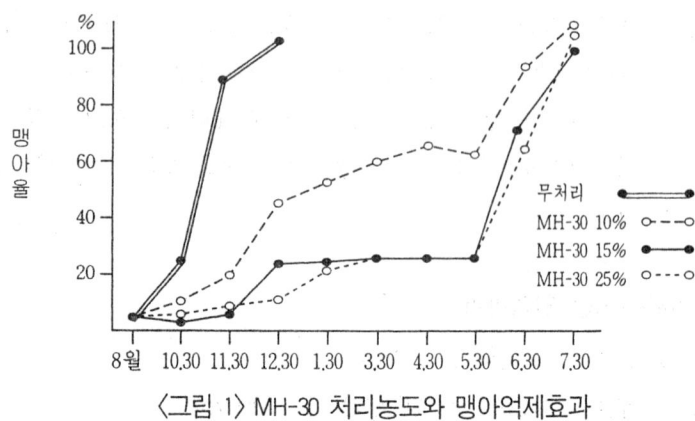

〈그림 1〉 MH-30 처리농도와 맹아억제효과

(2) 부패 및 감량효과

MH-30 0.2% 처리에 의하여 부패 및 감량을 현저히 감소시킬 수 있고 맹아생장 억제효과가 크다.

(3) 품질변화 방지효과

품질면에 있어서 인편의 부피 및 변색되는 것이 적어진다(표 8).

〈표 7〉 MH-30 처리에 의한 부패 및 감량방지효과 (鄭, 1972)

구분 처리 농도	인편내엽근발육 (수확 후 10개월)			부패 (290일 후)			감량 (수확 300 일 후)
	엽장	엽수	근장	공시개체	부패인편	부패율	
	m	매	mm	개	개	%	%
무처리	11.7	8.6	3.0	316	50	15.9	43
1,000ppm	4.7	4.4	0	366	30	8.2	25
2,000ppm	4.5	4.4	0	337	9	2.7	24
3,000ppm	3.8	4.0	0	344	16	4.7	22

〈표 8〉 MH 처리에 의한 품질변화 방지효과 (El-Oksh, 1971)

구 분 처 리	무 처 리	MH 처 리
건 전 인 편	53%	67%
부 분 적 위 주 인 편	5	7
부 분 적 갈 변 위 주 편	11	5
황 갈 변 위 주 인 편	16	11
갈 색 건 조 위 주 인 편	7	4
연 화 부 패 위 주 인 편	8	6

※ 저장조건 : • 입　　고 : 8월말, 상온 : 15~30℃
　　　　　　 • 관계습도 : 60~75%
　　　　　　 • 저장기간 : 268일

※ 특히 MH-30을 사용할 때 주의할 점은 MH-30제의 종류에는 사람에 유해한 것이 있으니 사용시에 주의해야 한다.

※ 일본 마늘재배의 길잡이
- 품종은 상해조생으로 매년 갱신한다.
- 종구의 1편중은 5g 정도를 선택한다.
- 10a당 종자량은 140kg 정도 준비한다.
- 유기질을 확보하여 지력증진에 노력한다.
- 파종은 9월25일~10월10일까지 파종한다.
- 토입을 충분히 해서 열구를 방지한다.

파

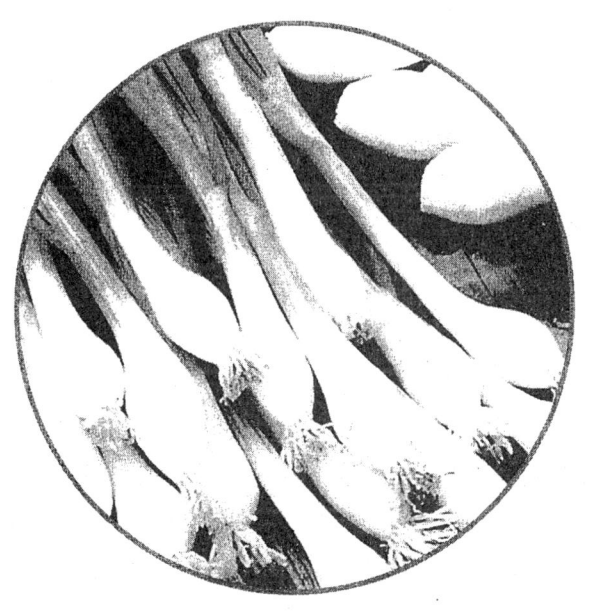

2. 파

파는 영양면에서 다른 채소에 비해 두드러진 것이 없으나 독특한 향기를 가져 오랜 옛날부터 양념이나 한약의 재료로서 사용하여 왔다.

I. 재배현황
II. 성상 및 재배환경
III. 생리적 특성
IV. 재배작형과 품종
V. 재배기술
VI. 육종과 채종
VII. 쪽파재배
VIII. 골파재배

I. 재배현황

1. 원산지 및 재배내역

중국의 서부가 원산지라고 하나 아직 야생종은 발견되지 않고 있다. 알타이(Altai)·바이칼(Baikal)·카르기즈(Kirghiz) 등에서 야생하는 *Allium altaicum* Pall이 원종일 것이라 하나 별종이라는 것이 판명되었다.

파는 내한성·내서성이 강하며, 북쪽은 시베리아로부터 남쪽은 열대지방까지 분포되어 있다. 중국에서는 고래(古來)로부터 재배되어 왔으며, 우리나라는 중국을 거쳐 고려 이전에 들어온 것 같다. 파는 우리 식생활에 깊게 뿌리 박혀 있을 뿐만 아니라, 그 영양가치에 있어서도 높이 평가되어 각지에서 재배되고 있다.

파는 원래 온대지방의 채소였으나 현재에 와서는 세계 전역에 퍼져 북쪽은 시베리아로부터, 남쪽은 열대지방까지 분포되어 한대지방에서는 굵은 파로, 온대지방에서는 겸용종으로, 열대지방에서는 잎파로 발달되었다.

2. 파의 이용

파는 독특한 향기를 가져 오랜 옛날부터 양념이나 한약의 재료로써 사용하여 왔다. 성분은 대부분이 물이고 영양가치로 보아서는 다른 채소류에 비하여 두드러진 것은 없으나 적당한 량의 무기염류를 가지고 있고 푸른 잎에는 비타민 A 및 C가 많이 들어 있다.

줄기의 연백부(軟白部)는 다른 채소에서와 마찬가지로 비타민의 함량이 적다.

〈표 1〉 파의 성분표(생체 100g중)

구 분	칼로리	수분(g)	회분(g)	칼슘(mg)	인산(mg)	철분(mg)	비타민 A(I, u)	B_1	B_2	C
푸른잎부위	24	92.4	0.8	100	51	1.0	1,400	60	50	40
연백부위	25	93.0	0.4	29	24	0.3	0	50	30	20

파가 보통 채소류와 다른 점은 보통 채소류가 알카리성인데 반하여 파는 산성이라는 점이다. 파에는 이상과 같은 일반적인 영양가치 이외에 알리인(Ailiin)이라는 성분이 들어 있는데 이것이 마늘에서와 같이 독특한 냄새의 주성분이며 어떤 종류의 병원균에 대해서 강한 살균력을 가지고 있어 건위제, 이뇨제, 기침멎는데 등 여러가지 한약에 사용되는 주성분이다.

3. 파의 생산현황

파는 인구증가에 의한 소비량 증가로 재배면적이 증가되는 경우도 있지만 1인당 소비량 증가로 수요량이 증가되어 그 면적이 크게 증가되고 있는 실정이다. 10a당 수량성도 과거에는 품종의 발달이 되지 않아 수량성도 낮았지만 재배기술 역시도 미흡하였다.

최근에는 품종의 발달과 재배기술 향상에 따라 10a당 수량도 증가되고 있다.

시도별 재배현황을 보면 전남이 제일 많이 재배하고 있으며 그 다음이 충남이 재배하고 있다. 파재배 주산지역은 3ha이상 재배 읍면수를 보면 외대파가 61개 읍면, 쪽파가 44개 읍면, 잎파가 6개 읍면으로 집중적으로 많이 재배되고 있는 읍면수는 많지 않으나 전국적으로 산재하여 재배되고 있음을 알 수 있다.

〈표 2〉 파 주산지 현황 (3ha이상 읍면수)

	외대파	쪽파	잎파(구조파, 백마)
부산	1	1	-
경기	8	7	3
강원	1	2	-
충북	5	17	1
충남	18	2	-
전북	4	4	1
전남	10	1	1
경북	8	8	-
경남	4	-	-
제주	2	2	-
계	61	44	6

Ⅱ. 성상 및 재배환경

1. 성상

 다년생초본으로 보통 2~8개 정도로 새끼를 치는데 비늘줄기(인경)는 안 생기고 잎은 잎집과 잎몸으로 되어 잎몸은 대롱 모양으로 30~75cm 정도로 되어 납질(蠟質)로 덮혀 있다. 납질의 정도에 따라 잎의 빛깔이 다른데, 많으면 시퍼렇고 전연 없으면 황록색이 된다. 잎의 두께나 질에 차이가 있어 엽육이 어느 정도 얇고 연약하면 잎파가 된다. 잎집은 배토해 주므로써 연백(軟白)시켜 질이 부드럽고 물이 많게 할 수 있다.

 파는 추위 견딜성에 따라 두 가지로 나눌 수 있는데, 겨울에 생장을 정지하여 지상부가 말라죽어 휴면하는 여름파, 겨울에도 어느 정도 자라 휴면이 없는 겨울파가 있다. 종자는 양파와 비슷하여 검은색인데 그 발아온도의 폭은 상당히 넓어 10℃에서도 86% 정도의 발아율을 나타낸다. 파의 꽃눈분화는 품종에 따라 다소 차이는 있으나 양파와 같이 어느 정도의 큰 모종이 일정기간 저온에 부딪치면 되는데 봄에 해동과 더불어 종이 생겨 그 끝에 꽃을 피운다.

2. 재배환경

가. 기후조건

 생육생태는 한지(寒地)에서 여름파형, 난지(暖地)에 겨울파형, 중간지대에 중간형인 것이 성립되고, 온도적응성은 품종군에 따라 차이가 있다. 발아적온은 15~30℃이나, 10℃에서도 상당히 잘 발아된다.

 연백(軟白)은 휴면상태에 달하여 완성되는 것으로 한랭한 조건하에서 촉진된다. 따라서 연백을 요하는 깊은 파종류는 한랭지에 분포되고, 난지에서는 엽질이 부드럽고, 반드시 연백을 필요로 하지 않는 잎파 종류가 토착되고 있다.

꽃눈 분화는 녹식물(綠植物) 감응형으로, 어느 정도 크게 된 모종이 저온을 만나 화성(花成)이 유발된다. 저온감응성은 검은 자루의 것이 둔감하고, 붉은 자루의 것이 민감한 경향이 있으나, 대체로 양파보다도 민감하다.

생육저온은 20℃ 전후이나 품종에 따라서는 추위 견딜성이 강하여 시베리아에서도 월동하고 또 더위 견딜성이 강한 품종은 열대에서도 자란다.

이와 같이 파는 기후에 대한 적응성이 비교적 커서 종자의 경우 2℃의 저온에서도 오랜 시간이 지나면 발아하며 한편 35℃의 고온에서도 발아한다. 굵은 파에 있어서는 연백(軟白)재배기에 가서 좀 저온(15℃ 정도)이 되는 것이 연백도 촉진하고 수량도 많게 한다. 또한 잎의 단맛이나, 연한 품질 등도 저온조건에서 잘 나타나므로 저온기에 품질이 우량한 것이 생산된다.

〈표 5〉 기상조건

발아적온	생육적온	유 의 사 항
15~30℃	15~20℃	1. 온도적응성은 품종군에 따라 차이가 많다. 2. 화아분화의 저온감응성은 양파보다 민감하다.

나. 토양조건

파는 내습성이 약한 채소의 하나로 간주되고 있다. 북돋우는 관례도 있어서, 통기가 나쁜 강점(强粘)토지나 배수 불량지에서는 다수확을 바랄 수 없다. 산지는 토층이 깊은 하천의 충적지대나 모래로 이루어진 사양(砂壤)토지대에 성립되고 있다. 품질적으로는 다소 점질이 있는 양토가 적합한 토지이다. 토양산도에 대하여서는 pH5.7~7.4 사이이면 정상적인 생육을 기대할 수 있다.

원래 점질양토에서 잘 자라 품질이 좋고 수량이 많은 것이 생겨 대개 충적토(沖積土)에 명산지가 있다. 그러나 뿌리의 산소요구도는 큰 편이어서 배수가 잘 안되는 곳에서는 생육이 떨어져 물이 채이면 말라 죽는다. 특히 연백(軟白)재배를 할 때는 깊게 심으므로 배수가 잘 되어야 한다.

〈표 6〉 토양조건

알맞은 토성	알맞은 pH	유 의 사 항
모래참흙 참 흙	pH5.7~7.4	1. 잎파는 비교적 경토가 낮은 토양에도 재배 가능 2. 줄기파는 토심이 깊고 배수 및 보수가 적당한 토양 3. 통기가 나쁜 식질토나 건조가 심한 땅은 부적당

Ⅲ. 생리적 특성

1. 종자의 발아

가. 발아와 환경요인

파의 발아적온은 15~25℃로써 그 이상의 온도에서는 발아가 불량한데 발아 최저온도는 1~4℃이고 최고온도는 33℃이다.

온도가 일정한 경우 밝은 곳에서가 어두운 곳에서보다 발아가 늦어지는 경향이 있는데 이 혐광성(嫌光性)은 양파보다 현저하며 또 발아의 한 특성으로써 오이와 함께 산소요구도가 적은 편이다.

나. 종자의 수명과 저장

파의 종자는 양파와 함께 채소 중에서도 가장 수명이 짧은 종류에 들어간다.

특히 종자를 저장할 때에는 저온건조한 상태로 두어야 한다. 나까무라(中村, 1966)가 석창파의 종자를 써서 실험한 결과를 보면 실온에서의 종이봉지 저장과 데시케이터 밀봉(건조제무)의 2구에서는 1년후에 벌써 발아율이 70%이하로 되었고 종이봉지에서는 2년후에 10%이하로 되었고 데시케이터 밀봉도 2년째에서 50%, 3년째에서 10%이하로 떨어졌다. 이에 대해서 0℃ 데시케이터(염화석회입)와 실온관 저장(생석회입)의 2구에서는 매우 성적이 좋아 5년간은 발아율의 저하가 거의 없으며 9년후에도 약 70%의 발아율을 유지했다.

실온데시케이터(염화석회입)와 0℃ 종이봉지도 3년간은 70%이상의 발아율을 나타냈으나 그후 서서히 저하해서 0℃ 종이봉지는 5년후에는 50%이하로 되고 실온데시케이터(염화석회입)도 7년후에는 50%이하로 되었다. 이와 같이 수명이 짧은 종자도 저온건조하에서 저장하면 상당히 장기간에 걸쳐서 발아력을 유지할 수 있다.

〈표 7〉 온도와 양파종자의 발아율

일수 \ 온도	2~4℃	7℃	10℃	16℃	20℃	25℃	30℃
6일	0	0	3	98	94	85	78
12	0	27	77	98	95	85	78
20	1	78	84	98	95	85	78
30	63	83					
40	73						
50	86						

2. 묘의 발육과 분열

가. 온도와 일장

파는 서늘한 기온을 좋아하며 생육적온은 15~20℃ 전후이므로 하기에는 고온때문에 생육이 쇠퇴하고 가을이 되어 기온이 내려가게 되면 다시 생육이 왕성하게 된다.

각기 다른 온도하에서 잎의 생장량을 비교하기 위해 외대파의 묘(평균초장 53.7cm, 생엽수 5.7)를 9월 4일에 5℃, 13℃와 15~25℃의 유리온실에 옮겨 그후 5일마다 모든 잎의 길이를 측정했다. 그림 1은 1주당 총엽의 신장량의 누적(累積)을 표시한 것이다.

이 그림 1에서 알 수 있는 바와 같이 5℃에서는 파의 잎은 고사하지 않으나 잎의 신장은 매우 적었으며 15~25℃의 유리온실에서는 1주당 잎의 신장량은 35일간에 257.9cm였으므로 1일 평균 7.4cm 신장했으며 1주에서 실제로 신장한 잎은 2~4매였다. 그리고 12℃에서의 신장량은 유리온실에 놓여졌을 경우의 약 50%였다.

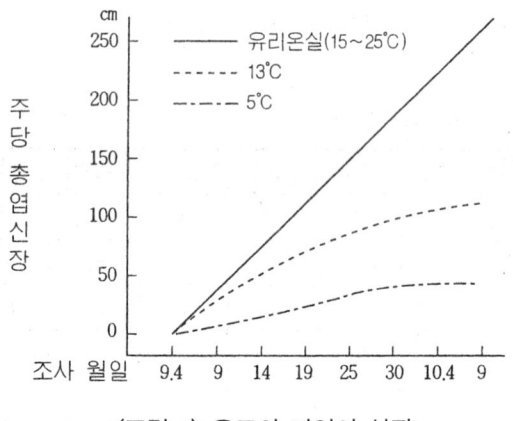

〈그림 1〉 온도와 파잎의 신장

 또 온도를 같게 하고 일장을 바꾸었을 경우 파의 생육을 비교하면 큰 차이는 없었으나 장일(16시간 조명)이 단일(8시간 조명)보다 발생엽수, 초장 공히 약간 양호했다.

나. 영양(비료)

 파묘의 생장이나 분얼(分蘖)은 동일품종이라도 비배관리에 따라서 상당한 차이가 생긴다. 이시오리(石居) 등이 석창파의 묘상에서 실시한 3요소 실험의 결과에 의하면 양분흡수량은 칼리를 100으로 하면 질소 65~75, 인산 13~15로 칼리의 흡수량이 가장 많고 인산의 흡수량이 가장 적다.

 그러나 생육은 인산은 사용하지 않은 구가 가장 뒤떨어지고(3요소구를 100이라고 했을 때 무비료 43, 무인산 52) 다음으로 질소의 영향이 크고(무질소 74), 무칼리의 영향은 거의 볼 수 없었다(무칼리 100).

 이와 같이 좋은 파묘를 얻기 위해서는 인산의 시비가 가장 중요하고 다음이 질소라고 할 수 있다. 그러나 생육초기의 파는 내비성이 약하며 특히 질소의 다비가 좋지 않은 것 같다. 따라서 질소 기비의 사용은 소량으로 하고 신장이 왕성한 후기에 추비하는 것이 권장되고 있다.

또 이시오리(石居) 등은 육묘시의 시비와 정식후 본포에서의 시비 관계에 대해서 실험하여 다음과 같은 결과를 얻었다.

즉 묘상에서 무비료, 무인산과 같이 인산을 사용하지 않을 때 묘의 중량은 표준비료로 육묘한 것에 비하면 현저히 떨어지며 이들 묘를 본포에 정식하여 표준비료를 사용해도 표준비로써 육묘한 묘를 정식한 것에 비하여 상당히 떨어졌다.

그러나 묘상에서 표준비료를 사용한 것은 정식후의 시비에서 3요소를 각각 주지 않아도 영향은 전보다 적고 감수한 것은 무질소구, 무비료구와 같이 질소를 사용하지 않은 구였다.

인산의 비효가 높고 무칼리에서도 거의 영향을 받지 않은 것은 실험한 장소의 토양이 화산회토(제주도의 토양)로서 토양에 칼리성분이 충분히 포함되어 있기 때문이다. 이와 같은 실험결과에 의해 묘상에서는 시비의 영향을 받기 쉬우나 표준비료로서 자란 묘를 본포에 심는 경우, 본포에서의 시비 영향은 별로 받지 않으므로 묘상의 시비, 즉 인산의 시용에 특히 유의해야 한다. 또 이시구로(石黑, 1967년)가 행한 비료실험에 의하면 질소, 인산, 칼리 외에도 전반적으로 석회의 효과가 크고 다음으로 망간, 붕소의 시용효과를 인정할 수 있었으나 고토(마그네슘)는 별로 효과가 확실치 않았다.

파에 대한 석회, 망간 시용의 효과는 특히 습해를 일으키기 쉬운 환경에서 현저한 것 같다.

다. 토양습도

묘의 생육을 위해서는 적당한 수분이 필요한 것은 말할 필요도 없으나 토양의 과습은 뿌리의 발육을 저해하고 도리어 생육을 억제한다.

특히 파는 건조에는 비교적 강하나 다습에는 매우 약해서 과습의 해를 받기 쉽다.

이시구로(石黑)의 실험에 의하면 15℃ 이하의 낮은 온도일 때에는

18일간 정도의 다습(토양수분이 포화상태)이 계속되어도 생육불량이나 묘의 고사현상을 일으키지 않았으나 25℃ 이상의 고온 다습시에는 외엽부터 내엽으로 잎부분이 마르는 것이 많고 결국 묘가 고사하게 되는 것도 있었다.

근부의 조사결과에서도 표 8에서 같이 15℃, 10℃와 같이 저온일 때에는 다습이라도 근부에 대한 영향은 적으나 25℃의 고온이 되고 더욱 다습할 때에는 뿌리부분에 대한 나쁜 영향이 커져서 구근(舊根)의 고사가 매우 많고 일부 햇뿌리의 흑갈변고사 현상도 나타난다.

일반적으로 식물 습해의 원인으로는 산소부족, 탄산가스의 해, 산화환원전위(Eh)의 저하 등을 들 수 있는데 토양비료학적 견지에서 시마다(嶋田, 1959)는 과습에 의해서 토양 중에 발생하는 이산화철이 파의 뿌리에 침입해서 생육장해의 원인이 된다고 말하고 있으며 토양 중에 석회가 충분히 있으면 식물체내로의 침입이 적어져 장해가 억제된다고 하므로 전술한 바와 같이 석회를 충분히 시용하는 것이 효과적이다.

〈표 8〉 과습토양에 심겨진 파묘의 근부비교

시 험 구		신근생존수	신근고사수	구근생존수	구근고사수
10℃	과습구	28.8본	0 본	32.1본	19.4본
	표준구	28.0	0	38.1	9.5
15℃	과습구	23.1	0	11.8	28.2
	표준구	21.7	0	24.4	25.4
20℃	과습구	19.9	3.3	2.1	39.5
	표준구	24.5	0	6.5	31.6

라. 심는 깊이

파의 생육, 분얼수는 묘를 심는 깊이에 따라서도 영향을 받는다. 이시구로(石黑)는 천식구(심음골의 깊이 5cm)와 심식구(깊이 9cm)의 2구로 나누어 9월 11일에 심은 다음 관행법으로 재배하여 생육을 비교한 결과는 다음과 같다.

즉 10a(300평)당 수확 중량으로는 심식구 100에 대해서 천식구는 160으로 60%의 증수효과를 나타내고 있다. 그러나 연백장(軟白長)은 천식이 심식보다 짧았는데 이것은 천식구쪽이 북주기의 정도가 적기 때문에 당연한 결과라고 할 수 있다.

또 근군의 조사결과에서도 심식구에서는 뿌리 분포의 폭과 깊이가 좁아 거의 20×20cm 이내로 되고 있으나 천식구는 30×30cm 이상의 폭으로 되어 있어 천식이 지상부와 같이 지하부에서도 신장도가 더 좋았다.

이 원인은 천식을 하면 고온다습 조건하에서도 습해의 회피, 토양의 물리성, 화학성의 악변방지, 백견병 등의 병해경감 효과를 들 수 있다.

〈표 9〉 파의 심는 깊이와 생육 및 수량

시험구	조장	엽초장	엽신장	연백장	1주엽수	엽초경	1주분얼수	1주중량	10a당중량	지수
	cm	cm	cm	cm	매	cm	본	g	kg	
전식구	86.4	28.0	58.4	10.5	30.2	2.1	4.5	281.6	5,248	160
심식구	83.9	24.9	59.0	13.4	21.8	2.3	3.4	175.5	3,270	100

3. 연백과 품질

가. 연백기구

1본줄기파 재배에서는 일반적으로 북주기에 의해서 연백이 이루어지고 있다. 연백이라는 것은 파의 엽초부를 차광하므로써 엽초부의 신장을 도모하여 희고 길고 단단한 엽초부를 만드는 것이다. 북주기의 줄기파 재배에서 품질, 수량을 좌우하는 가장 중요한 관리이다.

연백기간 중에는 외엽은 점차 마르나 중심부에서 어린 잎이 신장하여 엽초의 갱신이 이루어져 엽초장이 약 20cm 이상의 3매의 잎이 주체가 되어 연백부를 구성한다.

　이상과 같이 파의 잎은 연백기간 중에는 신구 교대가 이루어지므로 엽초부에는 엽록소를 다량 포함하고 있던 오래된 잎은 연백완성까지에는 고사해 버리고 이 대신 내부에서 새 잎이 발육한다.

　이들 햇잎의 엽초부는 처음부터 광선이 차단되어 순백이며 가늘고 길게 신장하므로 연백현상이 보인다.

나. 연백에 관계하는 제요인

(1) 연백온도

　파의 연백온도에 관해서 실험한 성적을 보며는 다음과 같다. 15℃가 가장 적당하며 25℃나 5℃에서는 연백이 제대로 되지 않는다. 즉 25℃에서는 고온때문에 엽신부의 선단고사가 많고 초장도 짧고 연백장도 짧다. 또 5℃에서는 외엽이 거의 고사하지 않으므로 엽초장은 상당히 길며 엽록소를 가진 외엽이 연백기간 중에는 그대로 생엽으로 남기 쉬우므로 녹색 엽초장이 길다.

　따라서 광선이 차단되어도 엽초부의 상반에 녹색 남게 되므로 연백은 이루어지지 않는다. 또 실제 재배에서는 주간의 온도는 높고 야간의 온도가 낮은 변온하에서 연백이 이루어진다.

(2) 북주기의 정도

　표 10은 북주기의 정도와 파의 수량, 품질과의 관계에 대해서 실험한 결과이다. 북주기를 전연 하지 않는 방임구보다 북주기를 행한 구가 증수하고 있어 북주기는 증수를 위해서 효과가 있다고 말할 수 있다.

　그러나 북주기의 정도에는 자연히 한도가 있으며 얕게 북을 주는 편이 수량이 많고 북주기가 과하면 발육을 심히 저해한다.

생리적 특성

〈표 10〉 북주기의 정도와 파의 수량, 발육과의 관계

항목 구	수 량 kg/10a	지상 부중 (g)	연백 부중 (g)	엽중 (g)	전장 (cm)	연백 부장 (cm)	연백 부경 (cm)	수량 비율	연백부경 연백부장
방임구	1,064.7	55.0	33.0	22.0	38.1	8.3	3.2	75.1	0.39
천토구	1,550.7	89.4	57.6	31.8	50.5	14.3	3.1	109.4	0.22
표준구*	1,417.3	82.2	56.0	26.2	51.7	17.6	2.6	100.0	0.15
심토구	1,085.9	67.1	48.6	18.5	59.4	23.1	2.0	76.6	0.09

※ 표준구 : 잎의 분기점까지 북을 준다.

〈표 11〉 북주기 횟수와 파의 수량, 발육과의 관계(품종:下仁田)

항목 구	수 량 kg/10a	지상 부중 (g)	연백 부중 (g)	엽중 (g)	전장 (cm)	연백 부장 (cm)	연백 부경 (cm)	수량 비율	연백부경 연백부장
1회	1,528.9	88.8	53.8	34.7	48.9	14.6	2.8	101.5	0.19
2회	1,651.7	97.0	58.8	38.2	53.5	14.7	2.9	109.6	0.20
3회	1,506.6	89.4	57.4	31.9	50.2	16.2	2.7	100.0	0.17
4회	1,439.6	86.0	56.3	29.6	51.3	15.6	2.5	95.6	0.16

〈표 12〉 연백재료와 파의 수량, 발육과의 관계(품종:下仁田)

항목 구	수 량 kg/10a	지상 부중 (g)	연백 부중 (g)	엽중 (g)	전장 (cm)	연백 부장 (cm)	연백 부경 (cm)	수량 비율	연백부경 연백부장
퇴비구	1,799.0	106.8	64.4	42.4	53.9	15.8	3.1	126.9	0.13
볏짚구	1,714.2	102.0	61.4	40.5	57.4	17.2	2.9	120.9	0.17
보리짚구	1,736.5	103.5	66.3	36.5	56.1	17.4	2.9	122.5	0.17
흙베토진압구	1,171.8	70.6	46.7	24.0	46.4	13.5	2.7	82.7	0.20
흙베토표준구	1,417.3	82.2	56.0	26.2	51.7	17.6	2.6	100.0	0.15

이것은 북주기를 하므로써 뿌리의 호흡작용이 저해되고 토양에 압력이 가해지는 등의 원인에 의하는 것으로 생각된다.

다음으로 줄기모양을 보면 북주기를 증가할수록 연백부의 길이는 길어지나 비대는 반대로 나빠진다. 이와 같이 연백부의 신장을 도모하

기 위해서 북주기의 정도를 증가하면 반대로 가늘게 되어 감수의 원인이 되나 연백부의 신장보다 반대쪽이 보다 밀접한 관계가 있다.

분얼은 천토구일수록 많고 심토구에서는 적고 더욱 고르지 않다. 또 과도하게 심토하면 부패주가 상당히 많아지는 일도 있다. 이상과 같이 증수를 위해서는 과도한 북주기를 하지 않도록 주의할 필요가 있다.

(3) 북주기의 횟수

아까보리(赤堀)는 천주파를 이용해서 1~6회의 범위에서 북주기 횟수의 실험을 실시하였다. 그 결과에 의하면 연백부의 길이는 북주는 횟수가 많을수록 조금씩 길었으나 연백부의 굵기는 북주는 횟수가 많을수록 가늘어졌다.

이 때문에 수량은 1회 북주기를 한 구가 가장 많고 북주는 횟수를 증가시킴에 따라서 감소하고 있다.

그 결과는 표 11과 같이 북주기 횟수가 많은 구일수록 감수를 나타내는 경향이나 북주기 횟수 2회구가 최고의 수량을 나타내고 1회구는 방임구와 더불어 수량이 떨어졌다.

이와 같이 북주기 횟수가 많은 구 즉 초기부터 북주기를 행한 구의 발육이 나쁜 것은 심토구에서와 같이 뿌리의 발육저해와 토압이 주요한 원인이라고 생각된다. 또 북주기는 화산회토보다 중점한 토양일 때 한층 중요한 문제가 된다.

(4) 연백재료

배토에서 연백할 때에는 토양이 차광재료로써 보통 이용되나 다른 재료도 이용할 수 있다. 시부야는 제1, 2회의 북주기를 할 때에 퇴비, 볏짚, 보리짚을 이용하고 제3회째(11월경)에 그 위에서 흙으로 북을 주어 연백하므로써 최초부터 흙으로 북을 주어 진압한 구와 비교한 결과는 표 12와 같다. 흙으로 북을 주어 진압한 구는 현저히 감수한데 비해서 퇴비,

볏짚, 보리짚구는 모두 표준구보다 수량 증가의 경향이 보인다.

이시구로(石黑)는 미리 천식재배해서 육묘한 파묘를 이용하고 나무틀에 모래 또는 왕겨를 채워 2~5주간 간이연백을 실시한 결과를 보면 모래와 왕겨는 큰 차이가 없었으나, 4~5주간 연백처리구에서는 처리 후의 초장, 엽초장, 연백장에서 모래보다 왕겨가 약간 양호하였다. 또 모래에서 연백처리기간이 긴 것은 엽초 신장시 연백부가 구부러지기 쉬운 경향을 보였다.

이 방법으로 연백장 30~40cm의 연백파를 얻기 위해서는 연백온도에 따라서도 다르나 대개 30~40일의 연백기간이 소요된다고 한다.

4. 채 종

파에는 자가불화합성(自家不和合性)은 거의 없으므로 순도가 높은 자식종자(自殖種子)를 얻기는 용이하나 자식을 해마다 되풀이하면 자식열세(自殖劣勢)가 나타난다.

또 파는 자연상태에서는 타가수정이 많이 이루어지므로 채종할 경우 타품종, 타계통과의 교잡에는 특히 주의해야 한다. 타품종과의 교잡 빈도는 채종포의 면적의 넓이나 타품종의 채종포와의 거리, 지형, 장해물 등에 따라서 차이가 있다.

어느 경우이든 가까이에 다른 품종 또는 다른 계통의 채종포가 있는 경우에는 개화직전에 화구(花球)에 "파라핀"지로 싸고 개화기에 손으로 가볍게 두드려 수분을 조장하므로써 용이하게 자식종자를 얻을 수 있다. 또 자연교배에 의하는 경우에는 교잡의 염려가 없는 장소를 선택하여야 한다.

Ⅳ. 재배작형과 품종

1. 작형

파의 시장 가격은 연도에 따르는 변동이 비교적 크다. 출하가 적어지는 여름철에 값이 비싸지 않은 것은 파의 수요가 겨울철에 집중되는 계절성에 따른 것이다.

깊은 파 재배와 잎파 재배가 중심이 된다. 그 밖에 포기 갈림에 의한 포기 파재배가 여름의 단경기에 성립되고, 또 약미(藥味)나 샐러드용의 작은 파재배가 소규모이면서 일년내내 행하여진다.

[재 배 형 태]

재배지역	씨뿌리는 시기	아주심는 시기	수 확 기
중 부	4상~5상	6중~7중	9상~12중
남 부	4상~5상	6하~7상	10중~1상

가. 깊은 파 재배형(줄기파 재배형)

엽초부를 연백(軟白) 이용하는 재배이며 연백이 촉진되는 관동 이북의 한랭지가 적지이고, 난지에서는 일반적이지 않으나 잎파군의 월진(越津)이나 구조세(九條細)를 사용하여 연백(軟白)되고, 잎과 함께 이용하는 재배가 있다.

장대한 연백부를 생산하려면 통기·배수·보수 모두 좋고 또 배토가 무너지지 않을 필요가 있으며, 토층이 깊은 양토 또는 사양토가 적지이다. 특히 엽초부가 기다란 천주적병(千主赤柄) 등은 적지(適地)가 한정된다.

① 가을 파종재배형은 묘상(苗床)에서 월동하고 여름에 정식(定植)

하여 가을부터 봄의 추대기까지 수확한다. 적설지대에서는 2월초까지 눈 속에서 캐내어서 수확하나, 눈이 적은 한랭지에서는 연내에 수확을 끝낸다. 북부에서는 만추성인 늦파를 사용하고 5월경까지 출하하는 것도 있다. 한편 여름 출하형으로 한랭지에서 여름파형 품종을 사용하여 이른 봄 맹아를 이용하는 형이나 근교지에서 가식이나 정식을 일찍하는 형이 성립되고 있다.

품종은 북부에서는 천주군(千住群)이 쓰이고, 이것이 중부 산간(山間)에서도 일부 보급되고 있다. 한랭지에서는 월동성이 지배하여 가하군(加賀群)이 토착하고, 난지에서는 연백이 용이한 구조군(九條群)이 중심이 되어 있다. 또한 근교지대의 여름철 출하에는 내서성인 천주흑병(千住黒柄)이나 구조(九條) 등을 사용한다.

② 겨울 파종 재배형은 11~1월에 파종하고 비닐로 보온하여 육묘하는 재배로, 가을 파종보다 육묘 기간이 짧고, 추대되지 않아 고른 양묘(良苗)가 나오고, 봄파종보다 조기에 수확량이 많은 이점(利点)이 있다.

③ 봄 파종 재배형은 육묘기간 및 재포기간(在圃期間)이 짧고 수확량은 가을파종에 못지 않으며, 품질은 가늘고 부드러운 까닭에 대중에 환영되어 재배는 점차 증가되고 있다. 조기 수확량이 적으므로 주로 추동 계절에 출하된다.

품종은 가을 파종 재배와 같으나, 한지(寒地)에서는 월동성의 제약이 완화되어, 가하군(加賀群)보다도 풍산인 천주군(千住群)이 이용된다.

나. 잎 파 재배형

전국적으로 보급되고 있는 재배이다. 가을 파종은 묘상에서 월동시켜, 3~4월에 봉오리를 제거하여 가식하고, 6~8월에 정식(定植), 여름부터 가을에 수확한다. 봄 파종은 3~4월에 파종하고, 8월에 정식하며, 추

동계절에 수확한다. 모두 시장 상황에 따라 가식상인 것이나 정식후의 어린 파도 수시 출하한다.

품종은 내한성이 강하고 동계에 자라며, 유연한 육질로 연백을 요하지 않는 것은 요구되며 구조군(九條群)이 쓰인다. 북부에서는 암규(岩槻)를 사용하여 하계의 단경기 재배가 성립되고 있다.

깊은 북돋우기를 필요로 하지 않으므로 경토가 비교적 얕은 점질토에도 적합하다.

다. 포기 파 재배형

봄 또는 여름, 가을 계절에 포기 나누기를 하고, 여름부터 가을에 잎파로써 이용하는 것으로 삼주(三州)나 홍법(弘法)을 사용한다. 동북, 북부에서는 월동성이 강한 누(樓) 파가 토착하고, 포기 나누기 또는 새끼 구(球)에 의하여 번식되며 여름의 잎 파로 이용되고 있다.

토양 적응성이 넓고 화산회토나 점질토, 산간부 등에 적생하고, 자가용으로써도 널리 이용되고 있다.

라. 작은 파 재배형(심파 재배형)

평상에서 횡간목에 줄 파종하고, 파종후 50~60일에 13~25cm 자란 뒤 수확하고, 뿌리를 제거, 조정하여 묶어서 출하한다. 약미용(藥味用)으로도 이용되고 있다. 최근은 샐러드용으로써 소비되고, 일년내내 재배된다.

배수가 좋으며 균일하고 비옥한 상토가 필요하며 또 관수의 편리한 조건이 된다.

품종은 구조(九條)나 암규(岩槻)가 재배되고 있으며 지역에 따라 자가채종한다. 발아력이 좋은 충실한 종자를 천사상(川砂床)에 1㎡당 1l 정도 두껍게 파종하고, 1~2cm 자라났을 때 세사(細砂)를 1.5cm쯤 흙을 덮어 연화시키고, 여름에는 2주간, 겨울에는 4주간에 5~6cm로 자란 것을 작은 상자에 넣어서 출하한다.

2. 품 종

파는 재배역사가 오래되고 넓은 지역에 걸쳐 재배되므로 품종이 발달해서 현저한 생태적 분화를 보이고 있다. 내한성이 강한 겨울파형과 겨울철에 생장을 정지하고, 지하부가 말라 죽어서 휴면하는 여름파형으로 분화되며, 식물체가 대형이고 엽초부가 장대하며, 연화재배에 쓰이는 줄기파군과 식물체는 세장하고 분얼성이며, 엽초부가 짧아 잎파로 쓰이는 잎파군, 그리고 식물체가 비교적 크나 분얼이 많지 않아서 잎파로 쓰이는 겸용파 등으로 나눌 수 있다.

우리나라의 주요 품종은 각각 산지에서 독농가(篤農家)의 손으로 선발 육종된 것이 거의 모두이며 지역의 입지 조건이나 기호를 반영한 품종 성립이며 한편 자가 채종이 용이한 일도 있어서, 이명동종(異名同種)의 것도 있고, 또 품종 내의 계통분화에도 폭이 넓은 것이 있다.

가. 재래품종

(1) 가하군(加賀群)

잎은 굵고 진한 녹색을 띠며 분얼(分蘖)은 적다. 추위를 만나면 생육이 약해지고, 겨울철에는 휴면 상태로 들어간다. 지하부(地下部)는 장기 적설에 견디고, 월동성이 강하며 이듬해 봄 일찍 맹아(萌芽)된다. 여름 파형으로 가을파종의 여름 가을 수확재배, 봄 파종~월동~봄 수확 재배에 적합하고 엽초부(葉草部)는 굵으며, 깊은 파로서 재배된다. 또 불추대성인 방주부지(坊主不知)는 본 품종에 유래한다고 간주한다. 잎이 부드러운 여름 파로, 포기 나누기를 하여 가을 계절에 정식하면,

왕성하게 분얼하고 5~7월경에 수확하기에 적당하다.

(2) 천주군(千住群)

동계(冬季)에는 생육이 완만하게 되나 심엽(心葉)은 성장을 계속하고 휴면에 이르지 못한다. 이 때문에 적설하의 월동성은 가하군(加賀群)에 미치지 않고, 북부를 중심으로 한 중간 지대의 가을·겨울철 수확용으로 쓰이고 있다. 엽신은 굵게 개장(開張)되고, 조강(粗剛)하여 식용으로는 쓸 수 없다. 깊은 파 재배에 적합하고, 엽초(葉草)는 장대하여, 30~40cm의 연백(軟白)을 산출할 수 있다.

각지에서 지방종이 성립되어서, 조만성(早晚性), 분얼성(分蘗性), 잎의 형상 등에 분화(分化)가 생겨, 흑병(黑柄)·합병(合柄)·적병(赤柄)의 3계통으로 나뉜다.

(3) 구조군(九條群)

저온생장성이 강하고 온난지에서는 겨울철에도 생육을 계속한다. 분얼성(分蘗性)이 많고, 엽신도 육질이 부드럽고 식용되며, 반드시 연백(軟白)만을 필요로 하지 않는다. 분얼성(分蘗性), 잎색깔, 잎의 신장에는 계통에서 변이가 있다. 잎파용의 대표 품종에서 중부 이남에 분포되고, 이들 지대에서는 깊은 파로 쓰이며 일년내 이용된다.

구조(九條)는 종래 적설하의 월동성에 의문이 있었으나, 원예시험장의 조사로 가하군(加賀群)에 못지 않은 월동률이 확인되고, 한지의 봄파로서도 유망시되게 되었다. 북부에서 포기 나누기로 재배되는 삼주(三州)는 본종에서 유래된 불추대계(不抽帶系)로 간주되고 있다.

(4) 서울백파

서울지방의 재래종으로 잎은 가늘고 농록색이고, 새끼를 많이 치는 종류로 잎집의 길이는 20cm 내외이다. 주로 농가에서 자가용으로써 잎파로 재배하는 품종이다.

(5) 구조파(九條芭)

새끼를 많이 치는 품종으로 잎의 살이 얇고 연하며 품질이 우수한 잎파의 대표적 품종이다. 잎집의 길이는 20~25cm, 새끼수는 3~8개 정도인데 계통에 따라 새끼치는 정도에 차이가 있다. 따뜻한 지방에서는 겨울에도 자라고 또 여름 견딜성도 강하여 주년재배가 가능한 품종이다.

나. 개량품종

최근에는 국내 각 종묘사에서 파종자 개량에도 많은 투자를 하게 되어 새로운 품종들이 시판되고 있다.

시판품종들 중에서 중요 품종들의 특성을 살펴보면 다음과 같다(자료는 각종묘사 사보에서 발췌했음).

(1) 불암 백은주 외대파

특성
  ① 웅성 불임성을 이용한 1대 교배종으로 잡종 강세 현상이 강하게 나타나 생육이 빠르고 순도가 균일하다.
  ② 흰대(白莖部) 길이가 45~50cm로 분얼이 적다.
  ③ 석창파보다 엽초부위가 굵고 길며 다수확 된다.
  ④ 내한성(耐寒性)이 석창보다 강하고 추대가 약간 늦은 편으로 남부지방의 월동재배에 유리하다.

재배형 : 춘파 및 추파재배

유의사항
  ① 다비재배를 원칙으로 하고 건조에 조심하며 추비와 북주기를 해야 한다.

② 산성토양은 심기 전에 석회를 충분히 넣어야 한다.
③ 점질토양 또는 배수가 불량한 토양에서는 엽초부위가 짧아지고 분얼이 많아진다.

(2) 백진주 호파
특성
① 순도가 비교적 균일하고, 백경부의 길이는 40cm 정도로 분얼이 적고 잎은 유연하면서 탄력이 있어 바람에 잘 꺾이지 않는다.
② 다수성 1대 교배종으로 잡종강세현상이 강하게 나타나고 내한성, 내병성도 매우 강하다.

재배형 : 봄, 가을재배

재배상의 유의점
① 다비재배를 해야 하고 건조하지 않도록 관수에 유의해야 하며, 중기이후에는 북주기 작업을 철저히 해야 한다.
② 점질토양, 배수불량토에서는 엽초부가 짧아지고 분얼현상이 많이 발생한다.
③ 월동시 온도가 낮거나 건조할 때는 심한 냉해를 받기 쉽다.

(3) 석창 외대파
특성
① 연백부분이 길고 재배도중 분얼이 적으며 잎은 부드럽고 탄력성이 있어 바람에 꺾이지 않는다.
② 10월부터 다음해 초봄까지 수확할 수 있으며 내한성이 강한 품종이다.

재배형 : 춘파재배

재배상의 유의점

① 생육기간 중 침수되면 엽초부위가 짧아지고 분얼이 많아지므로 관리에 유의해야 한다.
② 적기에 충분한 북주기를 하여 백경부위가 크도록 관리해야 한다.

(4) 금장 외대파
특성
① 생육이 극히 빠른 중생종으로 잎은 농록색이며 수량이 많고 출하기에는 연백부의 길이가 길어 시장에서 인기가 좋다.
② 남부지방에서는 2월에 터널 혹은 하우스 파종하며 7~8월에 수확할 수 있다.

재배형 : 춘파 재배

재배상의 유의점
① 한발이 심한 밭이나 과습한 점질토 재배는 삼가해야 한다.
② 성숙한 것은 월동시키지 말고 연내 판매 처분해야 한다.
③ 내한성이 약하므로 중부지방에서는 월동재배를 피해야 한다.
④ 생육기간 중에는 침수되지 않도록 배수관리에 유의해야 한다.

(5) 은창 외대파
특성
① 1대 교배종으로 초세가 왕성하며 생육이 빠르다.
② 분얼이 적고 백경부(白莖部)가 굵고 길며 순도가 균일하다.
③ 엽색이 비교적 짙은 편이고 엽초기부가 단단하여 바람에 잘 견딘다.
④ 고온기의 생육이 왕성하며 다수확 된다.

재배형 : ① 춘파재배   ② 추파재배(남부지방)

재배상의 유의사항

① 다비재배를 하며 적기에 추비와 북주기를 한다.
② 산성 토양은 심기 전에 석회를 충분히 뿌려준다.
③ 한발이 계속될 때에는 관수재배를 해야 한다.
④ 점질토양 또는 배수가 불량한 토양에서는 엽초부위가 짧아지고 분얼이 많아진다.
⑤ 내한성이 강하지 못하므로 중부지방의 월동재배는 피해야 한다.

(6) 백암 외대파
특성
① 교배종으로 생육이 왕성하며 다수확이 된다.
② 연백부가 45cm 이상으로 길고 굵어서 상품성이 좋다.
③ 경엽이 튼튼하여 바람에 부러지지 않으며 균일하게 신장한다.

재배형 : 춘파재배

재배상의 유의사항
① 침수지나 배수 불량지에서는 생육이 불량해지고 분얼 발생의 우려가 있으니 유의한다.
② 산성 토양에서는 석회를 충분히 시비하여 재배한다.
③ 추비와 북주기를 적기에 잘 하여야 품질이 좋아진다.

(7) 통일 외대파
특성
① 초기생육이 왕성하여 조기수확용으로 최적품종이다.
② 분얼은 약간 많으나 수량이 많고 상품성이 좋아 높은 수익을 올릴 수 있다.
③ 연백부의 길이는 45cm 내외로 굵고 길며 균일하게 신장된다.

재배형 : 춘파재배

재배상의 유의사항

① 초기부터 생육이 왕성하므로 비배관리 및 북주기를 잘 해 준다.
② 점질토양 또는 배수 불량지에서의 분얼발생에 유의한다.
③ 토양이 산성일 경우 심기전에 석회를 충분히 준다.

V. 재배기술

1. 육 묘

가. 씨뿌리는 시기

씨뿌리는 시기를 크게 나누면 표 13과 같은데 요사이는 매우 더운 여름철만 피하면 봄에서 가을까지 씨뿌림이 가능하다. 봄뿌림은 따뜻한 지방에서는 3월 상순부터 3월 하순까지이며 추운지방에서는 보통 3월 하순부터 4월 말까지 하는데 아주심기까지 큰 모종을 만들기 위하여 되도록 일찍 비닐하우스나 터널을 이용하여 씨뿌림을 하기도 한다. 가을에 씨 뿌리는 시기를 놓치면 미처 뿌리가 발달하기 전에 저온에 부딪쳐 한해(寒害)를 받기 쉽고 반대로 너무 빠르면 이듬해 봄에 추대가 많이 되어 쓸모없는 파가 된다. 가을 씨뿌림은 대개 9월 중하순이고 추위가 심하지 않은 지역은 10월 상순에 하여도 된다.

〈표 13〉 지역별 파종적기

구 분	지대	파종적기	유 의 사 항
춘 파	중 부	3하~4하	1. 늦가을에서 겨울까지 수확
	남 부	3상~3하	2. 파종이 지연되면 생육불량
추 파	중 부	9중	1. 여름에서 가을까지 수확 2. 이른 봄에 건조가 심해서 모가 잘 생육하지 못하는 곳
	남 부	10상	3. 늦으면 한해를 받기 쉽고 너무 빠르면 봄에 꽃봉오리가 많이 나와 생육 및 새끼침이 불량

나. 씨앗준비

이랑너비를 80cm, 포기사이를 5cm로 심을 경우 10a당 재식주수는 25,000본의 묘가 필요하다. 씨뿌린 종자의 50%가 묘상(苗床)에서 발아하여 그후 솎음질을 하고 밭(本圃)에 심을 때 남는 묘는 발아한 수의 반 정도 밖에 되지 않으므로 10a당 파종립수는 10만립 정도가 소요되며 이는 약 6dℓ정도이다. 파의 종자는 수명이 짧아 보통 저장하면 1년밖에 못 쓰므로 묵은 종자는 특별히 저장을 잘한 종자거나 아니면 햇종자를 써야 한다.

만일의 경우에 대비하여 묘상에 씨뿌리기 1~2주일 전에 실내에서 간단한 발아실험을 하여 보는 것이 안전하다.

다. 묘상준비

첫째로 중요한 일은 묘상을 어떻게 결정하느냐 하는 문제로 다음과 같은 구비조건이 갖추어져야 한다.

① 건참흙 또는 모래참흙으로 물지닐 힘이 좋고 관수가 편리한 곳.
② 2~3년간 파류작물을 재배하지 않은 곳
③ 통풍이 잘 되고 햇빛이 잘 쬐는 곳
④ pH6.3~7.2 정도가 되도록 하여야 한다. 묘상 면적은 봄뿌림은 묘가 본포에 아주심기할 때까지 육묘되어야 하므로 10a당 다소 넓은 1.0~1.2a 정도이고 가을뿌림의 경우는 이듬해 봄에 1회 옮겨 심기를 한 후에 아주심기를 하므로 봄뿌림보다 좁게 씨뿌림하므로 모판 면적은 0.6~0.7a가 소요되며 가식상은 3a 정도가 필요하다.

라. 묘상의 시비

거름주기는 씨뿌림하기 10일 전부터 실시한다. 특히 육묘기간 중의 비료는 3요소 중에서 인산질 비료가 묘수량에 크게 영향을 미칠 뿐 아니라 가을뿌림인 경우 충분히 주면 모의 월동력도 증진시킨다.

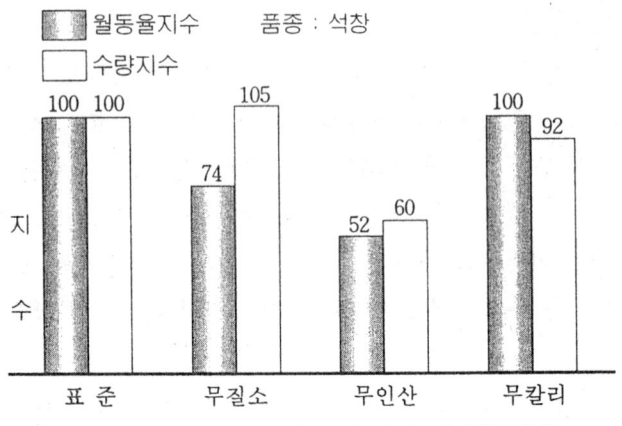

〈그림 2〉 육묘시 시비와 묘의 수량 및 월동관계

〈표 14〉 묘상의 관행시비 예 (3.3㎡당)

비료명	시비량	적 요
석 회	375g	일찌기 전면에 살포하고 묘판을 간다.
퇴 비	18,750	파종 10일전에 사용한다.
유 박	375	〃
용 과 린	375	〃
나 무 재	1,125	파종당일 흙과 혼합하여 살포한다.
요 소	75	웃거름 용으로 액비로 해서 준다.

마. 씨뿌리는 방법

묘판의 표면을 편편하게 고른 다음 그림 3과 같이 봄뿌림의 경우는 25cm의 씨뿌림골을 만들어 종자를 고르게 뿌린 후 부식토나 완숙퇴비로 덮어 가볍게 눌러주면 싹이 잘 튼다.

가을뿌림의 경우는 이랑의 방향에 직각으로 얕게 15cm폭의 씨뿌림골을 만들어 씨를 뿌린 후 복토를 한다. 경우에 따라서는 봄뿌림의 경우 90cm의 아랑너비 묘판에 4~6줄로 뿌리며 가을뿌림의 경우 120cm 폭에 흩어 뿌림을 하거나 골뿌림을 한다. 씨뿌림을 한 후는 다찌가렌 기타 묘잘록병 특효약을 물에 타서 물대신에 충분히 준다.

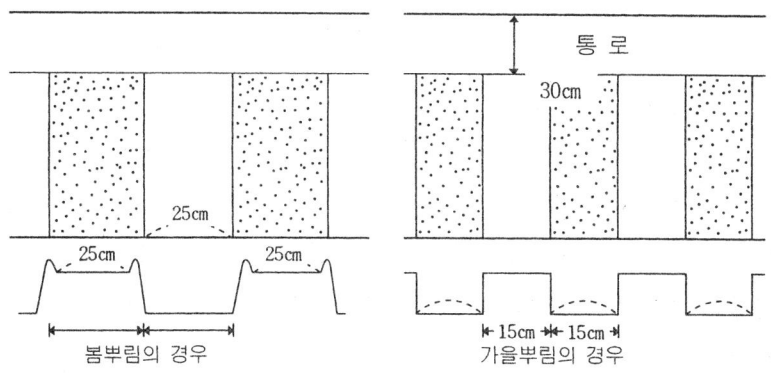

〈그림 3〉 봄, 가을뿌림의 씨뿌림하는 방법 모식도

바. 관 리

묘상에 깔았던 짚은 발아와 동시 제거하며 발아가 완전히 된 다음에 부숙퇴비를 흙과 2:1로 섞어 5푼눈의 체로 쳐서 모 위에 뿌려준다. 그후 모의 생육상태를 보아 물거름으로 2~3회 웃거름을 시용한다. 추파한 모는 이듬해에 생육이 좋으며 추대를 하는 경우에는 묘상에서 미리 없애던가 일찍 화구부(花球部)를 잘라 주면 곁눈이 신장해서 보통파와 같이 된다. 겨울에는 한해를 막기 위하여 짚을 덮어 주어야 하며 3월에는 한번 가식을 해야 하는데 좋은 모를 선택하여 가식하는 것이 좋다. 춘파의 경우 여름의 정식기까지 큰 모를 기르기 위해서는 하루라도 빨리 파종하여 비닐이나 유지로써 보온하면 발아나 초기의 생육을 촉진할 수 있다. 모는 본포에 정식할 때까지 묘상에 남게 되므로 제초를 겸해서 여러 차례에 걸쳐 솎음을 하는 것이 좋다.

사. 이 식

추파육묘에서는 3월에 본포 10a당 3a의 이식상을 설치하여 석창이나 천주파는 조간 35cm 개소당 1본 그리고 9조파는 조간 25cm, 주간 9cm

개소당 2본 기준으로 이식한다.

2. 아주심기

가. 재배지의 선택

일반적으로 비옥하고 중성에 가까운 토양이 좋다. 건조한 것을 싫어하므로 건조하기 쉬운 토양을 피하여야 하며, 또 배수가 좋아야 함은 물론이다.

가을에서 초겨울에 걸쳐 수확하는 뿌리묻이파[深根蔥]는 충적·화산탄토지대나 사질양토 등 경토가 깊고 흙이 가벼워서 파의 뿌리가 파고 들어가기 좋은 곳이라야 한다. 잎파 또는 11~3월에 출하하는 뿌리묻이파는 비옥한 충적토지대가 좋다.

나. 밭 만들기

줄기파는 동서 이랑이 좋으며 이랑나비는 모래참흙의 경우는 1.2m, 건참흙은 75cm를 기준으로 하는 것이 북주기가 편리하다. 심은골은 15cm 폭으로 수직이 되게 15~18cm 깊이로 판다.

잎파에서는 1.2m의 평이랑을 만들어 4줄의 얇은 심은골로 파서 심는다.

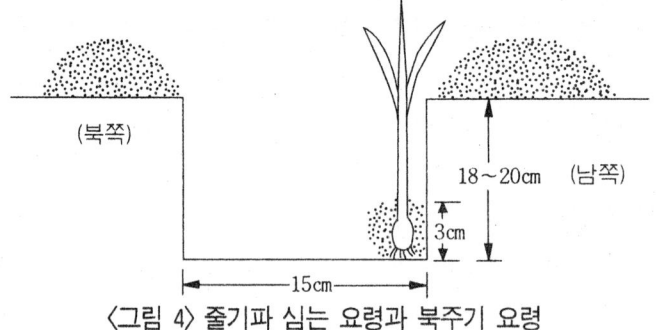

〈그림 4〉 줄기파 심는 요령과 북주기 요령

다. 심는 시기와 방법

봄뿌림을 한 것은 6~7월에, 가을뿌림한 것은 4~5월에 밭에 아주심기를 한다. 심는 시기의 폭은 넓으나 늦게 심으면 수량이 떨어진다. 모는 심기 전에 크기에 따라 선별을 하는데 큰 것을 심으면 수량이 많아지고, 모의 크기가 균일하면 관리하기 쉽다. 사촌(砂村) 외대파를 묘의 크기별로 봄에 심은 예를 보면 큰 묘는 잎집 부분이 길어져 수량이 많아진다(표 15 참조).

〈표 15〉 묘의 크기와 수량과의 관계

묘의 크기	묘의 무게	3.3㎡ 당 재식주수	10a당 수량	잎집 부위 길이	비 고
	g	본	kg	cm	파종 : 4. 27
대	83	74	2,420	34.7	정식 : 7. 7
중	53	115	1,590	28.4	수확 : 11. 20
소	38	164	840	30.5	품종 : 사 촌

줄기파를 심는 요령은 그림 4와 같이 햇빛이 뿌리 부분에 쬐이지 않도록 골의 남쪽에 밀착하여 곧게 심는데 처음에 3cm가량 복토하고 두엄, 풀, 짚 등으로 덮어 건조를 막아야 한다. 따라서 깊이 심으면 공기유통이 좋지 않아서 새뿌리의 발생이 나빠서 수량이 떨어진다. 줄기파 재배의 경우 심는 거리는 모래 참흙에서 이랑너비를 1m로, 건참흙은 75cm로 하고 너비 15cm에 깊이 15cm의 골을 만들어 5cm로 간격으로 한주씩 심는다. 여름이나 가을에 수확하는 것은 폭 65cm에 4~5cm 간격으로 2~3주씩 심는 것이 적당하며 심는 깊이는 4~5cm가 파의 생육에 유리하다.

〈표 16〉 파의 심는 거리

구 분	이랑나비	포기사이	이랑깊이	10a당 포기수
참 흙	75cm	7~9cm	12~15cm	14~17천포기
모래참흙	90	7~9	18~20	12~14

라. 북주기

북주기는 파의 연백을 목적으로 하는 작업이며 너무 일찍하면 생육이 억제되어 수량이 적고 늦게 하면 수량은 증가하나 품질이 떨어진다. 그러나 너무 자주할 수도 없으므로 3회 정도가 좋다. 제1회는 아주심기한 후 30일이 되면 모는 활착하여 새로운 잎이 나오는데 이때에 잎집의 중간부위쯤까지 흙으로 덮어준다. 제2회는 파의 줄기가 땅위로 상당히 자라 올라오면 이랑의 중앙으로 도랑을 잘라서 파가 있는 이랑쪽으로 흙을 쌓아 올리는데 잎의 분지점까지 덮히도록 한다. 제3회는 시기를 잘 선택해야 한다. 북주기에 따른 연백의 효과는 여름은 20일, 가을은 30일, 초겨울은 40일 정도 걸리므로 수확 예정일을 고려하여 잎의 분지점까지 북주기를 한다. 북주기하는 방법은 그림 4와 같다. 연백은 온도에 따라 연백이 되는 기간이 다르지만 보통 4~5주간 걸려야 소기의 연백된 파가 생산된다. 파는 온도가 높을 때 습해를 받기 쉬우므로 주의를 하고 가물 때는 수시로 관수를 하여야 한다.

그리고 추파재배의 경우 다음해 봄에 꽃봉오리가 나오면 즉시 제거해 주어야 품질과 수량에 지장이 없다.

마. 거름주기

파는 골에다 심기 때문에 밑거름을 다량으로 하면 골의 비료 농도가 높아지고 뿌리가 상하기 쉬우므로 되도록 웃거름에 중점을 두어야 한다. 비료 3요소 중 질소와 인산의 비효가 큰데 특히 인산은 수량 및 월동력 등에 관계를 하므로 중요하다. 과석은 전량의 2/3를 밑거름으로 한다. 밑거름은 아주심기 전에 심는 골에 그림 4와 같이 넣고 흙으로 얇게 덮은 후 모를 심는다.

웃거름의 1~2회는 심은 골 및 이랑에 뿌려 북주기와 동시에 하는 것이 좋다. 제1회 웃거름 주는 시기는 아주심기 한 후 10일경에 하며 그 후 3~4주 간격으로 2~3회 웃거름을 더하는 것이 좋다.

대체로 마지막 북주기와 마지막 웃거름을 하는 시기를 맞추어 동시에 행한다. 비료는 되도록 심는 골에 다량의 금비를 사용하지 말고 유기질비료인 퇴비, 유박, 계분 등을 사용함이 좋고 화학비료는 완효성비료가 좋다. 참고로 시비예를 보면 표 17과 같다.

〈표 17〉 시비의 예 (kg/10a)

구 분	총 량	밑 거 름	웃 거 름
퇴 비	2,000	2,000	-
석 회	100	100	-
요 소	66	22	44
용 과 린	100	100	-
염화칼리	42	22	20

※ 웃거름은 북주기할 때 3회로 나누어 준다.

특히 남부지방에서 사질토양에 파를 재배할 때 알맞은 시비량은 경상남도 농촌진흥원에서 실험한 결과에 의하면 질소 24kg, 인산 24kg, 칼리 30kg을 10a당 시용할 때 수량이 제일 많았다. 사질토양에서 파재배할 때도 이 정도는 사용하여야 할 것이다.

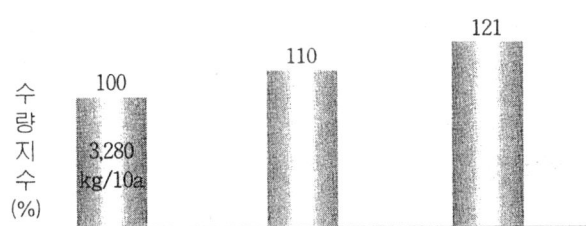

시비량(kg/10a)
N - P$_2$O$_5$ - K$_2$O = 6 - 6 - 8   12 - 12 - 15   24 - 24 - 30
※ 공시품종 : 석창
　공시토양 : 사질양토
　퇴비사용량 : 2,000kg/10a
　재식거리(cm) : 73×3
　정식기(월.일) : 7. 5
　시비방법 : 기 비 - 4 - 12 - 15
　　　　　　 N추비 : 3~4회 균등분시(복토시)

〈그림 5〉 파에 대한 적정시비량 ('80~'81, 慶南農振)

3. 병충해 방제

가. 바이러스병

(1) 발생시기와 증상

4월에서 9월까지 발생하는데 병징은 황녹색의 무늬가 생기며 포기 전체가 오그라져 자라지 못한다. 봄, 가을에는 병징이 뚜렷하나 기온이 28℃이상이나 5℃이하에서는 잘 알아볼 수 없다. 발병은 진딧물에 의해서 되는데 특히 모종이 어리고 연할 때 잘 감염되므로 묘상에서 진딧물을 잘 잡아야 한다.

(2) 방제법

① 약제로는 바이린, 피리모 등의 살충제에 전착제를 보통 채소의 3배 가량 넣어서 1~2주에 한번 정도 뿌려준다.
② 묘상에 한냉사를 씌워서 진딧물이 식물체에 붙지 않게 육묘한다.
③ 파종상의 이랑 위에 희거나 은빛나는 테이프를 높이 30cm, 20~30cm 간격으로 쳐주면 진딧물이 적게 달라든다.

나. 모잘록병

(1) 발생시기 및 증상

6~9월에 비가 많이 올 때 많이 생기는데 병징은 발아후의 어린 모가 땅 바로 위에서 비틀려 말라 죽는다. 피해가 가벼울 때는 뿌리가 썩어 바깥쪽 잎이 누래져 생육이 나빠진다. 모종의 키가 5cm 정도 될 때까지 많이 발생하고 모종이 10cm 이상 자라면 잘 안 걸린다.

(2) 방제법

① 토양 소독약인 텔론을 처리하여 소독한다.
② 2~3년 나리과 작물을 안 심은 곳이나 모자리 논을 활용한다.
③ 물이 잘 빠지게 하여 흙이 과습상태가 되지 않게 한다.
④ 발병할 땐 마르게 관리하면 병이 퍼지는 것을 막을 수 있다.
⑤ 종자는 호마이 기타로 소독하고 파종상은 씨뿌림 직후 다찌가렌 기타 모잘록병약을 물에 타서 물대신 충분히 준다.

다. 노균병

(1) 발생시기 및 증상

3월 하순~4월 상순까지 발생하기 시작하여 4월 중순경 기온이 15℃ 전후이고 계속해서 잔비가 내릴 때에 크게 발생하며 5월 하순부터 병세가 쇠퇴하고 10월 이후에 다시 발생한다. 잎과 꽃대에 발생하는데 병반의 표면에 장타원형 또는 방추형의 황백색 병반이 생기는데 병반은 비교적 크며 나중에 그 위에 백색의 곰팡이가 생기며 이것은 기온이 높아지면 바로 암록색으로 변한다.

(2) 방제법

① 돌려짓기 : 발병지는 3년 이상 다른 작물을 윤작한다.
② 종자소독 : 종자는 병이 없는 건전한 식물에서 채종하며 더욱 안전을 기하기 위하여 50℃ 온탕에 25분간 침지 소독한 다음에 파종한다.
③ 음습지를 피하고 배수가 잘 되도록 하며 전염원인 병든 잎을 일찍 제거하여 태워버린다.
④ 적용약제를 3월 중순부터 10일 간격으로 뿌려준다.

라. 흑반병

(1) 발생시기 및 증상

이 병은 우리나라 각지에 널리 분포하고 그 피해도 심하며 5월부터 11월까지 계속해서 발생하나 특히 8~9월경 비가 자주 올 때에 쇠약한 식물에서 크게 발생하는 경향이 있다. 잎, 꽃, 줄기에 발병한다. 처음 타원형 또는 방추형의 담갈색 병반이 형성되어 이것이 점차 확대함에 따라 약간 움푹한 암자색(暗紫色)병반으로 되며 장경(長徑)이 3cm에 이른다. 병반이 오래 되면 그을음과 같은 분말이 동심윤문을 형성한다.

(2) 방제법

① 돌려짓기 : 병균은 병환부에서 월동하므로 피해부를 떼어서 태워버리고 2~3년간 돌려짓기 한다.
② 발병기에 원예용 전착제를 혼용하여 적용약제를 뿌려준다.

마. 녹 병

(1) 발생시기 및 증상

잎, 꽃대에 발생하며 초여름부터 발병하여 9월 중순에 가장 심하다. 처음 잎의 표면에 타원형 또는 방추형의 약간 불룩한 병반이 생기며 그 중앙부는 차차 등황색(橙黃色)으로 되며 나중에는 세로로 갈라지고 황적색의 가루가 나온다. 그리고 그 옆에 흑갈색의 장타원형 또는 방추형의 병반이 생기는데 표피에 싸여 약간 불룩하며 터지면 암자갈색의 가루가 나온다.

(2) 방제법

① 피해엽은 떼내어 묻어 버리고 발병할 우려가 있으면 일찍

수확한다.
② 발병기에 적용약제를 뿌려준다.

바. 역 병

(1) 발생시기 및 증상
이 병은 5월경부터 발생하기 시작하여 우기에 만연하는데 그 피해도 적지 않다. 이 병은 잎, 꽃대에 발병하여 처음 그 표면에 윤곽이 뚜렷하지 않은 청백색의 병반이 생겨 이것이 점차로 확대해서 잎은 시들고 늘어지며 날씨가 습할 때는 병반 위에 흰 솜털같은 균사가 생긴다. 이 균사는 건조하면 바로 없어지는데 잎을 잘라서 그 속을 보면 흔히 솜털같은 균사를 볼 수 있다.

(2) 방제법
① 그늘지고 습한 곳을 피한다.
② 돌려짓기 : 발병이 심한 포장은 2년간 다른 작물을 재배한다.
③ 병든 잎은 초기에 제거하고 수확후에 흩어진 것도 모아서 태운다.
④ 발병기에 적용약제를 뿌려준다.

사. 파총채 벌레

(1) 발생시기 및 피해
성충의 몸길이가 1.5mm 가량이고 1년 10여회 정도 발병하며 성충으로서 파류의 뿌리근처나 잡초 사이에 잠복하여 월동한다. 여름철에 발병이 심하고 피해도 여름에 심하게 나타나는데 여름에 날씨가 가물며 더욱더 많이 발생한다. 유충은 잎 표면에서 즙액을 흡수하므로 흰 반점이 많이 생기고 생육이 나빠진다.

(2) 방제법
① 한발이 심한 해에 발생이 심하므로 주의해야 하며 물을 댈 수 있는 경우에는 물을 대어 건조를 방지하면 이 해충의 번식을 억제하고 피해를 덜 수 있다.
② 적용약제를 뿌려준다.

아. 고자리 파리
마늘 재배 병충해 방제참조

자. 잎굴파리

(1) 발생 및 피해
어린벌레나 파나 양파의 잎에 들어가 잎살(葉肉)을 먹기 때문에 잎의 표면에 흰 반점의 줄이 생긴다. 모종이 어릴 때, 피해를 받으면 모종이 죽는다. 성충은 몸길이 2㎜ 정도로 고자리파리의 1/3 정도이다. 몸통은 검정색으로 다리는 황색인 작은 파리로서 흙속에서 번데기 상태로 월동하여 4~5월경부터 성충이 나와 1년에 5~6회 정도 발생한다.

(2) 방제법
잎에 흰줄이 퍼지면 곧 침투성이 강한 바이린 등의 농약에 전착제를 혼합하여 살포한다.

차. 파좀나방
한국·일본·중국 등지에 분포되어 있으며, 유충이 표피 밑으로 파먹어 들어가면 그 부분이 변색되고 나중에는 구멍이 뚫린다. 성충은 몸길이가 11~12㎜이고 몸색깔은 암갈색 내지 연갈색이다. 1년에 몇 번 발생하는 것 같으며, 여름에 발생이 심하고 피해도 심하다. 성충은 잎표면에 알을 낳으며, 부화한 충이 엽육을 먹는데, 성장함에 따라서 피해가 심하여 껍질만 남게 된다. 완전성장한 유충은 방추형 고치를 만들고 그 속에서 번데기가 된다.

방제법으로는 발생횟수가 많은데다가 발생이 또한 불규칙적이므로 바이린과 같은 살충제나 저독성 살충제를 살포하여 산란을 방지해야 한다.

카. 땅강아지

이 해충은 한국·일본·중국 등 세계 각국에 분포되어 있으며, 성충과 유충이 땅속에서 굴을 파고 뿌리를 식해할 뿐만 아니라 밤에는 지상에 나타나 큰 묘를 절단·식해한다. 묘상에서 성충과 유충이 땅속을 파고 돌아다니며, 수분의 상승을 방해하여 묘를 시들게 한다.

월동한 성충이 산란하기 전에 5~6월과 월동전 10월경에 피해가 심하게 나타난다. 성충의 몸길이는 3㎝ 가량이고 담갈색 내지 황갈색이다. 머리는 비교적 작은 원추형이고 흉부는 큰 타원형이다. 알은 타원이고 유충은 점진적인 변태를 하는 곤충이기 때문에 성충과 비슷한데, 날개가 짧은 것이 다르다.

온대지방에서는 1년에 1회 발생한다. 10℃ 정도의 기온에서 월동하며, 땅속을 뒤지면서 뿌리를 가해한다. 성충은 5월경 알을 낳으며, 부화한 유충은 분산하여 땅속을 파헤치고 다녀 지표에 융기가 나타난다. 성충과 유충은 밤에 식물을 가해하고, 특히 습기가 많은 곳에 피해가 심하다.

방제법으로는 청색 형광등으로 해충을 유혹하여 죽이며, 후라단, 큐라텔 등의 토양살충제를 10a당 5~6㎏ 살포하고, 흙과 잘 섞어 둔다. 또한, 지피물을 만들어 유혹 포집한 후 약제를 살포하고, 성충과 유충은 밤에 나와 활동하므로 아비산으로 독이를 만들어 투살한다.

타. 뿌리응애

(1) 가해작물
낙교, 양파, 마늘, 파, 그외 채소류, 과수류의 뿌리, 튜울립, 수선화, 백합 등

(2) 가해상태
뿌리의 끝에 모여서 집단으로 가해하여 뿌리가 떨어지거나 구근 내부까지 썩는다. 또한 낙교나 마늘은 저장 중에 증식하여 큰 피해를 받는다.

(3) 형태
어른벌레는 1mm 내외로 유백색의 적은 벌레로서 어른벌레는 다리가 4쌍, 애벌레는 3쌍이다.

(4) 생태
구근 또는 땅속에서 각태로 겨울을 지낸다. 연 발생횟수는 지방에 따라 다르나 따뜻한 지방에서는 십수세대를 경과하고 고온 다습조건에서 번식이 왕성하며 1세대가 10~14일이다. 어른벌레는 구근의 표면이나 인편에 몇개씩 알을 낳는다. 모래땅이나 화산회토, 산성토양, 유기질이 많은 밭에 발생 및 피해가 많다.

(5) 방제법
① 뿌리응애가 발생하지 않은 밭에 파를 재배한다.
② 매년 발생되었던 밭은 디설폰 입제, 큐라텔 입제 등을 10a 당 5~6kg을 뿌리고 밭을 경운한다.
③ 생육중에 발생되는 경우에는 적용약제를 밭전면에 뿌리고

겉흙을 긁어준다.

4. 수확 및 저장

가. 수확

생육정도, 연백상태, 시장시세 등을 보아 수확하는데 수확할 때는 괭이로 복토한 곳을 파내어 한포기씩 파를 뽑은 다음 병들거나 마른 잎과 뿌리를 제거해서 3~4kg 정도로 다발을 만든다.

나. 저장

밭에서 수확한 파를 저장할 경우는 2kg 정도로 작은 다발을 만들어 밭 한쪽에 골을 파서 심는다. 복토는 엽초부가 묻힐 정도로 하고 잎은 짚으로 덮어 추위 피해를 방지한다.

또 품종에 따라서 월동율에 차이가 있는데 보통 월동후 3월초에는 월동전 수량에 비하여 40% 전후까지 감량한다.

한편 추위가 심한 중북부지방에서는 저장고에 넣어 저장하여 동해(凍害)를 피하도록 한다.

Ⅵ. 육종과 채종

1. 육종

　종래 독농가에 의해 우선 육종되어 많은 품종 또는 계통이 성립되었으나 교잡육종은 별로 많지 않다. 그러나, 추대기에 수확할 수 있는 만추계 또는 불추계의 육성이 필요하고, 명수파와 같은 우수한 품종을 가지고 심인계를 개량할 필요성이 있다. 육종에 관한 실험은 별로 많지 않다. 정상(1938)에 의하면 내혼열세를 인정하게 되어 내혼계통간에 잡종강세가 나타남을 보고하였다. 개화습성은 양파와 별차이가 없어 양파에 준해서 육종조작을 하면 된다. 양파와도 교잡화 합성이 있어 그의 F_1도 만들어지며, 강한 잡종강세를 나타낸다고 한다.

2. 채종

　파의 채종은 특히 용이하므로 자가화합하는 수가 많다. 채종법에는 모본채종과 보통채종의 두 가지 방법이 있다.
　모본채종은 순도가 높은 종자를 얻는 것을 목적으로 하는 채종법이다. 채종에 쓰이는 포기는 보통재배하는 밭에서 수확기에 우수한 것을 선택하여 다른 종자와 교잡의 우려가 없는 곳에 이식하여 채종한다. 이와 달리 보통채종은 채종량을 많게 할 목적으로 한다.
　파종시기는 보통재배와 같이 하며, 충실하고 좋은 묘를 키우기 위해서는 드물게 파종한다. 묘상면적은 채종포 10a당 추파할 때에는 1a, 춘파할 때에는 2a로 한다. 파종의 양은 발아율에 따라 다르나 3~6dl 범위로 한다. 추파할 때에는 이듬해 3월 중·하순경에 이식하는데, 면적은 3a 정도이면 된다. 정식은 한여름 더운 때를 피하여 7월 상순 또는 9월 상순에 깊이 15cm, 포기사이 10cm로 하여 바르게 심는다. 비료는 3요소를 10a당 10~20kg의 범위로 주고 인산과 칼리로 충분히 주어야 한다. 북주기는 지상부가 넘어지지 않게 될 정도로 한다.

꽃눈분화[花芽分化]는 파가 양파보다 현저히 일찍 시작한다. 보통재배의 수확기부터 주의해서 돌아보고 잎의 색깔이 다른 것, 포기가 많은 것, 생육이 나쁜 것 등의 포기는 뽑아낸다.

수확기는 꽃봉오리의 꼭지에 있는 소과가 벌어지기 시작하고, 검은 씨가 보일 정도이면 꽃줄기를 꺾는다. 하나의 꽃봉오리는 꼭지부의 꽃부터 피기 시작하여 약 20일만에 다 피고, 하나의 꽃은 핀 후 30~40일 만에 완숙한다. 성숙도 꼭지부에서 순차 밑으로 향한다. 그러므로, 꼭지부의 소과가 2~3개 벌어지는 것을 보고 곧 따면 성숙한 것과 미숙한 것이 서로 섞이게 될 우려가 있다. 일부의 종자가 저절로 떨어지기 시작할 때에 따면 성숙한 종자를 채종할 수 있다. 바람 불 때나 비가 계속 내릴 때에는 그냥 둘 수 없으므로 꼭지부의 10~20%가 완숙했을 때 꽃봉오리를 줄기 2~5cm를 붙여서 단 다음 그늘에 시렁을 매고 한 줄로 매어 수일간 후숙한다. 갑자기 일광에 말리는 것에 비해 이와 같이 후숙하면 서서히 마르게 될 뿐만 아니라 하반부의 미숙종자의 후숙이 잘 되어 전체의 발아율이 높아진다.

천주파의 예를 들면, 제1화구의 꽃이 핀 후에 1주일 있다가 제2화구의 꽃이 핀다. 제1화구의 꽃수가 200~500, 제2화구의 꽃수가 200~400이므로 제1 내지 제2화구에서 종자수확의 거의 전부를 얻고, 제3화구가 나와도 거기에서 얻는 종자의 양은 극히 적다. 제1, 2화구의 개화에서 성숙까지 장기간 비에 젖는 일이 없고 좋은 날씨가 계속되면 병해가 적으며, 충실한 종자를 얻을 수 있다. 그 시기에 약제산포 및 비배관리를 게을리하지 않는 것이 중요하다. 채종수량은 10a당 70~90 l 정도이다.

Ⅶ. 쪽파재배

1. 성상과 재배환경

가. 성상

　인경(鱗莖)은 백색 또는 대자색(帶紫色)이며 장원형(長園形)으로, 분얼(分蘗)은 왕성하고 인경에 의하여 번식한다. 잎은 가늘고 길며, 몰려서 돋아난다. 여름에 휴면하고, 가을에 꽃줄기가 생겨서 보라의 작은 꽃이 산형상으로 돋아나나 결실하지 않는다.

　포기는 분구(分球)에 의하여 증식(增殖)된다. 분구는 연내와 봄 2회에 왕성하게 되나 분구수의 비율은 연내(年內)나, 봄이나 별로 차이가 없다. 정식할 때의 종구(種球)에는 이미 수개의 분구점이 형성되어 있고, 정식후에 분구가 성장하여 포기가 되고, 다시 봄의 분구점이 형성되어 4월경에 포기가 늘어나므로 늦게 심거나, 생육이 둔하면 가을의 1차 분구가 적으며 다음 분구에도 영향이 미친다. 그 후 성숙되면 5월부터 또 분구점이 만들어져 7월경에 계속 형성된다. 분구수와 수확량과의 상관은 높으며 대구종(大球種)은 +0.55, 소구종(小球種)은 +0.73 내외로 증수에는 우선 분구를 많이 하는 것이 중요하다.

　쪽파는 여러해살이 초본으로 백합과에 속하며 중국과 희랍이 원산지로 알려져 있다. 우리나라에는 1천 5백년전 중국에서 전래된 것으로 나타나 있다.

　쪽파를 당파 또는 자청파라고도 하며 가을에서 봄에 걸쳐 생육하고 여름철에는 인경을 만들어 휴면한다.

　잎이 가늘고 가을 및 봄철에는 분얼이 아주 왕성하게 진행되어 1포기에 20~30본이나 분얼된다. 추대는 심하지 않으며 결실은 하지 않는다. 따라서 번식은 인경의 분구에 의해서 행하여지고 있다.

쪽파는 더위에 아주 약한 편이나 추위에는 다소 견디는 힘이 강하여 여름철을 제외한 계절에 재배가 가능하다. 쪽파는 잎이 부드럽고 가늘며 독특한 향기의 맛을 지니고 있어 외대파의 맛과는 좀 더 다른 맛을 나타내므로 현대인의 기호에 맞는 맛을 지닌 작물로 두각되고 있다.

용도는 김장, 냉채, 찌개류, 복어요리 등에 사용됨은 물론 근래에 파전에 없어서는 안될 중요한 재료로써 물량이 크게 늘어났다. 또한 봄철에 일반 파가 굳어져 단경기가 될 때 수요가 많으며 비타민 A, B_2, C, D, E를 위시하여 양질의 단백질을 함유하고 있다. 소화를 돕고 땀을 잘 나게 하며 감기에 걸렸을 때 죽을 끓여 먹으면 감기가 잘 낫는다고 한다. 또한 잠이 안 올때에도 효과가 있다고 한다. 따라서 식용 뿐만 아니라 약용으로도 쪽파는 용도가 다양하며 최근 도시에서 각광받는 파전에 사용되는 물량은 상당한 것이어서 수요의 확대는 날로 증가되고 있어 서울 근교에 재배되었던 쪽파는 하우스 내로 들어가버리고 주산지인 충남지방은 면적이 크게 늘어났다고 한다.

나. 재배환경

저온에는 강하나 더위에는 약하다. 결구에 일장(日長)이 관계된다.

내병성이 강하고, 비료의 흡수가 강하므로 개간지나 사구지(砂丘地)의 토박한 땅에도 잘 된다. 일반적으로 사구지보다 식양토(埴壤土)나 화산 회토에서 생산력이 높고 알이 크며, 사구지에는 외관과 단단한 점 등의 품질이 좋은 골파가 생산된다. 중점토(重粘土)에서는 알이 둥글게 된다.

피에 비헤서 추위에 약하며 햇볕이 잘 드는 곳에서 품질 좋은 쪽파를 생산할 수 있다. 하우스나 터널을 이용하여 재배하기도 한다. 토양은 별로 가리지 않으나 점질토를 사용하였을 경우엔 생육이 잘 되며 수량도 많고 품질이 우수함은 물론 종구 생산도 많다. 사질토에서는 후기생육이 불량하여 수량이 떨어지고 생산을 반복했을 경우 현저히 생산력이 저하된다.

배수가 잘 되며 pH6.5정도의 토심이 깊은 곳을 택하여 재배한다. 연작의 피해로 품질이 저하되고 병충해의 발생이 높아 적당하지 않으므로 1~2년 정도는 파종류를 심지 않은 토지를 택하는 것이 좋다.

생육이 빨라서 적온 적습하에서는 30~40일이면 잎이 30~40cm에 달하나 건조하면 발아나 생육이 늦어지므로 하우스 재배시에는 충분한 관수를 필요로 한다.

김장철 수요기에 판매가 부진할 때 남부지방에서는 2월부터 비닐을 씌워 재배하여 시장에 출하하기도 한다.

2. 재배작형

쪽파는 다른 채소류와 달리 소금담금, 초담금으로써 소비되므로 출하하는 6월~7월의 수확기에 집중되어 그 밖의 달에는 매우 적다.

생육기간이 9개월 걸리며, 담금 재료 등의 이용성으로부터 작형의 분화가 없고, 품종의 수도 적다. 억지로 구별하면 1년 재배와 2년 재배로 구별된다.

가. 1년 재배형

재래종을 1년 재배하면 알이 지나치게 커지므로, 종구(種球) 생산을 위하여 행해진다. 알쪽파는 분얼(分蘖)이 왕성하여, 작은 알이 수많이 분구되므로 1년 재배로 꽃쪽파로 쓰인다.

나. 2년 재배형

재배기간이 길고, 뿌리응애의 피해를 받기 쉬우므로, 토기를 선택하지 않으며, 비료도 적게 조방재배(粗放栽培)하는데 적합하므로 과수원의 간작이나 사구지대(砂丘地帶)에서는 아직도 재배되고 있다. 2년 재배로 분구(分球)가 많으며, 포기를 크게 만들면 알은 가늘고 길게 된다.

쪽파의 생산시기를 살펴보면 최대 출하시기는 김장철인 11월이고 다음이 하우스나 터널을 이용한 2월~3월 중순이고, 4월 이후는 남부지방에서 노지쪽파가 생산되고 있다.

가을 판매용은 8월 초순부터 하순까지 파종하고 봄 판매용은 8월 중순부터 9월 초분까지 파종한다.

조기출하를 하고자 할 경우에는 휴면타파 방법을 이용하여 파종한다. 타파방법으로는 하우스 안에 종구를 매달고 약 20일간 30℃ 정도의 고온을 쪼이면 6월 하순부터 파종할 수 있다. 노지에서는 지붕만 덮인 하우스 안에 7월 중순까지 심어 둔다. 파종후 30일이 경과하면 구가 비대해서 상품가치가 저하되므로 비옥한 토양에서 건조하지 않게 재배하여 출하한다.

재배방법으로는 과거의 간작법에서 단작법으로 전환하는 경향이 있다.

3. 품 종

중국이 원산지로써 중국의 일부나 월남에 야생종이 있다. 중국의 재배는 오래된 품종이 많으나 품종은 인경부(鱗莖部)의 착색이 차이가 있다. 대만에서 도입한 알쪽파는 알이 작고 분얼력(分蘖力)이 강하며, 꽃쪽파에 적합하여 각지에 재배되었다.

가. 알쪽파

풀 키가 낮고 잎은 매우 잘고 약간 뒤틀린다. 분구(分球)가 많으며 씨알 한 개에서 10~15알로 늘어나며 1년 재배로 알은 1.5~2.5g이 된다. 구형(球形)으로 목은 단단하고, 다비재배(多肥栽培)하면 한층 동그래진다. 알은 백색으로 취미(臭味)가 없으며 품질이 좋다.

나. 라구다

재래종의 일종으로 줄기는 굵으며, 풀키는 높다. 한 포기의 인편(鱗片)은 6~9개로 분구(分球)되고, 알 하나에 7~10g이 된다. 목이 길고 장란형(長卵形)으로 수확량도 많으나 꽃쪽파의 재료로 하려면 한 곳에 2구(球)씩 심고 2년 연속하여 재배한다.

다. 팔방(八房)

풀의 키가 낮고 분구는 많다. 라구다보다 알은 작고, 잎은 가늘지만 알쪽파보다 크다. 목은 단단하고 좋으나 수확량이 적고 품질이 좋지 못하다. 모래땅이나 화산회토에서는 라구다보다 빨리 산출된다.

쪽파는 다른 작물처럼 품종이 분화되어 있지 않으며 우리나라의 쪽파는 대부분의 중국산으로 추대와 개화는 안되는 것이 정상이다. 조생종, 중생종, 만생종으로 분리되며 지방에 따라 약간의 차이는 있다.

조생종은 구가 담황색으로 소형이고 잎의 색은 진한 녹색으로 초기 생육이 왕성하다. 내한성이 강하여 저온에서 고사하지 않는다. 잎의 끝이 가늘게 되는 것이 특징이다. 중생종은 구가 담자색으로 소형이고 잎의 색은 연한 녹색이며 잎은 가늘고 길다. 허리가 약하고 구부리기 쉬우므로 조기 밀식재배에는 부적당하다. 만생종은 구가 자색을 띤 대형이고 잎은 두껍고 색깔은 농록색에 가깝다. 지상부는 저온에 약하여 겨울철 지상부는 고사가 심하나 이듬해 봄에 기온의 상승과 함께 급격히 생육한다.

수확은 4월 상순에서 5월 하순이지만 구의 비대가 빨라서 시장성은 좋지 않다. 그러나 줄기가 굵고 분얼수가 적어 조기 출하 재배에 있어서는 유리하다.

4. 재배기술

가. 종자준비

10a당 씨알의 분량은 다음과 같다. 알이 작으면 분구가 적고 수확량도 오르지 못한다. 라구다나 팔방(八房)종은 한알에 6~7g, 알쪽파는 3g 내외의 크기가 적당하다. 씨알은 병충해가 적은 밭에서 취하고, 특히 뿌리응애 발생에 주의해야 하며, 방제에는 디메토 유제(녹손) 1,000배액에 15분간 담가 놓은 후 심는다.

종구는 알이 단단하고 부패되지 않았으며 윤기가 나는 것이 좋은 것이다. 저장 중 부패한 것을 사용하였을 때는 종자량이 줄고 발아상태와 초기생육에 이상이 온다.

저장했던 종구는 수염뿌리를 가위로 잘라 한나절 정도 햇볕을 쪼인 후 껍질을 벗겨 2~3구씩 분주하고 종자소독은 벤레이트티 또는 호마이 200백액과 디메토 유제(녹손) 1,000배액에 30~60분간 담근 후 그늘에서 물기를 말린 다음 파종한다. 파종기가 늦어 1cm 이상의 싹이 나온 종구는 약제의 비율을 낮추어 침적시간을 1~2시간으로 줄인다.

나. 심는 방법

심는 시기는 오래되나, 일찍 심는 것이 좋고 분구(分球)되며 다수확이다. 추운 북부지방이나, 겨울에의 성장이 둔한 사구지(砂丘地)에서는 특히 일찍 심는 것이 중요하며 8월 하순, 9월 상순에 심는다. 난지(暖地)에서는 9월 중하순이 적기(適期)이며 늦을수록 감수(減收)된다. 지온이 높은 내일수록 맹아(萌芽)는 고르지 못하며, 냉량하게 되면 고르게 된다.

꽃쪽파에는 작은 알로 알 굵기가 좋게 되는 것이 적당하므로 밀식(密植)하고, 한 곳에 2구씩 심어서 소립재배(小粒栽培)한다. 라구다나 팔방도 밀식하면 1년에 상당한 소구(小球)가 되고, 뿌리응애의 피해도 적다. 1년 재배에서는 이랑 사이는 36cm로 두 줄 심고, 포기사이 7~7.5

cm(10㎡당 750~900주, 2년 재배에서 고랑 사이 30cm, 포기 사이 12cm) 한 곳에 2구씩 심는다.

30~36cm폭에 심는 골을 파고 포기 사이를 잡아 1~2구씩 놓으면서 흙을 덮는다. 흙이 얕게 덮여서 건조되면 뿌리응애의 발생이 많아지므로 4~6cm보다 약간 깊게 흙을 덮는다. 깊게 심으면 분구(分球)가 적어진다.

〈표 18〉 씨알의 분량

재배양식 \ 품종	휴 간	대 종 구	둥근양파
밀 식 재 배	30cm	300~340kg	180~200kg
조 식 재 배	60	150~170	90~100

쪽파는 향기가 좋고 부드러워야 하므로 질소질과 인산질비료를 알맞게 시비해야 한다. 생육은 비료분이 부족하면 잎이 굳어져서 품질이 떨어지니 정지시 충분한 시비를 해야 한다. 경운은 깊게 해서 배수가 잘 되게 하고 뿌리가 충분히 뻗을 수 있도록 도와주어야 한다.

또한 고자리 파리의 피해가 심하므로 밭을 갈 때 후라단입제를 10a당 4~5kg 살포하고 이랑을 짓는다.

90~120cm이랑에 15×15cm로 심으며 조기 출하를 목적으로 할 때는 이보다 밀식해야 한다. 종구 생산시는 80cm 이랑에 3줄로 심고 포기 사이를 20cm로 한다. 심는 거리를 넓게 잡아주어야 병해 발생이 적고 우수한 종구를 생산할 수 있다.

종구는 껍질을 잘 벗겨서 표피로부터의 수분 공급을 쉽게 하며, 종구는 2~3개씩 붙여 심어야 발근이 빠르다.

깊이 5~10cm정도의 골을 파고 경사지일 때는 골의 밑쪽으로 붙여서 2~3구씩 상부가 보일 정도로 심는다. 이때 종구를 넘어지지 않게 손으로 조금 눌러 심는 것이 좋다. 골에는 토양 살충제인 후라단이나 다이

야톤 등을 뿌리고 심어야 한다. 복토는 하지 않는다.

또 해발 300m지역에서 여름철에 쪽파재배를 하려고 할 때 파종 적기는 6월 중순에 파종하여 8월 상중순에 수확하는 것이 알맞다.

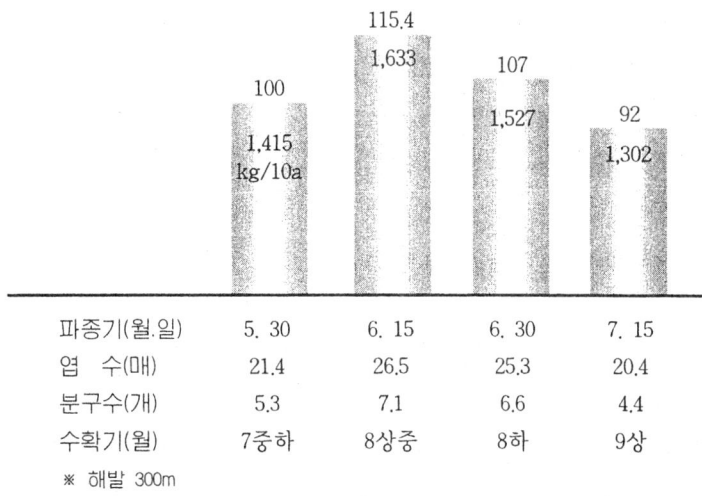

〈그림 6〉 고냉지 쪽파 하기재배적기 ('81 全北農振)

다. 거름주는량

비료의 흡수력이 강하므로 시비량은 적어도 된다. 사구지(砂丘地)와 같은 토박한 땅은 별도로 하고, 일반적으로 10a당 질소 8~11kg, 인산 9~11kg 및 칼리 11~12kg을 표준으로 한다. 산지의 시비예는 중부지방에서는 질소 15kg, 인산 7kg, 칼리 12kg, 남부지방에서는 질소 9.4kg, 인산 7.5kg, 칼리 9.4kg이다. 퇴비의 시용(施用)은 건조방지나 비료의 유지에 효과가 크나, 뿌리응애의 발생이 많아지므로 토지에 따라 증감하고, 뿌리응애가 많은 토지에서는 시용(施用)하지 않는다.

뿌리응애 방제에는 큐라텔을 밭 전면에 살포한다. 시비는 기비와 추비를 10월과 2월~3월에 행한다. 특히 연내의 시비는 분얼(分蘖)이 많아지고, 봄비료는 비대와 생육을 촉진한다. 비료가 유실되기 쉬운 토양에서는 추비 횟수를 늘리고, 유기질 비료나, 지효성 비료를 많이 준다. 쪽파는 다비성을 좋아하므로 기비인 퇴비를 충분히 사용하여서 재배기간 중 지료분이 모자라지 않도록 해야 한다.

만약 비료분이 모자라면 잎이 굳어져서 상품가치가 크게 하락되기 때문이다. 비료 주는 양은 수확시기, 토양 등에 따라서 차이가 있으나 대체로 퇴비 1,500kg, 소석회 100~150kg, 붕사 1kg을 전면 살포하고 갈아 엎는다. 질소비료는 1/3을 기비로 하고 2/3은 추비로 주며, 가리는 1/2를 기비로 1/2은 추비로, 인산은 전량 기비로 준다. 포기재배에 있어서는 제1회 추비를 초장 10cm 정도일때 하고 그후 2주 될 때 2회 추비를 하면 된다.

그러나 보통재배에서는 추비를 4~5회 실시하며 시기는 20일 간격으로 한다.

쪽파 비료는 위에서 말하는 단비를 주는 것보다는 양파전용 복합비료(7-15-12)를 쪽파에 사용하여도 양파에서와 같이 증수된다. 주는 양도 양파에 준하여 밑거름과 웃거름을 주면된다(양파 시비량 참조).

라. 관리

씨뿌린 후 열흘이 지나면 싹이 터서 자라고 잎이 3~4매 되면 중경제초 작업을 실시한다. 이때는 소나기가 자주 오므로 괭이나 호미로 겉만 약간 긁어서 쓰러지지 않도록 김매기를 철저히 한다.

중경제초 작업은 대략 4회 정도 실시하는데 3회부터는 추비후 중경과 제초를 겸해서 실시하면 더욱 효과적이다. 이때 가을 판매용은 북을 주어서 흰 부분이 깊게 들어가게 하면 상품이 우수하나 월동후 3~4월에 판매할 것은 북을 약하게 해서 줄기가 단단하게 자라게 해야 한다.

북주기를 너무 일찍하면 생육이 억제되어서 생산량이 줄게 되므로 3회 추비시에 북주기를 하는 것이 좋다. 월동용의 경우, 만일 북을 과다하게 주면 줄기가 무성하게 자라서 다음해 봄에 줄기가 힘이 없어 도복하게 되어 상품성이 하락되므로 북주기를 간단하게 한다. 쪽파는 전생육기간을 통하여 적습이 요구되며 특히 메마르면 수확기가 대폭 늦으므로 충분히 물을 주어야 한다.

그러나 너무 습하면 병충해 발생이 심하므로 알맞은 습도를 유지해야 하고 특히 출하 20~30일전에는 적습을 유지해서 시장출하에 싱싱하게 보이도록 재배해야 한다. 생육후반기에 지나치게 과습하면 엽초가 길어서 쓰러질 우려가 있으므로 각별히 유의해야 한다.

월동관리는 배수구를 철저히 만들어서 습해를 받지 않게 하여 서릿발의 피해를 줄여 겨울 중 잎이 죽는 것을 막아서 월동후 잘 자라도록 해 주어야 한다. 8월 하순에서 9월 상순에 파종해서 12월에서 1월에 출하할 때는 11월 중순 비닐터널을 하고 하우스를 지어서 관리해야 하며 3~4월의 출하는 그래도 노지 월동하게 된다.

월동된 쪽파는 초봄에 4종 복합액비를 3일 간격으로 5회 정도 살포하면 1주일 정도 수확을 앞당길 수 있어 판매에 유리하리라 본다.

5. 병충해 방제

가. 노균병

월동용 쪽파는 3~4월에 발생하고 가을철인 10월초에 계속해서 비가 내릴 때 심하게 나타난다.

발생부위는 파 잎면에 장타원형이나 방추형의 황색 반점이 생기며 이 반점은 점차 커지고 나중에는 그 위에 흰곰팡이가 생겨 더욱 번창해지면 말라 죽게 된다.

방제법은 파종류를 식재하지 않은 곳에 재배할 것이고 습지는 배수가 잘 되도록 하며 가을부터 봄까지 발생기에 10일 간격으로 적용약제를 살포한다.

나. 무름병

병원균은 상처를 통하여 식물체에 침입하여 피해를 주며, 뿌리는 썩고 지상부의 잎은 누렇게 마르며 고온저장시에 발생이 심하다. 또한 배수가 불량하고 비가 많이 올 때 발생이 심하고 고온시 관수할 때는 이 병의 발생이 심하다.

방제법은 2~3년 윤작을 하고 배수를 양호하게 하며 토양소독제로 토양소독을 하면 효과적이다.

또한 고온에서 발생이 심하므로 채취된 종자는 저온에서 보관해야 한다.

다. 흑반병

8~9월 장마철에 발생이 심하여 11월 수확시까지 발생하는 병으로 처음에는 타원형 또는 방추형의 담갈색 반점이 형성되어 이것이 확대되어 움푹한 암자색 반점이 된다. 이 반점이 오래되면 그을음같은 둥근 무늬를 형성한다.

방제법은 윤작을 실시하고 종자소독을 하며 발생시기에는 전용살균제를 살포한다.

라. 오갈병

늦가을에 발생하는데 바이러스에 의한 것으로 쪽파에는 큰 피해를 입히지 않는다. 방제법은 매개체인 진딧물 구제를 철저히 하고 병든 포기는 제거한다.

마. 파총채벌레

쪽파의 줄기에 기생하여 즙액을 빨아 먹는 작은 해충이다.

이 해충은 봄에 날씨가 따뜻해지면 행동을 개시하여 가을까지 10여회 발생하며 고온 건조시에 번식이 심하여 파잎의 표피 조직에 부화한 유충이 즙액을 빨아 가해하여 심하면 파전엽이 회백색으로 변하여 상품가치를 상실하고 쪽파발육도 극히 저조하게 된다.

　방제법은 적용약제를 5~6일 간격으로 2~3회 살포하면 된다. 건조시에 발생이 심하므로 관수를 해주는 것도 피해를 줄일 수 있는 방법이다.

바. 고자리파리

　파, 마늘, 쪽파 등에 있어서 가장 피해가 심한 해충으로 1년에 4회 정도 발생하며 땅속 10㎝ 정도에서 월동하고 성충은 4월경 알을 낳아 부화하여 부화한 유충은 땅속으로 내려가 뿌리를 가해한다. 완전히 성장한 유충은 땅속으로 들어가 번데기가 되는데 땅속에서 가해하므로 한번 발생하면 쉽게 구제하기가 힘들므로 처음부터 철저히 구제해야 한다.

　방제법으로는 산란기에 살충제를 살포하고 파종전에 살충제 입제나 토양 살충제를 10a당 4~5kg 살포하고 심는다. 인분뇨같은 유기질 비료를 많이 주지 않도록 한다.

사. 뿌리응애

　쪽파에서 뿌리응애 피해는 재배 중에 피해도 크지만 저장 중에 피해가 더 크다. 따라서 저장 중 뿌리응애 피해를 방지하기 위하여 약제 방제를 철저히 하여야 한다.

　골파 종자를 저장 초기에 포스톡신으로 3일간 훈증처리하면 저장 중 뿌리응애에 의한 피해를 방지할 수 있다.

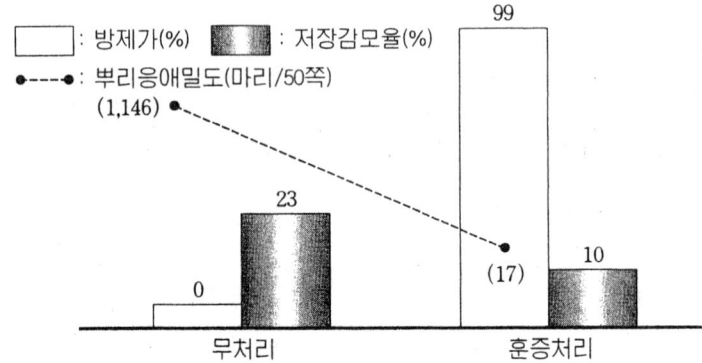

〈그림 7〉 골파(쪽파)종자 저장 중 뿌리응애 훈증제 처리효과

6. 수확

 잎이 시들어서 맑은 날씨가 계속될 때에 수확한다. 수확기는 재배지나 품종에 따라 차이가 있으나, 어떻든 기간이 길므로, 맑은 날에 수확한다.
 수확은 포기마다 캐내고 흙을 털어서 잎의 밑부분을 짚으로 묶고 조정장(調整場)에 옮긴다.
 10a당 수확량은 1,000~1,500kg이다.

Ⅷ. 골파재배

1. 성상과 재배환경

가. 성상

파에 속하는 다년생 초본으로, 가을에서 봄에 걸쳐 생육되고 여름철에는 인경(鱗莖)을 만들어 휴면한다. 형상은 파와 비슷하나, 잎이 가늘고 풀의 높이는 60~70cm이내로, 가을 및 이른봄, 왕성하게 분얼(分蘖)하여 한포기 20~30개에 달한다.

골파는 드물게 추대하여도 꽃받침은 퇴화하여 결실되지 않으며, 번식은 성숙한 인경의 분구(分球)에 따라 행하여진다.

나. 재배환경

파에 비하면 내한성이 약하고, 분포는 한강 이남에 한정되어, 겨울철 일조의 혜택이 많은 온난지대에서 좋은 물건이 생산된다.

종구는 점질토 산출의 것이 좋고, 사질토에서 생산을 반복하면 초세가 약해져, 생산력은 저하된다.

2. 재배작형

골파는 부드러운 육질, 신선한 색깔, 독특한 풍미가 있어서, 만두나 국건더기로 잘 쓰이며, 겨울·봄철에 수요가 많다. 특히 다른 파 종류의 추대(抽帶), 개화 때문에 단경기가 되는 3~4월은 소비가 집중하고, 입하량이 많음에도 불구하고, 시장가격은 보합되고 있다. 가을의 고가(高價)도 주목되나 소비가 특수하므로 양산(量産)은 기대할 수 없다.

품종 분화가 진보되고 있지 않은 까닭에 작형은 단순하고, 보통은 9월 상중순에 심고 2~4월에 수확한다. 그러나 시장용으로는 식부기(植付期)를 8월 하순~9월 하순까지 늘리고, 11월~5월에 출하하고 있다. 또 최근에는 가을의 고가(高價)에 자극되어, 하우스내에 8월 상중순에 정식되고, 10, 11월에 출하하는 조출재배도 시작되었다. 이 경우 하우스는 천정피복(被覆)만을 남겨서 온도를 낮추어, 관수시설(灌水施設)을 이용하여 토양습도를 적당하게 유지하고, 생육을 촉진하는 잎이 긴요하다.

품종에는 조생종과 만생종이 있다. 조생종이 잘 자라고 시장성이 높으므로, 3월까지의 출하에는 주로 이것이 쓰이고, 만생종은 4, 5월의 수확에는 공용(共用)되고 있다. 단, 하우스를 이용하는 조기재배에는, 조생종은 도장(徒長)하여서 품질을 떨어뜨리기 쉽고, 만생종이 알맞게 자라서 유리하다.

3. 품 종

유럽산이나 남방산의 골파에는 양파와 비슷하여 추대 개화되는 것이 있고, 중국의 것은 개화되지 않으나 구형 초자(草姿)·분얼성(分蘖性) 등에 변이가 많고, 종내(種內) 분화(分化)가 진보된 작물이 있다. 그러나 한국에 토착되고 있는 것은 유전변이가 단순하여, 조생·만생종의 분화가 나타나는데 불과하다.

가. 조생종

맹아가 빠르고, 8월 중순에 심으면 11월 상순부터 출하된다. 또 내한성이 강하며, 겨울철 수확에 적합하다. 만생종과 비교하면, 분얼이 많고 잎은 장대하고 중엽부도 잘 발달되고, 연백(軟白)되기 쉬우며, 풍미도 좋다.

나. 만생종

맹아가 늦고, 또 발아되어도 내한성이 없는 까닭에 겨울철에는 생육이 억제되며, 이른봄의 기온 상승과 함께 급속히 성장하는 것으로 4~5월의 수확에 적합하다. 잎의 소근(小筋)으로, 살이 두껍고, 색은 진하며, 품질은 좋지 못하다.

4. 재배기술

가. 종구

점질토에서 육성된 종구가 좋다. 인경(鱗莖)은 2 또는 3~4구씩 결합시켜 발근부(發根部)를 균등하게 달고 분할한다. 외피(外皮)를 붙인 채 심으면 발근이 늦어지므로 분구(分球)에 앞서 인경(鱗莖)은 1일 햇빛에 쬐어, 외피를 제거한 후 분할한다.

10a당 종구의 소요량은 80~100kg이다.

나. 정지와 심기

깊이 갈고 기비를 주어서 정지를 하고, 고랑을 만든다. 보통재배로는 고랑폭 45cm, 포기사이 20~25cm를 기준으로 하여 심으나, 조기 재배에서는 20×10~15cm로 밀식(密植)하고, 생육을 서두른 것에서 솎음하면서 출하한다. 심기는 깊이 6~9cm 골을 파고, 일찍 심을 경우에는 2구, 늦게 심을 때에는 3~4구로 분구(分球)된 종구(種球)를 소정 포기사이에 1개씩 꼭지눈이 겨우 보일 정도로 꽂는다. 심기 직후에는 흙을 덮지 않는다. 심을 때 만든 작조는 후일 행하는 북돋움에 대비한 것이다.

다. 시비와 관리

파와 같이 생육 중에 비료가 없어지면 잎이 경화(硬化)되고, 품질이 떨어진다. 비료는 질소 15kg, 인산 9kg, 칼리 13kg가 기준이 된다. 기비에는 완숙된 퇴비나 석회 등을 주고, 추비는 초장(草長)이 12~13cm로 신장된 곳부터 1개월씩 뛰어서 3~4회(조기재배에는 2주간마다 2회), 액비를 사용하여 비효를 지속시킨다.

추비할 때마다 중경(中耕)과 제초를 행하고, 또 제2~3회째는 가볍게 북돋아 연백(軟白)을 도모한다.

라. 수 확

분얼이 진행되고, 잎이 무성하게 될 무렵부터 수확을 시작한다. 수확량은 10a당 12월 상순에는 1,200~1,500kg, 1월 중순은 2,400~2,700kg, 2월 중순에 3,500kg이 표준이며, 조기수확일수록 수확량은 적다. 따라서 시가(市價)를 보아서 생육이 진척된 포기로부터 포기마다 캐내어 수확한다. 한편 수확이 늦으면 포기 밑이 쪽파와 같이 비대되어 상품가치를 떨어뜨리므로 늦게 출하할 것을 목표로 할 경우에는 주의를 요한다.

마. 종구재배

보통재배의 일부를 5월 말~6월 초까지 남기고, 인경(鱗莖)을 성숙시켜서 사용하는 경우도 있으나, 이렇게 하여서는 충실하고 좋은 구(球)는 얻기 힘들다. 지력(地力)이 있는 점질지(粘質地)에서 1구(球)식 분할한 종구를 심고, 특히 인산이나 칼리의 비효를 작용시켜 재배하고, 북돋우기도 행하지 않고, 오로지 인경(鱗莖)의 충실을 기하는 것이 좋다. 장마 전의 건조기에 수확하여 5~6일간 햇볕에 말려서 건조시키고, 통풍이 좋은 추녀 밑 등에 매달아 저장한다.

양파

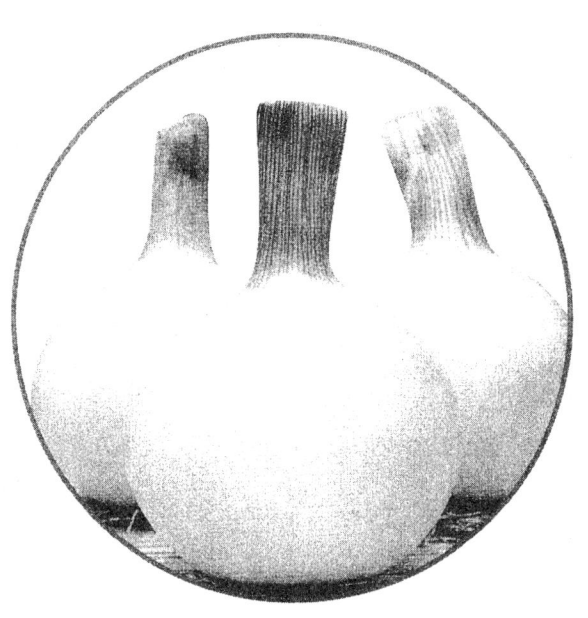

2 양파

양파는 비타민A와 C, 무기염류가 풍부하고 탄수화물로는 당분이 많아서 단맛이 많으며 양념의 개념에서 식생활의 서구화에 따라 다양한 용도로 쓰이고 있다.

I. 재배현황　　II. 성상 및 재배환경
III. 양파의 생리적 특성
IV. 재배작형과 품종　　V. 재배법
VI. 양파의 수확과 저장
VII. 고냉지 춘파재배　VIII. 양파 종구재배
IX. 남해안 봄양파재배
X. 생리장해
XI. 육종과 채종

I. 재배현황

1. 원산지 및 재배내역

양파는 옥총(玉蔥) 또는 총두(蔥頭)라고도 쓰며 중국에서는 양총(洋蔥)이라고 한다. 또한 학명으로는 *Allium cepa* L. 이라고 하는 백합과에 속한다.

원산지는 이란·서파키스탄이라는 설, 북이란부터 알타이 지방이라는 설, 중앙아시아·지중해연안 지방이라는 설 등이 있으나, 아직 야생종이 발견되지 않아 확실하지 않다.

재배역사는 아주 오래 되어 4000년을 넘고, 고대 이집트시대로부터 그리스 로마시대에 이르는 동안 품종이 분화되었다고 한다. 그 후 남부

유럽에서 많이 재배하였으며, 소위 단양파(mild onion)로 발달하여 점차 유럽전체로 퍼졌으나, 중동 유럽에서는 매운양파(strong onion)로 분화되었다. 미국에서는 처음에 매운양파가 도입되어 그 후 많은 품종이 육성되었다.

미국은 현재 세계에서 가장 양파를 많이 생산하고 있으며 양파가 미국에 전파된 것은 물론 콜롬부스가 미국 대륙을 발견한 이후의 일이다.

그러나 미국은 그후 많은 새로운 품종을 개발 육성했고 재배기술도 고도로 발달하고 있다.

양파의 세계적 분포에 대해서는 이에 대한 상세한 자료를 얻기가 곤란하다.

그러나 가까운 일본에 있어서는 다른 농작물에 있어서와 마찬가지로 고도의 기술발달과 합리적인 경영방법 및 정부의 법적인 뒷받침에 의해서 많은 생산과 많은 수익을 올리고 있는 실정이다.

근년에 단일하에서 구가 비대하는 품종도 육성되어 재배가 되지 않던 저위도 지대의 나라에서도 재배가 가능하여 급속히 생산이 늘어나고 있다. 우리나라에서는 조선말엽에 미국과 일본으로부터 도입된 것으로 짐작되며, 독자적 육성으로 신품종이 육성되어 재배면적이 늘어나고 있다.

2. 양파의 이용

양파는 비타민 A와 C가 풍부하고 B_1, B_2도 약간 포함되어 있다. 또한 무기염류도 많고 탄수화물로는 당분이 많아서 단맛이 많다. 그리고 양파의 특수한 냄새와 매운 맛은 2유화(二硫化)프로필이라고 하는 휘발성 기름으로서 식욕을 증진시킨다.

그리고 양파의 화학적 성분을 보면 수분이 87.6~93.1%로써 대부분을 차지하고 있으며 조단백질(粗蛋白質) 1~1.6%, 조지방(粗脂肪)

0.11~0.3%, 가용무질소물(可溶無窒素物) 5.61~9.1%, 조섬유(粗纖維) 0.45~0.8%, 회분(灰分) 0.31~0.6% 등으로 되어 있다.

　　수분 ・・・・・・・・・・・・・・・87.6~93.1%
　　거친 흰자질 ・・・・・・・・・・・・1~1.6%
　　거친 굳기름 ・・・・・・・・・・・・0.11~0.3%
　　가용무질소물(可溶無窒素物) ・・・・・5.61~9.1%
　　거친올실(粗纖維) ・・・・・・・・・0.45~0.8%
　　회분(灰分) ・・・・・・・・・・・・0.31~0.6%

　　탄수화물은 당분을 많이 포함하여 파에 단맛이 많다.
　　이로 미루어 실로 영양학적으로도 충분히 재배가치가 높은 작물중의 하나이다.

3. 양파의 생산현황

　　우리나라에서 양파재배는 역사가 오래되지 않으며 제2차 세계대전 이후에 급격히 증가하였고 그 수요량도 계속 늘어나고 있는 실정이다.
　　특히 재배면적이 급격히 증가되는 때는 경제발전이 활발히 진행되었던 70년대 후반부터이다. 경제발전에 따라 식생활의 고급화에 의하여 서구에서 많이 이용되었던 양파가 우리의 식탁에서도 그 이용도가 급격히 증가하게 되었다.
　　우리나라에서 생산된 양파는 그 품질이 우수하여 그간에 많이 수출도 하였다. 그러나 국내수요가 부족하여 가격이 높았던 때에는 수입도 하였다.
　　재배면적은 계속 증가되어 최근에는 12,000ha를 기준으로 증감되고 있으며 10a당 단수는 70년대에는 2,500kg내외였으나 품종과 재배기술의 발달에 따라 최근에는 6,000kg 내외가 생산된다.

우리나라 양파재배는 주로 주산단지에서 재배되고 있는데 그 현황은 25개시군에서 74개 읍, 면 단위의 주산단지가 재배에 주종을 이루고 있으며 가장 많이 재배하는 시군은 무안, 함평, 영천, 창녕군에 주로 많이 재배되고 있다.

〈표 1〉 양파 주산단지 현황

	주산단지 시군	주산단지 읍면	내 역
충남	1	1	서산(1)
전북	1	1	완주(1)
전남	5	20	고흥(1), 무안(9), 함평(7), 신안(1), 해남(2)
경북	10	25	영천시(1), 달성(4), 군위(1), 의성(2), 안동(1), 영덕(3), 영천(3), 경산(3), 청도(2), 금능(3)
경남	5	21	의령(5), 창녕(10), 밀양(2), 의창(1), 함양(3)
제주	3	6	북제주(4), 남제주(1), 제주시(1)
합계	25	74	

( )내는 주산단지 읍면수임.

Ⅱ. 성상 및 재배환경

1. 성상

양파의 구는 엽초의 기부가 비대한 인경으로 어느 정도 엽록이 형성된 후 비대하기 시작하며, 이것이 완성될 무렵에 잎은 기부로부터 도태하기 시작하여 점차로 말라서 휴면으로 들어간다. 이 인경은 2~3개월 휴면한 후 발아해서 추대·개화하여 결실하나, 조건에 따라 1년에 조기 추대가 일어나는 경우도 있다. 종자의 발아온도는 4~30℃이고, 최적온은 18℃이며, 근군의 발육적온은 12~20℃이고, 지상부는 20~25℃이다. 내한성은 강해서 어린 식물은 -8℃에서도 동해를 받지 않는다. 구의 비대는 일장과 온도에 의하여 지배되며, Thompson과 Smith(1938)에 의하면 충분한 일장에서도 10~15.5℃에서는 비대하지 않고, 15.5~21℃에서 비대하며, 21~27℃에서는 더욱 촉진되어 성숙휴면한다고 하였다. 구의 비대에 필요한 한계일장은 품종에 따라 다르며, 11.5시간부터 16.7시간에 달하고, 조생종일수록 비대에 필요한 한계일장은 짧다(Magruder·Allard, 1937). 꽃눈분화에는 10~15℃ 또는 그 이하의 저온에 오랫동안 지속되어야 하며, 21℃ 이상의 온도가 계속되면 꽃눈분화는 일어나지 않는다. 또 저온을 받을 때의 구의 크기는 품종에 따라 감응이 다르다(Poole·Emsweller, 1936).

〈표 1〉 양파의 재배온도

발아온도	뿌리의 발육적온	지상부의 발육적온	결구온도	어린묘의 동해온도
4~30℃ (최적:18℃)	12~20℃	20~25℃	15.5~27℃ 적온:20~25℃	-8℃ 이하

2. 재배환경

가. 기후조건

어떤 농작물이든지 온도와 밀접한 관계를 갖지 않는 것이 없다. 양파는 한냉한 기후에 잘 견디는 편이며 발육에 적당한 온도는 12~20℃이다. 양파의 알이 비대하기에 알맞은 온도는 이것보다 약간 높아서 20~23℃이다. 25℃이상의 높은 온도가 되면 오히려 발육이 둔해지고 잎이 마르게 되며 더 계속하면 그 기능을 정지하고 휴면상태에 들어가게 된다.

그러나 추위에는 잘 견딜 수가 있어서 영하 8℃에서도 얼어 죽지 않는다. 또한 영상 8℃만 되면 발아하기 시작한다.

양파의 성장과 해길이와 관계에 관해서 양파는 일조시간이 긴 것을 좋아한다. 특히 양파의 알이 비대할 때에는 해길이가 11.5~16시간이 적당하다.

그러나 그것은 어떤 품종이나 다 같은 것이 아니고 품종에 따라 많은 차이가 있다.

즉, 조생종(早生種)은 해길이가 짧은 것을 좋아하고, 만생종(晩生種)은 해길이가 긴 것을 좋아한다.

그래서 조생종은 봄에 파종해서 가을에 알이 들도록하고, 만생종은 가을에 심어서 이듬해 봄에 알이 들도록 한다.

그러나 여기서 주의하여야 할 것은 가을에 파종할 때의 품종 선

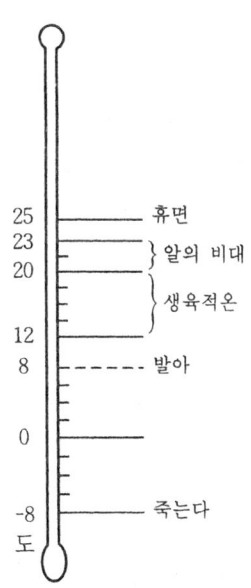

〈그림 1〉 양파의 생육과 온도와의 관계

택이다. 품종을 잘못 선택하면 양파가 어느 정도 자라고 난 후에 5℃ 이하의 낮은 온도를 맞이하게 되고 꽃눈이 분화하여 종이 나오게 된다. 그러므로 파종의 시기를 잘 선택해야 한다.

〈표 2〉 양파기상조건

발아적온	생육적온	유의사항

18℃	• 경엽 10~15℃
	• 결구비대
	  조생종 15℃
	  중생종 20℃
		1. 양파의 결구, 비대에는 첫째 일장이 필요하며 일장이 적당할 때, 온도 조건이 작용한다.
		2. 장일성으로 11.5(조생종)~16.0(만생종) 시간이 적당하다.
		3. 25℃를 넘으면 알의 비대가 둔해지고 생육이 순조롭지 않다.

나. 토양조건

양파는 뿌리의 발달이 비교적 부족하므로 생육 초기에는 습한 것이 좋으나 성숙기에 이르러서는 비교적 건조한 편이 알맞을 것이다. 토양은 사질양토로부터 점토에 이르기까지 모든 토양에 잘 맞지만 강가의 비옥한 충적토가 가장 적당하다. 토양의 산도는 pH6.3~7.8 사이가 가장 적당하고 표토(表土)가 깊고 부식질이 풍부한 땅을 좋아한다. 따라서, 우리나라 전 지역에 재배가 가능하다는 것이다.

다른 소채류보다 부피가 적은 편이므로 비교적 수송이 간편하며 중소 도시에서 멀리 떨어진 지방에서도 재배가 가능하다.

출하시기를 자유로이 조절할 수 있어서 노동력을 유효하게 이용할 수 있다. 또 일반적으로 저장성도 좋은 편이다.

양파의 경영상 유리한 점은

① 토지 이용도가 높다.

다른 채소와 간작과 혼작을 할 수가 있으며, 논 뒷그루로도 재배할 수 있어서 토지를 효과적으로 이용할 수 있다. 또한 집둘레, 빈터, 채소밭 등에서 쉽게 재배할 수도 있다.

② 재배가 안전하다.

저장성이 좋고 수송이 간편하고 시장 가격이 다른 작물에 비해서 안정되어 있으나 생산과잉시에는 가격이 폭락되는 경우도 있다.

③ 연작을 할 수가 있다.

〈표 3〉 양파 토양조건

알맞은 토성	알맞은 pH	유 의 사 항
모래참흙~ 질참흙	pH 6.3~7.8	1. 조생종은 적습의 사질토가 좋고 저장용 양파는 점질토양이 적당하다. 2. 생육 초기에는 습한 편이 좋으며 성숙기에 이르러서는 비교적 건조한 편이 알맞다. 3. 산성에 약하여 산성이 강하면 생육, 비대에 불량하다.

따라서 양파는 사질토 및 점질토에서 재배할 수 있지만 어릴 때 뿌리가 빈약하므로 건조하거나 겨울에 땅이 부풀어 오르는 곳에서는 생육이 좋지 못하다. 최적토양산도는 pH6.3~7.8이 가장 좋고, 표토가 깊고 부식질이 풍부하며 비옥한 땅이 가장 적당하다.

다. 일장조건

온도나 일장에 대한 감응성으로 본다면 주로 온대지방에서 재배가 적당하다. 온화한 기후를 좋아하고, 한파가 극히 심한 대륙성 기후에서는 적온기가 짧아 재배하기 어렵다. 온대남부나 아열대에서는 가을부터 봄에 걸쳐 재배되고, 온대북부에서는 봄부터 가을에 걸쳐 적온기를 이용해서 재배된다. 구비대의 제한요소인 일장은 저위도일수록 짧고, 고위도일수록 길기 때문에 전자의 경우에는 조생품종, 후자의 경우에는 만생품종이 적응된다. 뿌리의 발달은 빈약한 편이어서 생육초기에는 다습을 좋아하나, 성숙기에는 비교적 건조한 편이 충실하고 품질이 좋은 양파가 생산된다.

3. 재배상의 특성

가. 재배상의 이점

① 연작할 수가 있다는 점
② 병충해가 적으므로 재배가 안전하다. 그러므로 빈터나 집둘레 혹은 가정의 채소밭 등에서 쉽게 재배할 수 있다.
③ 논의 이작(裏作)으로써 재배할 수 있으므로 토지의 이용상 유리하다.
④ 저장과 수송에 있어서 시간의 제약을 받지 않으므로 노동력을 유효하게 이용할 수 있다. 그러므로 수급을 조절할 수가 있으며 가격이 비교적 안정되어 있다. 따라서 소비도시에서 멀리 떨어진 고장에서라도 유리하게 재배할 수가 있다.

나. 재배 양식

양파는 해길이에 대한 반응이 품종에 따라 다르므로 기후와 온도에 따라서 아주 일찍 수확하는 것과 조금 일찍 수확하는 것, 일반 재배, 그리고 저장용 등으로 재배할 수가 있다.

다. 윤작(돌려짓기)

윤작관계는 비교적 단순하지만 지상부(地上部)가 왜성(矮性)이므로 여러가지 채소의 간작(間作)과 혼작(混作)으로써 쉽게 재배할 수가 있다. 윤작으로써 가장 많이 재배되는 것이 벼이고, 호박을 비롯한 박과작물과 배추를 비롯한 채소 등을 자유롭게 재배할 수가 있다. 또한 토마토와 양배추 그리고 담배에 이르기까지 그 폭이 상당히 넓다.

Ⅲ. 양파의 생리적 특성

1. 영양생장의 생리

가. 발아의 생리
양파나 파와 같은 파류의 종자는 보통 방법으로 저장하면 매우 수명이 짧아 1년이면 거의 발아력이 없어져 버리므로 그해 7월에 수확한 종자를 그 해 9월에 파종하는 것이 보통이다.

가을뿌림 양파의 파종기는 지역이나 품종에 따라 다르나 천주황양파는 그 지역의 연평균 기온이 15℃가 되는 날에서 소급하여 40일전을 중심으로 한 수일간이 파종적기라고 생각된다.

나. 발아와 환경요인
(1) 온 도
이나가와(稻川) 등에 의하면 발아의 최저온도는 4℃이고, 최고는 33℃이며 최적온도는 15~25℃의 범위인데 나까무라(中村)의 실험에서는 표 1과 같이 20℃ 정도가 최적이었다.

(2) 수분
토양수분과 발아와의 관계를 보면 표 2와 같이 토양성분이 적어도 잘 발아하는 종자라고 할 수 있다.

(3) 광선
발아시에 광선이 없는 쪽이 잘 발아하는 호암성 종자로 알려지고 있으나 땅에 떨어진 종자가 잘 발아하는 것을 보면 암흑이 절대적으로 필요하다고는 말할 수 없다.

〈표 1〉 양파종자의 발아와 온도와의 관계(암흑하)

항목 \ 온도	20℃	25℃	28℃	30℃	33℃	변온 33~25℃	변온 33~28℃
발아율(%)	74.40	74.10	69.70	41.70	16.80	72.20	59.40
25℃구를 100으로 한 비율	100.40	100.00	94.10	56.30	22.80	97.40	80.20
평균발아일수	4.55	4.10	4.58	5.06	5.28	4.86	3.05

〈표 2〉 토양함수량이 발아율에 미치는 영향

토양수분함량(%)	7	8	9	10	11	12	13	14	15
발아율(%)	0	0	75	90	91	90	91	91	91

(4) 산소 조건

산소 공급이 감소되면 발아가 억제되나 양파는 산소 농도가 낮아져 발아가 억제되는 정도가 비교적 적으며 탄산가스 농도가 높아져도 별로 발아가 억제되지 않았다. 즉 비교적 불량한 환경하에서도 잘 발아한다고 할 수 있다.

(5) 저장시의 환경조건

저장시의 종자에 다량의 수분이 함유되어 있으면 저장중에 갑자기 발아율이 저하해 버린다.

저장중의 안전습도는 온도에 따라서 달라 0℃이면 관계습도 70%까지 안전하게 저장할 수 있으나 온도가 상승해서 20℃가 되면 30%이하의 습도가 아니면 장기저장은 불가능해서 곧 발아력이 없어져 버린다.

2. 지상부 발육의 생리

가. 발육 순서

(1) 유묘기

발아후 25일째에서 약 2매, 75일째의 정식시에는 3.4매로써 50일간에 겨우 1.5매 증가하고 있다. 한편 뿌리도 25일째에서 5cm 내외로 되는 것이 대부분이고 75일째에서 10~20cm의 부정근이 많다.

이들 뿌리는 35일경부터 분기근(分岐根)이 되어 급속하게 증가하고 뿌리의 활동도 활발하게 된다.

(2) 정식시

정식시 묘를 너무 깊게 심으면 결주가 많아져 결구기에 들어가도 비대가 불량하다. 한편 너무 얕으면 겨울동안의 서릿발 피해나 기타 한해를 받기 쉬우나 결구기에 들어가는 것이 빠르고 비대도 양호하다.

채묘후 정식까지의 기간이 길어질수록 묘가 상처를 받아 활착이 불량하게 된다. 더욱 잎을 잘라서 심는 경우에는 한층 활착이 불량하게 되어 버린다. 그러나 묘가 너무 커서 불시추대하기 쉬울 때에는 잎을 일부 잘라서 심도록 한다.

(3) 1차 분얼

조파하거나 묘의 발육이 너무 좋으면 분얼이 발생하는데 이것은 채종 단계에서 분얼도태가 불충분하여 발생되는 것으로 생각되나 최근에는 비교적 적다.

일반적으로 11월 하순에 분화엽수가 10~12매, 전개수 7~8매이고, 묘의 굵기가 0.7~0.9cm의 것이 분얼되고 있다.

(4) 영양생장기

정식후부터 결구개시까지의 기간인데 그 장단은 일장, 일조, 온도, 비배관리 등에 따라 현저히 달라진다.

나. 지상부 발육과 외적조건

잎의 발육에는 엽수의 증가, 엽중의 증가 등이 있고 이것은 일장, 온도 등이 작용한다. 그림 1은 이들 관계를 표시한 것인데, 지온, 영양 등 많은 요인이 관련, 상부의 발육에는 근군의 발달이 결정적으로 관여하고 있다. 지온, 수분, 토양산소, 비료양분은 지하부의 발달을 촉진하고 일조, 일장, 토양수분, 영양분 등이 잎의 분화와 발육을 촉진하고 그 결과로써 또 지하부의 발달을 촉진하는 순환을 되풀이해서 발육하고 있다.

(1) 온도

그림 2와 같이 온도가 높아지면 신장량이 증가해서 엽장도 길어지는 경향이 있으나 25℃ 이상이 되면 잎의 신장량도 감소해서 엽장도 25℃보다 짧아진다. 잎의 수명에서 보면 25℃ 보다

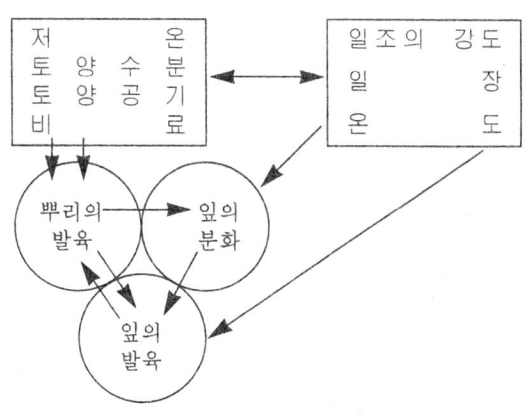

〈그림 1〉 지상부의 발육과 환경조건과의 관계

17℃ 쪽이 좋으며 한편 엽수는 고온일수록 증가가 현저하나 저온에서는 현저히 억제된다. 그러나 25℃를 넘으면 역시 노화가 현저하며 엽수의 증가는 적다.

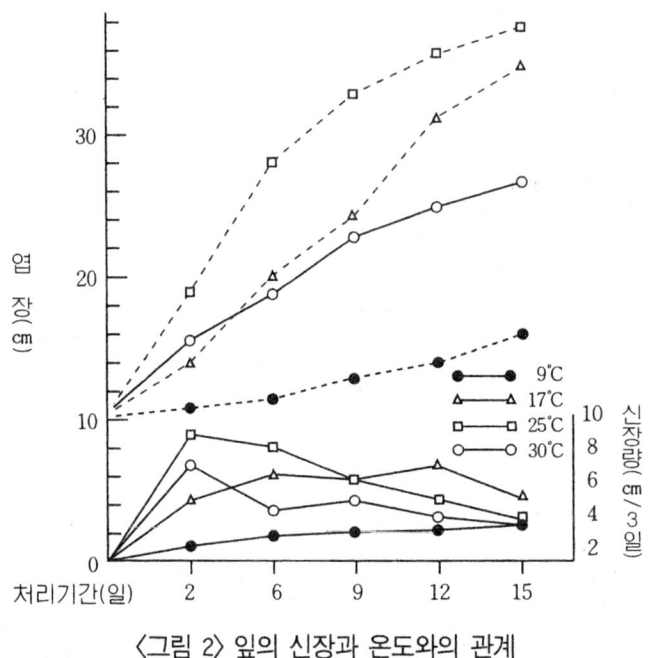

〈그림 2〉 잎의 신장과 온도와의 관계

(2) 광선의 강도

광선의 강도가 저하해 버리면 엽면적의 증가가 적어지고 이에 따라 엽중이나 엽수도 그 증가 속도가 저하해 버리므로 조금이라도 충분히 햇빛이 쪼이는 장소를 선택할 필요가 있다.

(3) 일장시간

일장시간이 길어짐에 따라서 생육이 현저히 왕성하게 되어 단일보다

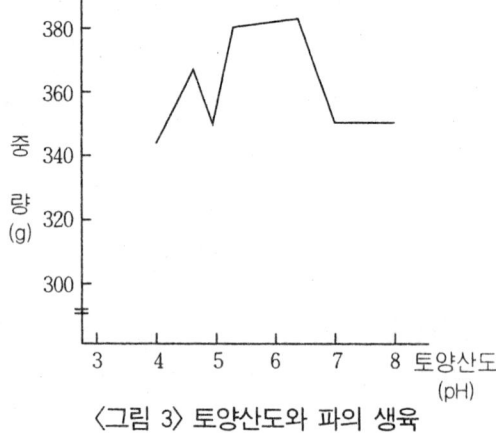

〈그림 3〉 토양산도와 파의 생육

장일이 되면 근중의 증가도 왕성하여 이에 따라 지상부도 잘 발육하고 있으나 결구후에는 근중감소가 심하고 엽신중도 감소하고 있다.

(4) 토양수분

구형성이 시작되는 것은 대략 3월 중순까지이며 수분이 많을수록 생육량이 많으며 거의 습해를 볼 수 없다. 그러나 3월 중순이후의 구비대기(球肥大期)에 들어가면 습해가 발생하기 쉽고 강우가 계속되면 습해를 받아 구의 비대가 억제된다.

1~3월의 유묘기에는 건조에 대해서도 강해서 생육에 큰 지장이 없으나 4월 이후에 건조는 발육을 억제하여 구의 비대도 불량하게 된다. 즉 구형성 전후부터는 수분이 많거나 너무 적어도 생육이 억제된다.

(5) 토양산도

그림 3, 4와 같이 pH4.0부터 7.0의 범위에서는 토양산도는 생육에 별로 영향을 주지 않으나 토양수분이 많은 상태가 되면 석회가 적은 토양에서는 심한 습해가 나타나게 된다.

또 석회가 적은 토양에서는 질소사용이 높아짐에 따라서 현저하게 농도 장해가 나타나 생육이 억제되며 또 암모니아태 질소의 피해가 발생하기 쉽다.

(6) 비료

질소, 인산, 칼리 중에서 외엽의 발육기에 필요한 것은 질소와 인산이며 칼리는 별로 중요하지 않다. 질소가 부족하면 생육이 억제되어 외엽부터 황화, 고사하게 되나 이 상태에서도 뿌리는 희고 활력있는 상태에 있다.

3월 상순 구비대 초기에 질소의 비효가 나타나도록 하면 엽수나 초장도 증가해서 구의 비대도 양호하게 된다. 따라서 이 시기 이외에는 부족하지 않을 정도로 질소의 비효가 지속되는 것이 바람직하며 반대로 질소가 너무 많으면 농록으로 되어 생육이 억제되어 외엽의 끝이 말라 버린다.

인산은 이 시기 특히 유묘기의 발육에는 매우 필요하여 다량 사용할 필요

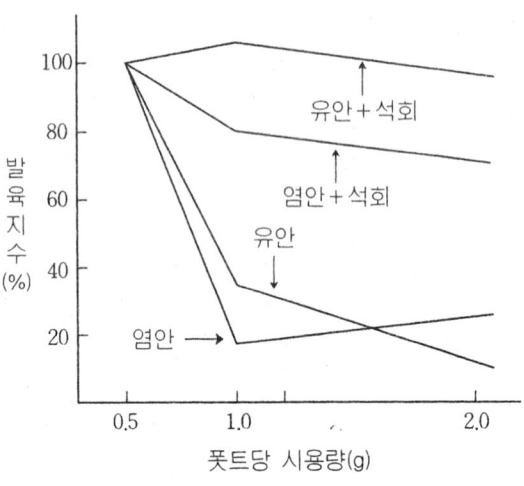

〈그림 4〉 양파의 농도장해의 발생에 미치는 질소비료와 석회

가 있다. 또 본포에서도 많은 편이 좋으나 묘상에서와 같이 많이 필요하지는 않다.

본포에서 인산만 많은 상태보다는 질소, 인산, 칼리의 3요소 공히 약간 많은 상태로 되는 것이 발육을 왕성하게 한다. 초장, 엽수는 결핍하지 않는 한 별 차이가 없다.

유엽기에 인산을 사용하면 경엽의 발육이 왕성하여 구의 비대를 양호하게 하므로 발육 초기에 비효가 나타나도록 해야 한다. 초기에 인산이 부족하면 그 이후의 사용해도 발육이 부진하며 부족할 때에는 농록색으로 왜화한다.

칼리는 영양 발육기에는 별로 영향을 미치지 않는다. 초장과 엽수도 칼리의 비효에 따라 차이가 없으나 구의 비대에는 절대 필요해서 이 시기에 부족하면 비대가 현저히 불량하다. 칼리가 부족하면 외엽의 끝부터 마르는데 최초 회색으로 세로로 변색하고 그후 담황갈색으로 고사한다.

또 석회, 붕소가 부족하면 어린 잎의 발육이 억제된다. 미량요소

는 아주 소량식 평균적으로 계속 흡수시키는 것이 필요하며 발육을 원활하게 하기 위해서 과부족이 있어서는 안된다.

　　석회, 고토 미량요소 특히 붕소는 건조, 다질소, 다칼리 등에 의해서 흡수가 저해되며 다습에 의해서도 영향을 받는다.

3. 구형성의 생리

가. 결구기구

　　봄이 되어 장일이 되면 지금까지 조금씩 발육하고 있던 외엽은 왕성하게 신장하기 시작하며 생장점에서 형성되는 신엽은 엽신이 짧은 잎으로 마침내는 엽신이 보이지 않는 엽초만의 잎, 즉 인엽(鱗葉)이 형성된다. 이들 일련의 경과는 유전인자가 일장에 반응해서 진행되는 광형태형성(光形態形成)이나 환경조건에 따라서도 크게 영향을 받는다.

　　인엽이 형성되면 점차 외엽의 엽초 기부도 비대하기 시작하여 외부에서 보아도 구가 형성된 것을 알 수 있게 된다. 이 인엽은 미분화의 세포군을 서단부에 가지는 엽초에서 생긴 잎이며 미분화의 세포군은 엽신 조직으로까지 발달하지 못한 부분으로 장일조건에 의해서 엽신 조직으로의 발달이 저해된 모습이 인엽인 것이다.

나. 결구개시의 외적 조건

　　장일자극에 의한 결구개시 즉 인엽형성이 시작되기 위해서는 일장시간과 그 반복에 의한 자극의 축적이 크게 관계하고 있다. 그리고 광질(光質)이나 밝기 등에 의해서도 자극의 강도가 변화하고 있고 품종 또는 체내의 질소 농도에 의해서 자극에 대한 감수성이 다르며 체내의 자극도 현저히 변화하나 근군(根群)의 활동 여하에 따라서 또는 엽면적의 감소 등에 의해서 전엽면적과 근군과의 활동 균형이 깨져버리면 결구

처리구	5월 10일	30	6월 20	7월 10	24	지상부중	구중	결구기부터 영양발육기에의 역전 비율
4일장일	├──┼──┼──┼──┤					-	185g	0
3일장일 1일단일	├──┼──┼──┼∿∿┤					154g	125g	35
2일장일 2일단일	├──┼──┼∿∿┼∿∿┤					97g	45g	80
1일장일 3일단일	├──┼∿∿┼∿∿┼∿∿┤					97g	26g	100
4일단일	├∿∿┼∿∿┼∿∿┼∿∿┤					30g	-	100

〈그림 5〉 장일 및 단일이 결구에 미치는 영향

개시에 조만이 생긴다.

또 자극이 충분해도 온도가 적당하면 인엽의 형성 반응에 빠르고 늦음이 생겨 결구의 조만을 초래한다.

(1) 일장시간

구가 개시되기 위해서는 장일(長日)의 자극이 매일 계속될 필요가 있으며 일장시간이 길면 길수록 자극은 강하고 짧은 기간 내에 결구가 개시된다.

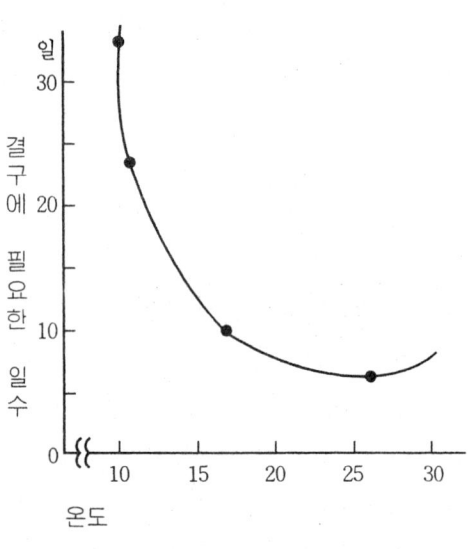

〈그림 6〉 24시간 일장하에서의 온도의 영향(품종:천주황)

(2) 일조와 광질

장일조건이 되어도 일조가 현저히 약하면 장일자극이 약하기 때문에 결구를 개시하지 않는다. 결구를 촉진하고자 할 때에는 충분히 강한 햇빛을 쪼여야 한다. 단일조건하에서 보광하여 장일조건을 만들어 결구를 촉진하고자 할 때에는 형광등을 사용해서는 안되고 백열등을 사용해야 한다.

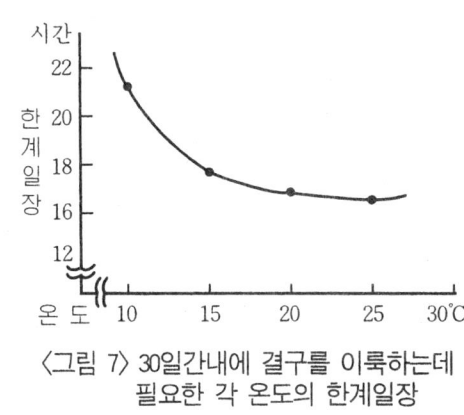

〈그림 7〉 30일간내에 결구를 이룩하는데 필요한 각 온도의 한계일장

즉 결구에는 원적외광(遠赤外光)이 효과적이며, 그 외에 청색광도 결구를 촉진한다.

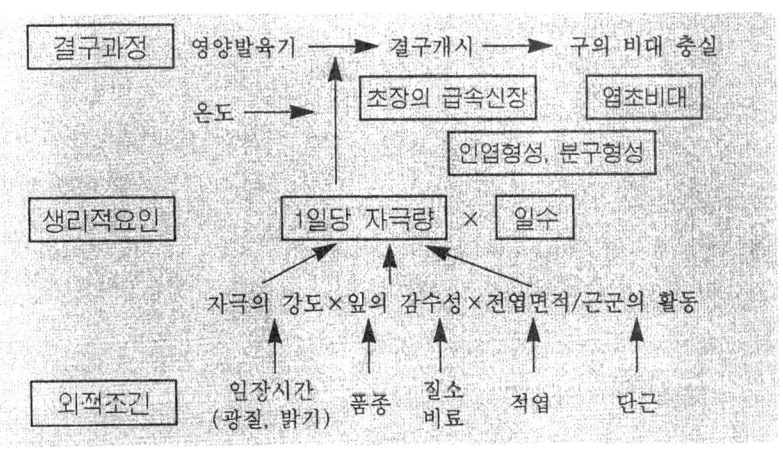

〈그림 8〉 결구개시의 외적조건

(3) 온 도

온도가 높은 편이 결구가 촉진되는데 온도가 직접 결구에 관계하기 보다 장일자극에 의한 형태형성이 온도에 의해서 영향을 받기 때문이다.

15℃부터 25℃의 범위에서 가장 빨리 결구에 들어가나 15℃ 이하가 되면 점차 저온이 됨에 따라 결구에 필요한 일수는 증가한다. 또 저온일수록 보다 긴 일장조건을 필요로 한다.

봄부터 초여름에 걸쳐서는 일장, 온도 모두 결구, 비대에 양호한 조건이 되므로 일반재배에서는 이 시기에 재배된다.

(4) 토양수분

토양수분이 많으면 수분과 더불어 비료분도 흡수되어 엽신내의 질소성분을 높여 구의 형성이 늦어진다. 그래서 단근(斷根)하여 흡수량을 줄여보면 결구가 촉진된다. 이것을 결구형성의 관점에서 보면 토양수분을 건조한 상태로 두는 것이 결구를 촉진하나 그 후 구의 비대, 충실에는 나쁜 영향을 미친다.

(5) 비 료

비료중에서 결구에 가장 나쁜 영향을 미치는 것은 질소이다. 일장이 한계일장에 가까우면 즉 장일자극이 적을 때에는 질소의 영향을 쉽게 받아 결구가 늦어진다. 따라서 결구를 앞당기고자 할 때에는 질소의 시용을 적게 하거나 비효가 늦게까지 남지 않도록 시비하여야 한다.

(6) 품 종

발아와 동시에 장일처리를 실시하여 결구까지 소요되는 보통 엽의 엽수을 조사해 보면 일장이 길수록 각 품종 공히 엽수가 적어도 결구에 들어가고 있으나 애지백(愛知白), 패총조생(貝塚早生)과 금정조생(今井早生), 산구갑고(山口甲高)와의 사이에 명확한 차이가 보인다. 즉 애지백, 패총조생에서는 일장시간의 여하에도 불구하고 잎이 2매 전개하면 3매째부터 인엽이 보이나 금정조생, 산구갑고에서는 14~16시간 일장에서 4매, 8~20시간 일장에서 3매 전개후에 인엽이 형성되고 있다.

따라서 전자는 후자의 품종에 비해 일장자극에 대해서 민감하게 반응하고 있다.

이와 같은 품종간 차이는 일장자극의 감수성의 차이에 기인하고 있으나 일반 재배에서는 일장에 대한 반응의 차이로써 적용품종이 정하여져 있다. 결구에 필요한 한계일장의 차이는 다음과 같이 분류되고 있다.

11.05시간 → 애지백(愛知白)
12.00시간 → 패총조생 (貝塚早生) (조생계)
12.05시간 → 패총조생 (만생계) 애지황조생
13.00시간 → 조생천주 (금정조생), 중생천주
13.05시간 → 중생천주, 만생천주
14.25시간 → 삿뽀로기 (札幌黃)

이 일장감응에서 보면 일반적으로 짧은 일장시간에서 결구하기 시작하는 단일성 품종일수록 조생형이 되고 결구에 긴 일장시간을 필요로 하는 장일성 품종일수록 만생형이 된다. 이것은 양파의 결구가 주로 봄부터 여름에 걸쳐서 점차 해가 길어지는 시기에 이루어져 단일성 품종일수록 빠른 시기에 결구에 필요한 일장시간이 얻어져 결구를 개시하기 때문이다.

4. 구 비대충실기의 생리

가. 구의 비대 충실

장일에 의해 생장점에서 인엽(鱗葉)이 형성되면 구형성이 시작되어 인엽이나 각엽의 엽초 기부가 비대하기 시작하여 구의 비대를 볼 수 있게 된다.

  비대가 더욱 진행되면 구내에서 분구하여 엽수가 증가하고 구의 비대가 조장된다. 이들 비대충실의 과정은 장일, 고온조건하에서 발생되는 것이며 날씨가 불량하여 서늘하면 구 비대가 불량하고 또 봄부터 저온이 계속되면 비대중에 화아분화해서 추대하게 된다.

  한편 순조롭게 비대충실하는 과정에서 도복하게 되며, 도복후 약 1개월이 지나면 수확기에 도달해서 휴면기가 된다.

  엽수형품종(葉數型品種)은 보통 편평구(偏平球)인데 대해서 엽중형 품종은 구형(球形)이며 또 조생종일수록 편평구인데 반해 만생종이 될수록 허리가 높은 구(腰高珠)가 되고 도복율이 적어지는 경향이 있다. 또 깊이 심으면 결구가 늦어질 뿐만 아니라 구의 허리가 높아지기 쉽고 반대로 얕게 심는 경우에는 편평(扁平)하게 되기 쉽다.

  구의 비대충실이 진행되면 잎이 엽초부분에서 구부러져 도복한다. 즉 파는 인엽(鱗葉) 형성에 따라 목부분의 속이 비게 되고 이 부분이 약점이 되어 구가 어느 정도 비대하면 바람이 불어도 쉽게 도복하게 된다.

  육모시에 제1차 분얼을 일으킨 묘를 정식해서 결구비대시키면 수확기가 되어 육묘기의 외엽이 보호엽으로 변화하며 이와같은 그루는 건조후 강우 등으로 갑자기 토양수분이 많아지면 열구하게 된다. 이때 도복해 있는 그루는 열구가 발생하기 어려우나 잎이 아직 푸르고 싱싱한 그루는 열구되는 경우가 많으며 한편 비대기에 들어가 구내 분구(分球)하고 있는 그루가 늦게까지 질소비효가 나타나거나 서늘한 기상조건이 되면 그루가 젊어져 내부에서 잎이 전개해서 변형구로 되는데 조생양파에서 늦게까지 비효가 너무 많이 나타나면 변형구가 되는 것이 많다.

나. 구 비대충실의 외적조건

(1) 일장 시간
일장시간이 길수록 장일자극이 강해서 결구가 빨리 시작되고 묘가 적은 상태로 비대하기 시작하므로 구의 비대 충실은 충분해도 비대량은 적어 소구가 되므로 결구개시까지는 충분히 큰묘로 키우는 것이 중요하다.

(2) 온 도
구의 형성 및 초기비대는 고온에 의해 촉진되나 구의 비대가 계속되기 위해서는 15℃ 정도의 비교적 서늘한 온도가 광합성과 합성물질의 전류를 위해서 좋다.

(3) 토양 수분
토양수분이 적당하고 통기가 좋으면 구의 비대충실도 양호하다. 일반적으로 지하수위가 높아도 양파에서의 구 비대충실에는 별로 영향을 미치지 않으나 50cm 이하일 때가 비대가 양호하다.
따라서 장마때나 답리작 지대에서는 지하수위가 높아지지 않도록 배수 또는 고휴로 하여야 한다. 3월 이후의 수분 부족은 구의 비대충실을 극히 불량하게 하므로 3월 이후에는 밭에 들어가 단근할 정도의 중경제초는 삼가하고 너무 건조할 때에는 관수해 주어야 한다.

(4) 토양통기
이상과 같이 양파의 구 비대충실에 있어 토양수분도 중요하며 통기 또한 중요한 것이다.
통기가 불량한 토양에서는 하엽의 말라오름이 빠르고 구의 비대도 불량하나 통기가 좋은 토양에서는 하엽의 말라오름이 적고 초장, 엽수도 증가하고 있다. 또 뿌리의 발육도 양호하여 구의 비대를 촉진하여 구가 고르고 결구긴도(結球緊度)가 양호한 구를 수확할 수 있다.

(5) 비료

어느 한가지의 비료가 부족해도 수량이 낮아지나 그 중에서도 질소가 부족하면 가장 영향을 많이 받는데 칼리, 석회의 영향은 뚜렷하지 않다. 질소가 부족하면 구의 비대가 불량할 뿐만 아니라 허리가 높은 구가 되기 쉽고 또 추대하기 쉽다. 반대로 질소분이 너무 많으면 비대가 늦고 병해를 받기 쉽다.

특히 3월 이후에 질소가 부족하면 구의 비대충실이 불량하며 질소는 유실이 많으므로 일시에 많이 사용하면 낭비가 많을 뿐 아니라 질소농도가 높아져서 생육장해를 일으키기 쉽다.

일반적으로 양파에는 유산근비료(硫酸根肥料)가 비효성이 높다. 인산부족에서는 엽근(葉根)의 생육이 불량하고 구의 비대도 결국 불량하나 과잉흡수하게 되면 병에 걸리기 쉬우므로 적당하게 사용할 필요가 있다.

용성인비와 같은 구용성인산(枸溶性燐酸)보다 수용성인산이 흡수되기 쉬우므로 과석이나 용가린 등이 잘 이용되고 있다.

칼리는 노화엽에서 신엽으로의 이동이 용이하고 잘 흡수되기 때

〈표 3〉 양파의 생육 및 수량에 미치는 통기의 영향

처 리	생 육		뿌리의 발육		수 량	
	초장	엽수	근수	근중	주당구중	㎡당수량
무통기구	54cm	13매	100본	17g	150g	2,040g
통기구	57 (106)	14 (103)	195 (120)	21 (124)	160 (112)	2,270 (112)

문에 구의 비대 충실에는 칼리의 영향이 적다. 칼리가 결핍하면 노균병에 걸리기 쉽고 또 칼리가 충분히 흡수되면 저장성이 있는 구가 생산된다고 한다.

칼리는 추비가 늦으면 비효가 나타나기 어려우므로 마지막 질소 추비전 잎의 생육이 왕성하기 전에 시용한다.

석회는 체내에서 이동하기 어려우므로 계속 흡수되도록 한다. 부족하면 뿌리나 생장점의 기능을 해치므로 탄수화물의 부족과 더불어 구의 긴도(緊度)가 불량하고 품질이 떨어진다. 더욱 저장성이 없는 구가되므로 토양산도의 개량을 겸해서 석회는 전층시비하도록 한다.

유황은 비타민B나 "유화아리루"의 성분으로 많이 필요하므로 유산근비료가 효과적이다. 붕소가 부족하면 심부구가 발생되기 쉽고 구의 긴도도 불량하며 특히 다질소, 다칼리상태하에서는 붕소의 시비효과가 높고 석회, 수분과 같이 흡수되므로 건조에 의한 붕소의 흡수저해에 유의하는 동시에 토양중에서도 부족하지 않도록 주의해야 한다.

(6) 거름주기

양파의 시비는 다른 채소와 달라서 인산의 효과가 현저하게 나타난다. 묘상으로부터 충분히 흡수시킨 묘는 활착이 좋고, 그 후의 발육도 빠르다고 한다. 또, 인산은 정식 후에도 일찍이 충분히 줄 필요가 있다.

〈표 4〉 인산공급기간과 생육 및 수량

처 리 구	잎무게(g)	구무게(g)	건물률(%)
전생육기간+인산	172	440	8.3
12월 7일부터 - 인산	25	62	8.1
2월 28일부터 - 인산	74	436	7.9
12월 27일부터 + 인산	138	425	8.5
2월 28일부터 + 인산	66	222	6.7
12월 27일 ~ 2월 28일 + 인산	88	327	9.6

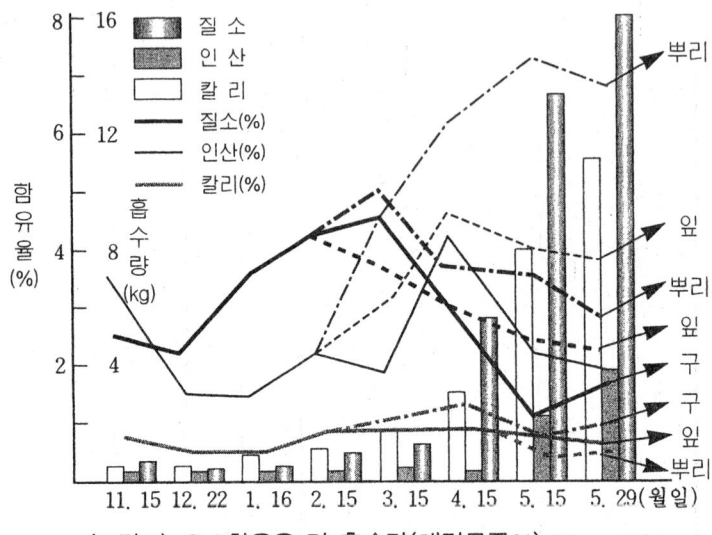

〈그림 7〉 요소함유율 및 흡수량(대건물중%) (景山, 1958)

질소도 물론 중요한 비료요소로서 구비대의 개시기까지 발육할 수 있도록 주어야 하지만 너무 늦게까지 비효가 계속되며 성숙이 늦어져 저장력에는 큰 영향을 준다고 한다. 칼리의 영향도 커서 특히 구비대기에 부족하면 구비대가 덜 된다고 한다. 西村, 景山 등이 양파에 대한 인산의 시기별 영향을 조사한 것을 보면 조기에 인산을 주어 빨리 뿌리를 뻗게 하는 것이 필요하고, 후기에 인산의 영향은 그렇게 많지 않다. 꽃눈분화기에 질소분이 부족하면 추대가 많다는 보고가 있다.

암전씨는 시비기준량을 성분량으로 10a당 질소 20~25kg, 인산 20~25kg, 칼리 15~20kg 정도면 좋다고 한다.

(7) 조기추대

조기추대의 주원인은 묘의 크기에 따라 저온에 감응되어 꽃눈분화가 되나 이 점에 관한 연구는 양배추에 비하면 명확하지 못한 점이 있다. 우선 양파는 어느 크기의 묘가 3개월 전후 저온에 처하면 꽃눈이 분화한다. 봄에 며칠동안 온도 조건에 의해 꽃눈이 분화하기도 하고 안하기도 한다. 또 질소분이 불충분하면 꽃눈분화가 되어 추대가 많이 생긴다. 꽃눈분화가 일어나기 쉬운 온도는 5~10℃로 생각되나, 17~18℃ 이하의 온도에 오랫동안 처하면 꽃눈이 분화한다. 또 10~15.5℃ 온도에서는 모두 꽃눈분화를 하

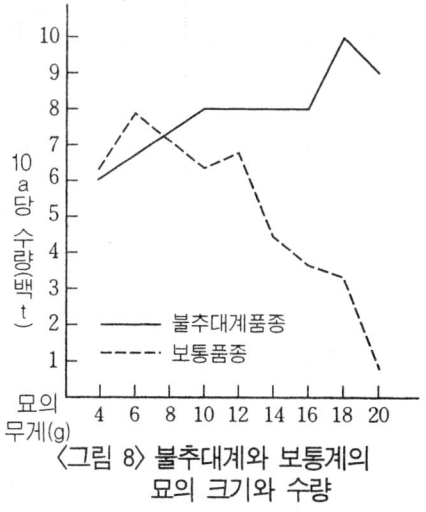

〈그림 8〉 불추대계와 보통계의 묘의 크기와 수량

고 15.5~21℃에서는 약간 분화되며, 21~26.5℃에서는 전부 꽃눈분화하지 않는다는 실험보고가 있다.

저온에 감응되는 묘 크기의 한계는 명확하지 않고, 품종간 차가 있으나 대체로 보통품종에서는 본잎 12~13장, 조생계에서는 추대도태된 것은 15~16장 정도로 생각된다.

(8) **분 구** : 분구는 비교적 초겨울에 1~2개로 나누어져 싹이 나는 경우가 있다. 한편, 구의 비대가 시작되어 수개로 나누어져 싹이 나는 경우도 있으나, 이 경우에는 외측의 인엽이 그대로 구를 형성하지 않기 때문에 문제가 되지 않는다. 분구는 묘가 크고 겨울철이 따뜻할 경우 많아진다.

(9) **구의 비대와 휴면**
① 구의 비대
구의 형성에 필요한 본잎의 수는 극히 적고 품종에 의해 어느 정도 다르나, 보통 4~8장 전후라 한다. 구의 형성은 결구라고도 하나 양

배추 등과 같은 결구현상과는 전혀 다르다. 단순한 비대현상도 아니고 잎의 생장상태의 변화에 의한 것이다. 엽신의 생장억제, 엽초의 비후에 의한 잎의 인경화와 새잎의 분화와 분구, 잎수의 증가에 의해 형성된다.

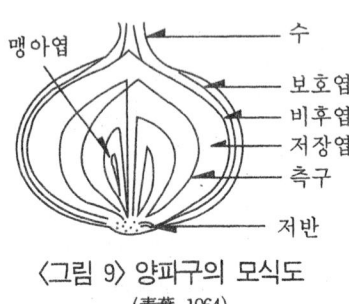

〈그림 9〉 양파구의 모식도
(靑葉, 1964)

보호엽(2~수장):엽신・엽초가 말라 죽어 막상인 것.

비후엽(수장):엽초가 비후한 잎.

저장엽(2~4장):엽신이 거의 발육하지 못한 엽초가 비후한 잎. 다음 맹아기에도 엽신은 신장하지 않는다.

맹아엽(2~3장):저장엽과 비슷하나 비후도는 저장엽만 못하다. 다음 성장기에 새잎으로 발육한다.

보통엽(3~5장):저장중에 다시 증가하나 그렇게 비후하지 않고 다음 성장기에 새잎으로 된다.

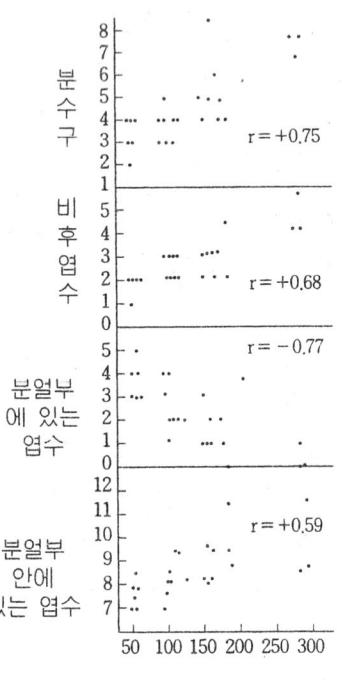

〈그림 10〉 양파구의 크기와 구성 엽수, 분구수와 관계

　　　　　구의 형성에 비대해서 수확기에 달한 구의 외측으로부터 보호엽・비후엽・저장엽・맹아엽・보통엽 등으로 형태가 다른 종류의 잎으로 구성되어 있다. 보통 구 내에 4~5개 정도의 분구가 생겨 분구는 4잎 또는 3잎에서 형성되는 경우가 많다. 대구는 소구에 비해서 비후엽수・분구내부엽수・분구수가 많고 엽초가 두껍다. 그러나, 대구에서는 일찍 분열되기 때문에 분구와 저장엽수는 일반적으로 적다. 또, 구를 구성하고 있는 인경의 수와 형태는 품종에 따라 상당한 차이가 있다. 조생품종

은 두껍고 비교적 적은 수의 인엽으로 되어 있고, 만생종은 반대로 비교적 얇은 다수의 인엽으로 형성되어 있어 여기에도 엽중형·엽수형이 인정된다. 구무게의 형성으로 보면 비후엽이 그 대부분을 차지하여서 거의 85%에 해당된다.

② 휴면의 각성과 맹아

구내의 맹아엽은 자연온도에서 깨어난 후 40~50일경부터 발아하기 시작한다. 따라서, 엄밀한 의미의 휴면기는 비교적 짧다. 맹아의 늦고 빠름은 품종에 따라 차이가 있으나, 휴면기의 장단의 차보다는 맹아신장속도에 의한 차가 더 크다. 완숙을 기다려 깨어난 것보다 잎의 황변기에 깬 것이 맹아가 빠르다. 또 대구보다 소구가 맹아가 늦은 것은 휴면각성기의 문제보다도 체내수분이 적고, 또 가용성 고형분이 많은 것이 맹아를 더디게 하는 것이라고 한다. 특히, 휴면의 각성은 3~5℃의 냉장에서 더디게 되는 것이 아니라, 휴면각성 후의 맹아의 신장은 더디게 될 뿐이다. 30℃ 정도의 고온으로 하면 각성은 빠르나 맹아는 되지 않는다. 20℃ 전후가 맹아가 가장 빠르고 고온이나 저온에서는 맹아가 억제되기 때문이다.

③ 맹아지연제 처리

생장억제제인 말레익하이드라지이드(maleic-hydrazide)는 구의 생장점에서 작용하여 맹아를 억제하는데 현재 많이 사용하고 있으나 종종 문제가 있다. 즉, 약제의 농도가 높거나 또는 살포가 너무 빠르면 구의 충실도가 나쁘고, 오히려 중심부의 기능장해를 일으키며, 많이 부패한다. 이와 반대로 농도가 낮으면 효과가 없다. 또한 적정한 살포를 하여도 보통 저장에 있어서는 그 효과가 길지 않다. 약제는 생활기능을 가지는 잎으로부터 흡수해서 생장점으로 가기 때문에 잎이 완전히 말라 죽은 후에 살포하는 것은 무의미하고, 잎이 아직 녹색을 지니고 있을 때 살포해야 한다.

줄기의 잎이 도태하기 시작하는 시기를 중심으로 해서 1주간이 살포시기이고, 가장 적당한 시기는 도복율이 30~40% 정도일 때이다. 살포 후 12시간 정도 비가 오지 않아야 효과가 있다.

5. 쫑

양파에 꽃눈이 생기는 것은 밑둥의 직경이 9mm 이상의 모가 10℃이하의 저온에서 지내면 일어난다고 한다.

그래서 4월경 잎사이에서 봉우리가 나오고 6월에 꽃이 핀다.

양파에 쫑이 나게 되면 발육도 떨어지고 양분은 꽃줄기가 자라는데 소모하므로 품질이 나빠지고 알속에 굳은 대가 생겨서 저장력도 떨어진다. 쫑이 난 포기는 잎이 4~5장 정도 밖에 되지 않으며 알의 두꺼운 껍질도 4~5장 밖에 되지 않으므로 충분한 알의 비대를 기대할 수 없다.

반면에 쫑이 나지 않은 포기는 5월 중순경이 되면 벌써 8~9장의 잎이 생겨서 쫑이 난 포기에 비하여 약 2배의 잎을 가지게 되는 것이다.

그러므로 2배 이상의 동화작용을 하게 되고 2배 이상의 발육을 하게 되는 것이다. 이에 대하여 조사한 바에 의하면 쫑이 난 것은 쫑이 나지 않은 것의 60% 이상 비대하지 못한다는 것이다.

양파는 큰모를 심으면 쫑이 더 나고 작은 모를 심으면 쫑이 덜하다.

그러나 작은 모를 심으면 쫑은 나지 않으나 수확이 오르지 않으며 큰 모를 심으면 쫑이 나는 것이 많다고 하더라도 수확이 오르기 때문에 큰 모를 심는 것이 유리하다.

예를 들면 5%의 쫑이 났다고 하더라도 큰 모를 심으면 95%의 수확으로도 작은 모를 심은 것보다 많이 수확한다는 것이다.

그러나 큰 모를 심어서 쫑이 10% 이상 난다고 하면 잘못이다.

품종을 설명할 때에 말한 바와 같이 쫑이 나는 것은 달라서 일반적으로 아이찌백, 가이스까조생, 센슈불추대계 등이 적고, 삿뽀로황, 황괴 등은 쫑이 많이 나온다.

또한 일찍 파종해서 모가 일찍 커지게 되면 꽃눈이 분화해서 쫑이 나게 되는 것이 많다. 묘상에서 모가 너무 드물어도 너무 굵어져서 쫑이 나게 되고 모의 표준크기는 밑둥이 6~7mm정도이다.

한편 육모할 때에 비료가 적어서 육모날자가 오래 걸리게 되면 영양불량으로 인해서 모가 노화되고 쫑이 나오기 쉽다.

너무 늦게 정식해도 같은 결과를 초래한다.

쫑이 난 양파는 일찍 수확해서 잎양파로 사용하는 것이 좋으며 저장력이 낮기 때문에 속히 처분하여야 한다.

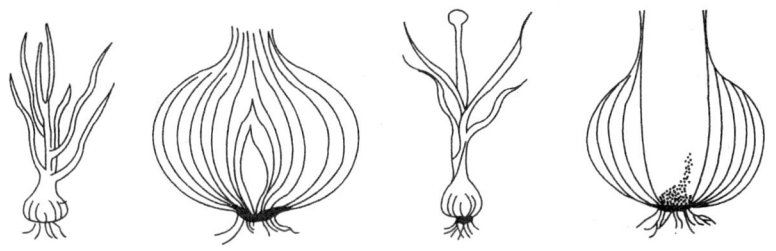

[좌 : 보통 것   우 : 쫑이 난 것]

〈그림 11〉 마늘 종의 형태

6. 휴면의 생리

가. 휴면의 과정

구가 비대충실하게 되면 근군의 활동이 저하해서 수확 후에 발육에 가장 적당한 조건을 주어도 싹이 트지 않는다.

실험결과에 의하면 7℃의 토양에 심은 구는 24℃, 28℃의 토양에 심은 경우보다 싹틈이 빠르기는 하나 약 1개월동안은 싹이 트지 않았는데 이것은 양파의 구가 약 1개월 정도는 체내생리에 의해서 휴면이 유발되었기 때문이다. 이것을 자발성휴면(自發性休眠)이라고 하며 17℃보다 고온이면 싹틈이 늦어지는데 이것은 휴면기간이 고온에 의해서 길어지고

〈표 5〉 4요소와 수량비

처리구별	화산회중적토		중 적 토	
	패총조생	금 정	岐阜黃	札幌黃
4요소구	100.0	100.0	100	100
무비료구	12.5	22.8	17	86
무질소구	28.9	24.7	28	91
무인산구	50.5	63.5	43	87
무칼리구	75.5	79.5	60	98
무석회구	67.5	97.5	81	-
작 형	추파재배		추파재배	춘파재배
보고자	勝又 등 (1962)		岐阜農試 (1959)	南 등 (1964)

〈표 6〉 휴면에 미치는 습도의 영향

휴면의 정도	처리	대조구 (실온)			건조구 (40~50%습도)			습윤구 (90~100%)			매장구		
		발아	발근	부패%	발아	발근	부패%	발아	발근	부패%	발아	발근	부패%
자발성	7일후	0	0	0	0	0	0	0	0	0	0	40	0
	30일	0	0	0	0	0	0	0	0	40	0	40	20
	60일	0	0	10	0	0	0	0	0	100	20	100	60
타발성	25~30℃	0	0	10	0	0	0	10	40	60	-	-	-
	10~15℃	-	-	-	0	0	0	60	100	0	-	-	-

〈표 7〉 경엽제거와 맹아 및 부패와의 관계

항목 월일 구별	맹아구수								부패구수			공시 개수	평균 저장 일수(일)
	9월		10		11			12	8	9	10		
	6일	19	1	10 19	1	12 22	4	19	22	6	1		
경엽을 제거 하지 않은 구	1	3	1	3 5	12	5 6	2	1	3	3	2	47	101.5
경엽을 제거한 구	2	2	8	12 7	2	1 -	-	-	7	6	0	47	77.8

있음을 나타내며 이것을 타발성 휴면이라고 부르고 있다.

즉, 타발성휴면을 잘 조절하여 저장기간을 연장하는 것이 상품성을 높이는 것인데 일본의 아오바(靑葉)가 실내저장에 금정조생(今井早生)을 공시해서 구내의 엽수 및 엽장비율을 맹아율과 관련시켜 조사한 결과를 보면 구내의 생장개시기는 파낸 다음 40~50일경이고 휴면 1개월이나 일반적으로 맹아라고 불리는 구 외에 잎이 나타나는 것은 다시 1개월 이상이 걸린다.

나. 휴면의 외적조건

햇빛이 약한 조건하에서 비대한 구는 싹틈이 현저히 빠르며 질소의 비효가 늦게 나타난 구나 늦게 질소를 추비한 구는 싹틈이 빠르다.

도복시기가 늦은 구는 조기에 도복한 구보다 싹틈이 늦어 50% 싹트는데 필요한 일수로써 약 40일이 차이가 나타난다. 또 묘의 대소에 따라서 구의 대소가 생겨도 맹아기에 차이는 없으나 일조의 제한이나 질소 추비 등에 의해서 구의 대소가 발생했을 때에는 맹아기에 차이가 생기기 쉬운 것은 생리적인 차이에 의하는 것이다.

저온, 고온의 영향은 자발성 휴면기간을 길게 하는 것이 아니라 타발성 휴면기간을 연장하는 것으로 생각된다. 고온의 경우에는 저온의 경우보다 현저히 부패를 초래하며 전기를 고온으로 하면 그 후에 저온으로 저장해도 휴면을 타파하는 것과 같은 자극작용이 있어 붕아가 촉진된다.

휴면기에 건조나 다습상태에서는 맹아, 발근에 영향을 주지 않으나 다습구에서는 부패가 많아진다. 시험결과 9월 1일부터 3주간의 휴면각성기의 건조상태에서는 15~10℃나 30~25℃에서도 맹아발근하지 않으나 습윤구에서는 양 온도구에서 맹아, 발근이 보였다.

휴면이 끝나고 맹아기(9월 하순~10월 이후)에서는 상온에서 현저히 맹아가 나타나나 건조구에서는 어느 정도 그 속도가 억제되고 있다. 경엽을 손상시킨 구를 저장하면 표 7과 같이 매우 맹아가 빠르다.

7. 화아분화와 추대의 외적조건

가. 화아분화

화아분화와 추대에 미치는 외적요인의 영향에 관한 모식도를 표시하면 그림 12와 같다.

생육일수와 더불어 그루는 발육해서 대주로 되며 이것이 어느 크기 이상으로 되어 저온을 만나면 화아를 분화해서 추대하게 된다.

물론 품종에 따라 저온에 대한 감응도는 다르며, 화아형성에 필요한 저온 경과일수도 다른데, 이와 같은 식물을 녹식물감응형(綠植物感應型) 작물이라 하며 장일에 의해서 추대가 이루어진다.

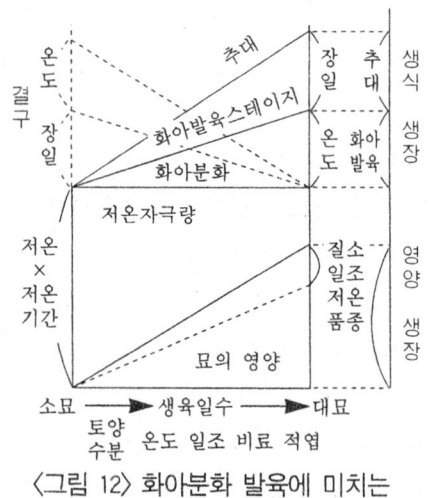

〈그림 12〉 화아분화 발육에 미치는 외적요인의 모식도

이 저온자극은 생장점에서 감수되나, 비료, 토양수분, 일조 조건 등이 바뀌어 생장점 부분의 영양조건이 바뀜에 따라서 저온감응도 거기에 따라 변화하게 된다.

〈표 8〉 묘의 크기와 화아형성과의 관계 (六戶 등, 1971)

묘의 크기	저온처리일수								
	20일	30일	40일	50일	60일	70일	80일	90일	100일
11.1	XXXX	XXXO	XXOO	OOOO	OOOO				
10.1	XXXX	XXXX	XXXO	XXOO	OOOO	OOOO			
9.4	XXXX	XXXX	XXXX	XXXO	XXOO				
8.6	XXXX	XXXX	XXXX	XXXO	XXOO				
7.7		XXXX	XXXX	XXXX	XXXO	XXXO	XXOO		
6.4		XXXX	XXXX	XXXX	XXXO	XXXO	XXXO		
5.0			XXXX	XXXX	XXXX	XXXX	XXXX	XXXX	
2.8			XXXX	XXXX	XXXX	XXXX	XXXX	XXXX	XXXX

※ 저온 9℃, 품종 : 천주황   X 미분화   O 분화

(1) 온 도

저온은 화아분화에 대해서 효과적이며 모구를 저장해서 그 저장온도를 여러가지로 변화시켜 시험한 결과를 보면 0~5℃보다 10℃ 쪽이 최적온도인 것 같다.

여러가지 크기의 묘 및 구를 9℃의 온도로써 처리한 결과 다음과 같은 결과를 얻었는데, 묘의 크기가 클수록 화아형성에 필요한 저온처리일수는 짧아지고 있다. 또 저온처리시의 엽초부의 직경이 5mm이하의 묘는 화아를 형성하지 않는다.

또 모구를 심어 싹튼 그루에서도 같은 결과가 보이며 화성을 위해서는 20g 이상이 필요한 것 같다. 이들의 한계의 크기도 품종에 따라 달라 삿뽀로기(札幌黃)는 천주황보다 작은묘 또는 구로써 저온에서 감응하는 것 같다.

일반적으로 화아분화를 시작하는 것은 2월 하순부터 3월 상순인데 화아분화에 필요한 저온처리기간은 대묘로는 약 1개월이며 작아짐에 따라서 길어져 3개월도 소요되게 된다.

(2) 일조의 강도

저온은 절대 필요하나 묘의 크기가 5mm에 가까우면 일조가 불량한 약한 광선하에서는 일조가 강한 경우에 비교해서 매우 긴 저온기간을 필요로 한다.

(3) 일 장

화아의 분화발육에는 일장시간이 별로 관계되지 않은 것 같으며 충분한 저온처리 후에는 약간 고온인 편이 화아 발육에 좋다.

(4) 질소비료

화아분화 전의 질소비료의 사용이 많아짐에 따라서 추대율이 감소하고 반면에 수확주수가 증가하고 1구중도 증가해서 수량이 높아지고 있다.

질소를 추비하지 않고 질소성분이 부족하게 되면 추대가 많아지므로 3월 중에는 추비를 적당히 실시할 필요가 있다.

(5) 품 종

정식시의 묘가 큰 것은 각 품종 공히 추대율 및 분구율(分球率)을 증가시키고 있는데 패총조생(貝塚早生)에서는 증가비율이 현저히 높으나 보통 품종에서는 6~8g의 묘를 이용하는 것이 수량이 가장 높다.

나. 추대

온도가 20℃이고 장일이면 화아의 발달과 추대가 억제되어 구의 비대가 이루어져 추대주수는 전연 보이지 않는다. 그러나 자연온도로써의 저온에서 조금씩 온도가 상승되는 경우 장일조건하에서 추대가 보인다.

    자연일장하에서는 5월 중순에 추대가 보이므로 장일에서 화경(花梗)의 신장(추대)이 촉진된다고 할 수 있다. 다만 어느 정도 발육한 화아가 장일에 의해서 촉진되는가 하는 것은 명확하지 않다.

8. 채종 생리

가. 입지 조건

    개화기중의 강우가 크게 영향을 끼치는데 개화기중의 월강우량이 150㎜이하이면 채종적지의 조건이 되며 다음으로 피해가 큰 스립스(총채벌레)가 적은 지대가 바람직하다. 스립스의 생태상 토양표면을 습윤하게 유지하는 것이 그 번식을 억제하는데 도움이 되므로 논을 이용한 채종재배도 한 조건이 된다.

    또 한가지는 병해의 피해를 감소시키는 점에서 장마기간에도 통풍이 좋아 빗방울의 증발이 빠른 지대로써 비옥한 토양이 바람직하다. 이 지대는 주로 하천유역으로 충적토가 선택되고 있다.

나. 채종 재배

    양파는 퇴화하기 쉽기 때문에 양질의 종자를 생산하기 위해서는 항상 우량모구를 선택할 필요가 있다. 우량모구는 품종고유의 형질을 갖춘 대구를 말하는데 생육이 좋은 밭에서 수확전에 예비선발을 해서 우량모구를 선발해야 한다.

    모구는 보통보다 1주일 정도 빨리 수확해서 통풍이 좋은 광에 매달아 저장중의 부패를 막는다. 모구는 큰 것을 사용하면 1주당 화구수(花球數)와 채종량도 많아진다. 10a(300평)당 채종량은 재식주수와 관계가 깊으므로 유의해야 한다.

　일반적으로 3,000~4,000구가 정식되고 있는데 모구의 정식은 10월 중순으로 이랑은 90cm폭의 1조식 또는 150cm폭의 2조식이고 주간 30~45cm로 한다. 익춘 평균기온이 14~15℃가 되면 화경(花莖)이 추대해서 많은 것은 1주에서 10~15본 정도 나오는 것도 있으므로 발육이 나쁜 것은 뿌리 밑에서 잘라내어 1주 4~5본으로 한다.

　화경이 나온 후에는 그루 밑에 배토하고 가로로 새끼나 가는 대를 쳐서 도복을 막는다. 개화는 화구의 정부에서 평균기온 18~20℃경에 시작된다. 그래서 점차 하부로 옮기나 개화 후 40일 경에서 종자가 성숙하므로 수확은 1화구의 70~80%가 성숙해서 정부(頂部)의 꼬투리가 찢어져 검은 종자가 보이기 시작하는 것부터 화경을 30cm정도 달아서 베어낸다.

9. 저장의 생리

　수확 후 일정기간은 자발성 휴면이 있어 이 기간에는 싹이 트지 않으나 휴면각성 후에는 환경에 따라서는 용이하게 싹이 트고 외관이 나빠지고 부패해서 상품가치를 상실한다. 저장의 생리는 수확부터 붕아까지 사이의 생리로써 전기에 많이 발생하는 부패를 방지하고 후기에 나타나는 붕아를 어떻게 늦추는가에 있다.

가. 저장중의 생리

　수확 후에도 호흡에 의해서 저장양분이 감소하나 이 기간은 호흡이 적고 구중의 변화도 매우 적다. 그러나 비타민류는 저장과 더불어 감소하고 저장양분의 당분도 바깥쪽 잎부터 점차 감소해간다.

나. 저장의 외적조건

(1) 재배조건

토양에 따라서 부패나 붕아속도가 다른데 현무암토양(玄武岩埴土)이나 해성충적토양(海成沖積埴土)에서 생산된 구는 부패가 적으나 안산암토양(安山岩埴土)이나 해성충적사양 토양구에서는 부패, 붕아율 모두 높고 저장성이 낮다.

이것은 토양수분과 비옥도에 관계하고 있는데 생육말기에 충분히 토양수분을 조절할 수 있도록 고휴로 할 필요가 있다.

지하수의 높이를 바꾸어서 재배해 보면 지하수가 높을수록 저장 중에 부패구가 발생하기 쉬우므로 적어도 50cm 이하에 있는 것이 바람직하다. 또 연작토양에서는 병균의 밀도가 높아서 부패가 심하게 발생하므로 피해야 한다.

부패하기 쉬운 구는 수용성 질소나 인산이 많이 집적하고 석회와 칼리의 함유량이 적어지고 있다. 따라서 질소와 인산의 과용을 피하고 석회, 칼리를 충분히 사용하는 것이 좋으나 어느 비료의 과용도 저장성을 낮추는 경향이 있으므로 증수를 목적으로 하는 이외는 과용하지 말 것이며 특히 질소의 늦은 비효는 부패를 많게 할 뿐만 아니라 붕아를 촉진한다.

품종에 따라서도 저장성이 다르며 또 수확시기는 수량 및 저장성의 양면에서 매우 중요한데 일반적으로 도복율이 70~80% 정도에서 수량이 많고 저장성이 있는 구를 수확할 수 있다.

대구는 목이 길고 구의 긴도(緊度)가 불량해서 부패하기 쉬우며 노출구는 고온시에 구가 고온장해를 받기 쉬우므로 배토를 하거나 수확 후 곧 냉장할 필요가 있다.

(2) 구의 취급

구는 수확후 1주정도 밭에서 그대로 건조할 필요가 있다. 48℃에서 12시간 건조하면 흙이 붙은 구도 거의 건조한다. 그러나 24시간 이상 건조하면 반대로 부패구가 증가하므로 16~24시간이 적당하며, 다우, 다습할 때에는 반드시 실시해야 한다.

취급 중에 상처를 내면 붕아를 앞당기며 부패도 많아지므로 경엽을 자를 때에는 경엽을 잘라도 즙액이 나오지 않을 정도로 건조한 다음에 자르도록 한다.

10. 꽃눈분화와 추대 생리

양파는 저장한 모구를 가을에 발아시켜 이듬해 봄에 개화·채종한다. 개화기를 장마철 이전에 하기 위하여 모구를 냉장해서 꽃눈분화를 빠르게 하여 꽃을 빨리 피게 하려고 하나, 5~10℃에서 2개월 정도 냉장하여 심은 모구는 보통 저장하여 심은 모구보다 2개월 정도 꽃눈분화기는 빨라지나 개화기는 겨우 수일 내지 10일 정도밖에 빠르지 않다. 이것은 분화 후의 화경의 발육이 정체하기 때문에 모구의 냉장만으로는 개화기를 변동시키기 어렵다. 화경의 발육은 이듬해 봄의 기온 영향이 크다. 비닐 피복 등으로 온도를 높이면 개화기를 2주 이상 빠르게 할 수 있다. 모구는 저장일수에도 관계가 있으며, 고온저장의 경우에는 추대개화기가 늦고 채종량도 적다. 0~5℃의 저온저장의 경우에도 오히려 추대개화기가 늦고 채종량이 적으며, 10~12℃ 정도의 저장이 개화도 빠르고 채종량도 많다.

Ⅳ. 재배작형과 품종

1. 재배작형

가. 재배작형

〈표 1〉

재배작형	파종기	정식기	수확기
● 추파재배			
극조생	8중 ~ 8하	10상 ~ 10중	4상 ~ 4중
조생종	8중 ~ 8하	10상 ~ 10중	5상 ~ 5하
중만생	8하 ~ 9중	10중 ~ 11상	6상 ~ 7상
● 춘파재배			
여름재배	1중 ~ 2중	3중 ~ 4중	7상 ~ 7중
가을재배	3중 ~ 3하	5중 ~ 5하	9상 ~ 9중
겨울재배	2하 ~ 3상	8하 ~ 9상	12월 ~ 1월

나. 재배품종

〈표 2〉

재배작형	품 종	재배지역
● 추파재배		
극조생	OX, OA 마루시노 등	제주 및 남해안
조생종	패총조생, 기타조생종	제주 및 남해안
중만생	천주황, 천주대고 등	내륙지방
● 춘파재배		
여름재배	천주황	제주 및 남해안
가을재배	삿뽀로기	해발 600m 이상 고냉지
겨울재배	하야데, 오파루, 후유다마	제주지방

다. 작형별 재배면적

〈표 3〉 (ha)

	전체면적	극조생재배	여름재배 (남해안)	가을재배 (고냉지)	겨울재배 (제주)
'82	14,333	-	-	-	-
'83	14,545	159	-	-	3
'84	5,289	432	37	200	108
'85	10,749	312	2	-	35
'86(P)	11,000	300	-	200	100

라. 잎양파 재배

　조생종 양파의 수확기보다 앞서서 비대하기 전에 양파를 잎이 달린 채로 출하하는 것을 잎양파재배라 한다. 이 시기는 파의 추대가 시작되는 시기이므로 파대용으로 환영을 받는다. 잎양파는 엽채와 같이 그 신선도에 주의해야 하며, 장거리 수송은 곤란하다. 품종은 별도로 있는 것이 아니고 보통 재배종을 쓰면 되는 것이다. 파종·정식은 보통재배보다 5~7일 일찍하면 되고, 겨울이 되기 전에 포기를 크게 하는데 힘써야 하며, 보통재배와 달라서 추대에 대한 염려는 할 필요가 없다.

　봄 일찍 양파구의 비대는 어느 정도 진전되고 경엽(莖葉)이 아직 억세게 경화되지 않은 상태에서 잎을 붙인 채로 수확, 출하하며 이 시기에는 양파의 줄기, 잎이 모두 식용부분이 된다.

　완전히 비대된 조기출하용 알양파가 나오기 전인 3~5월에 출하되기 때문에 재배지역은 따뜻한 난지일수록 유리하며 우리나라의 최남단인 제주도에서 3~4월에, 전남·경남의 남부해안지역에서는 4~5월에 출하된다.

　잎양파로 출하되기 때문에 양파구가 전혀 없어서는 안되며 구 비대 성기에 들어선 것으로써 가급적 일찍 양파구가 커진 것이 좋다.

따라서 품종으로는 저온하에서도 일찍 생육을 시작하고 비교적 단일조건에서도 빨리 비대되는 초극조생계의 품종이 적합하다.

조생계통 교배종 양파는 평균기온은 10~12℃, 일장 11시간 30분 정도의 저온·단일하에서 구비대를 시작하고 또한 비교적 크게 빨리 비대되므로 가장 일찍 수확되는 잎양파 또는 알양파 수확용으로 최적 품종이다.

잎양파 출하재배는 알양파 이전에 출하하여야 하기 때문에 일반 재배의 파종기보다 10~15일 조기 파종하고 대묘를 조기 정식토록 한다.

일반재배의 경우 대묘정식은 추대를 유발하지만 잎양파로 조기 출하할 때는 추대전에 수확하므로 추대가 문제되지 않는다. 그러나 구를 비교적 크게 비대시켜서 다소 늦게 잎양파로 출하할 경우는 지나친 대묘가 되지 않도록 하여 추대를 예방해야 한다.

비배관리는 인산질과 질소질을 많이 시비토록 하되 인산질은 기비 위주로 하고 질소질은 기비와 연내의 추비 중심으로 준다. 그리고 2~3월에 포장이 건조하지 않도록 하며 이 시기에 관수의 효과가 크게 나타난다.

마. 조기 출하재배

양파는 해마다 3~4월에 품귀현상을 나타낸다. 이때를 위해 조생종을 재배하여 출하할 목적으로 재배하는 것을 말한다. 저장품은 육질이 단단한 것에 비해 육질이 부드럽고 신선하므로 시장성이 유리하다. 또한, 양파의 구가 다소 굵어지기 시작할 무렵에 수확해서 잎이 달린 채로 묶어서 출하하기도 한다.

난지의 잎양파 출하가 끝나고 다수확종의 본격적인 출하가 되기전 알양파로 조기출하하는 작형이며 대체로 4월 하순~5월 하순에 출하된다. 본 작형에서는 생육이나 결구(肥大)를 촉진시켜서 조기에 대구를 다수확하는 것이 중요하며 재배적지는 역시 겨울에 춥지 않고 해동이 빠른 남부 해안가 지방이 유리하다.

재배 적품종은 저온·단일하에서 비대가 아주 빠른 중구(中球)의 초극조생계 또는 비대가 빠르면서 중대구(中大球)로 비대하는 극조생계의 품종이 유리하다.

앞에서 언급한 초극조생계의 국내교배 육성종도 조기수확에 중점을 두었을 때 평균 200g 정도 대중구 수확이 가능하고 조기에 중대구 다수확을 목표로 할 때는 극조생계의 국내교배 육성품종들도 유리하다.

조생계 교배종은 패총계통의 교배종으로써 평균기온 12~14℃ 일장 12시간에서 일찍 비대되며 평균 250g 전후의 중대구로 다수확된다.

봄철의 비대기간이 짧기 때문에 월동전에 추대나 분구가 생기지 않을 정도로 묘의 생육을 진전시켜 놓아야 한다. 그러나 중만생의 경우 지나친 대묘 정식이나 월동전 지나친 생장은 추대의 우려가 있으므로 이 점을 유의해야 한다.

정식 후 활착을 좋게 하고 월동율을 높이며 동계간 뿌리의 신장을 좋게 하기 위하여 묘상에는 물론 본포에서도 인산질을 많이 사용하는 것이 좋다.

시비량은 전체적으로 다소 다비토록 하되 질소질의 비효가 너무 늦어지지 않게 하여야 하며 1월 중·하순에 질소질과 칼리질을 추비토록 한다.

정식은 10a(300평)당 30,000주 정도로 심고 구가 거의 비대되면 시장 시세와 수량면을 비교 검토하여 수확기를 결정한다. 본 작형은 저온저장 양파가 떨어지고 잎양파 출하가 끝난 후에 수확이 되며 비교적 수량도 많기 때문에 유리한 작형이다.

바. 다수확 적기 출하재배

추파 양파재배의 가장 기본적인 형으로 구의 비대를 최대로 시켜서 수량이 최고치에 달했을 때 수확하여 단기간내에 출하하며 대체로 6월 하순~7월 상순 사이에 수확·출하된다.

본 작형은 재배하기 쉽고 작황이 안정돼 있으며 가장 많은 면적에 재배되고 있어서 출하기에 생산량이 많고 가격도 비교적 저렴한 시기이다. 따라서 본 작형에서는 시장성이 좋은 대구(大球)를 다수확하여 단위면적당 수량을 높이는 것이 가장 중요하다.

재배에 특수한 환경이 필요치 않으므로 재배적지는 우리나라 남부지방에서부터 대전을 중심으로 한 중남부 사이에는 어디서나 재배가 가능하다. 경남·전남 지방에 대단위 단지가 형성돼 있으며 경북·전북 지방에도 상당히 재배면적이 증가되고 있다.

재배품종은 중생계 또는 만생계의 일반종 천주황이 대종을 이루고 있으나 재배지역이나 포장여건에 따라서 적품종을 선택하여야 다수확이 가능해지며 근년에 점차 교배종에 대한 인식이 높아져 F_1 품종의 보급이 늘어가고 있다.

우리나라 양파재배는 포장여건으로 볼 때 밭재배와 논재배 형태로 나눌 수 있고 어느 경우나 후작이 연결되지만 특히 많은 면적을 점하고 있는 논재배의 경우는 벼 이앙이전에 충분히 비대시켜 수확하여야 한다.

따라서 논재배의 경우는 선택한 벼 품종이나 재배지역에 따라서 조생 내지 중생계 품종을 사용하여 6월 상순까지는 수확을 종료하여야 한다. 논재배의 적품종으로는 남부지방에서 중생계의 품종을 그리고 중남부지방에서는 조생계의 품종이 유리하다. 중생계 국내시판 종자는 장기 저장용으로 육성됐으나 남부지방에서 6월 상순 이내에 수확이 완료되며 대구(大球) 육성을 위한 충분한 비배관리를 하면 저장력은 감소되나 평균 250~300g정도의 대구로 다수확된다.

그리고 신품종 국내교배 육성종 양파는 근래부터 일부 보급되나 장기저장 겸용의 다수확종도 육성종에 있다.

역시 다수확을 위한 논재배에서는 충분한 수분관리, 비배관리로 6월 상순이며 300~350g의 대구를 다수확할 수 있다. 그러나 중생계 양파종자를 저장용으로 할 때는 관리요령을 달리하여야 한다(저장출하재배 참조).

중남부 지방의 답리작 재배용 조생종은 남부지방에서는 5월 말, 중남부지방에서는 6월 상순이면 평균 200~250g 정도의 중대구를 수확할 수 있다.

한편, 다수확 출하를 위한 밭재배에서는 수확기가 다소 늦어도 대구, 다수확이 유리하며 육성교배 만생계통의 양파가 본 작형에 가장 알맞은 품종이다.

만생계 양파는 숙기가 다소 늦어 남부지방의 경우 6월 중하순에 수확되며 평균 350g 정도의 극대구로 10a(300평)당 7~8톤 수확이 가능하며 추대, 분구가 안정돼 있다.

다수확 출하재배에 있어서는 어느 경우나 대구 생산을 위하여 본포의 재식주수는 10a(300평)당 22,000~24,000주 정도로 다소 넓게 심고 다비재배도 하며 해동 후 3월 상순까지 2~3회 추비토록 한다.

구비대에는 토양수분이 아주 중요한데 토양습도 70~80% 정도의 충분한 수분을 필요로 하므로 보습력이 있는 토양이 좋고 특히 비대성기인 4~5월 관수 효과가 크게 나타난다.

사. 저장 출하재배

저장양파는 장기간에 걸쳐서 출하를 조절할 수 있으므로 유리한 기간에 시장에 낼 수 있는 특징이 있다. 헛간에 매달아 저장을 해서 8~10월까지 출하를 끝내는 것과 7~8월까지 저장했다가 그후 냉장고에 넣어서 12월부터 다음해 새 양파가 나오기 전까지 출하하는 것이다. 이와 같은 저장기간의 길이는 품종이나 재배지의 토질·재배법 등에 따라서 달라진다. 이러한 점을 감안해서 재배에 유의하여야 한다.

양파는 저장력이 강한 작물이여서 보통 수확후 3~4개월 정도는 쉽게 저장할 수 있다. 그러나 양파의 수요은 연중 계속되며 익년 햇양파가 나올때까지 공급돼야 하므로 근래에는 현대시설을 갖춘 저온 저장고가 늘어가고 있는 실정이다.

저장양파는 대체로 8월부터 익년 3월 사이에 출하되며 연내 저장출하의 경우는 일반 농가에서의 간이 저장분이 출하되며 저온저장된 것은 그 뒤를 이어서 늦게까지 출하된다.

저장 출하재배는 목적하는 저장기간에 따라서 중단기(中短期) 저장과 장기(長期) 저장으로 나눌 수 있으며 중단기 저장용은 비교적 중대구를 저장하여 8~11월 사이에 출하하고 장기 저장용은 단단한 중구를 12~3월 사이에 출하한다.

양파 저장중에 문제가 되는 맹아와 부패는 품종에 따라서 현저한 차이가 있으며 동일 품종이라도 재배여건이나 구비대 조건에 따라서 차이가 생기므로 저장을 목적으로 한 재배에서는 우선 저장용 품종을 선택하여야 하고 그 품종의 저장력을 최대한 발휘할 수 있는 경종방법을 택하여야 한다.

저장용 품종의 개발은 그 효과가 현저하여 일반 천주황계통이 간이 저장에서 10월 하순이면 완전규율이 60~70% 정도면 떨어지나 저장계 품종은 12월 말까지 저장에서도 80~90%가 유지된다.

따라서 일반농가에서의 간이저장은 물론 저온저장의 경우도 저장계 품종을 선택하면 저장기간을 연장할 수 있고 전기료의 부담을 크게 줄일 수 있어 유리하다.

저장용 품종은 중단기 저장용과 장기 저장용으로 구분하여 육성돼 있다. 중단기 저장용 시중에서 판매한 양파는 중생종으로 6월 초순에 수확, 11월말까지의 저장에서 완전규율 80%이상을 나타내며 평균 구중 250~300g의 대구로 다수확 겸용이며 저온저장에서는 장기 저장도 가능하다.

한편 장기 저장용으로 시중에서 판매하는 양파는 역시 만생종이며 평균 200~250g의 중대구로 저온 저장은 물론 간이 저장에서도 맹아, 부패가 적어서 익년 2~3월까지 장기 저장이 가능하다.

　대체로 저장계 품종은 유전적으로 맹아가 늦으며 인편이 치밀하고 수분이 적어서 건물율(乾物率)이 높은 것이다.

　만생계통의 구가 큰 양파를 저장용으로 재배할 때는 구를 너무 크게 키워서는 안되며 10a(300평)당 35,000주 정도로 다소 밀식하여 200~250g 정도의 단단한 중구(中球)를 다수확하는 것이 중요하다.

　비배관리에 있어서 질소질을 과다시용하면 구를 크게 하나 연약케 하며 또한 인산질도 과다 시용하면 저장력이 감소된다. 따라서 질소질은 일반 다수확 재배의 경우보다 20~30% 감량하고 추비는 2월 중으로 끝내야 한다.

　이와는 반대로 칼리질과 석회비료는 양파의 조직을 치밀하게 하여 부패를 적게 하며 저장력을 높여주므로 일반재배보다 칼리와 석회를 20~30% 증시토록 한다. 그리고 양파의 저장력을 감소시키는 또 하나의 중요한 요인으로 수분이 크게 관계된다.

　구 비대성기 이후의 과도한 수분은 구를 대구화시키며 수확기에 포장의 과습은 부패율을 높이므로 저장용 양파는 논재배보다는 밭재배에서 저장력이 월등히 높아진다.

　따라서 구비대 후기의 강우에도 배수가 잘 되고 쉽게 건조되는 포장을 선택토록 한다.

　그리고 수확시기에 따라서도 저장력의 차이가 생기는데 장기 저장할 양파는 지상부가 60~70% 정도 도복되었을 때 수확하는 것이 좋으며 포장에서 외피를 잘 말리고 뿌리부분과 줄기부분에 캡탄 또는 톱신을 처리한 후 저장한다.

　한편 포장에서의 병충해의 피해가 저장력을 감소시키는데 특히 고자리 파리의 피해를 입은 것은 단기간에 부패되므로 약제 방제도 철저히 해야한다.

아. 고냉지 재배

이 재배형태는 고냉지(해발 600m이상)에서 할 수 있으며 가을에 수확하므로써 이듬해 3월까지 저장이 용이하여 단경기에 출하하여 높은 수익을 올릴 수 있는 장점이 있다. 품종은 가장 만생종(晚生種)인 삿뽀로기(札幌黃)가 적합하다. 재배방법은 보통재배법에 준한다. 그러나 생육의 최성기에 온도가 높아지고 습기가 많아서 병충해가 발생하기 쉬우므로 약제방제를 철저히 한다. 참고로 춘파재배시 생육과정을 그림으로 나타내면 그림 1과 같다.

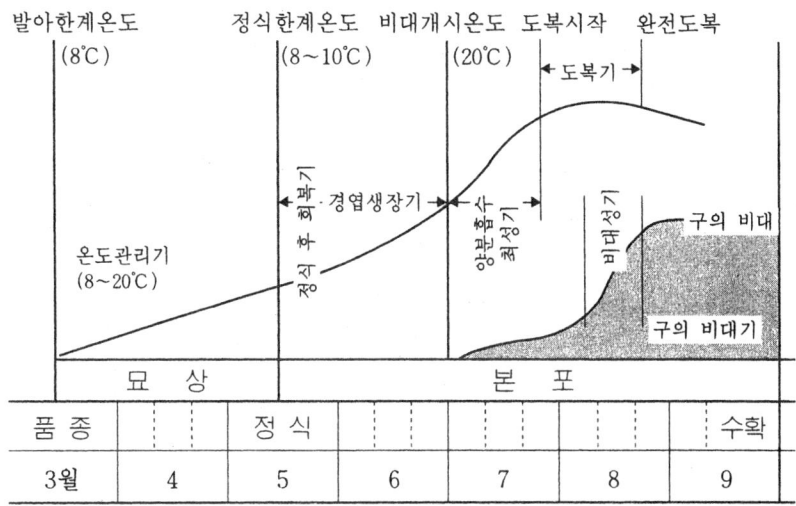

〈그림 1〉 양파 춘파재배시의 생육과정

자. 자구재배

추위가 심한 지방에서는 이식재배가 곤란하여 양파의 묘 대신에 자구를 심어서 재배하는데, 구가 작은 것(지름 1cm 이하)은 저장 중에 감량이 많고 심은 후에도 월동이 곤란하다. 또한 구가 너무 크면(지름 2cm 이상) 분구하기 쉬우므로 구 크기의 한도는 지름 2cm이다. 심는 시기는 일찍 심을수록 좋으나, 추대의 우려가 많고 늦으면 월동하기 힘들다.

2. 품종

 양파 품종의 조만성은 그 품종의 구비대에 요구되는 일장시간의 장단에 따라서 결정된다. 일장이 길지 않아도 온도만 충분하면 구의 비대가 시작되는 것을 조생종이라 하고, 반대로 온도가 충분하여도 일장시간이 길지 않으면 구의 비대가 시작되지 않는 품종을 만생종이라 한다.

가. 품종의 발달

 바비로브씨는 양파가 중앙아시아에서 원생해서 중동, 지중해 연안 등 광범위한 지역에 전파되었다고 한다.

 현재 중앙 아시아와 인도 등에서 재배하는 양파는 대체로 방추형 또는 공모양이 많으며 품종도 원시적인 것들이다. 극동에서는 일본이 많은 품종을 육성했으며 재배기술도 많이 발달되었다. 세계적으로 양파 품종은 대다수 국가가 미국품종을 대체적으로 사용하고 있다. 일본에서는 그 나라 풍토에 맞는 동양적인 품종을 개발해서 많이 보급하고 있다.

 우리나라에서도 과거에는 수입종을 대부분 재배하였으나 현재는 많은 품종들이 육종되어서 좋은 품종들은 시판, 재배되고 있고 앞으로 좋은 품종들이 육종되리라 믿어진다.

(1) 남유럽계 품종군

 원산지에서 지중해 방면을 거쳐서 유럽에 전파되면서, 이태리, 스페인 등 남부 유럽에서 재배되는 동안 이 양파를 단양파라고 불러 왔다.

 특징을 보면 잎이 가늘고 길며 빛깔은 황록색이다. 잘라보면 둥글며 또한 마디와 마디 사이가 길게 되어 있다. 이것은 또한 대체적으로 조생종이며 저장성이 좋지 않다. 알은 크게 되고 표피(表皮)는 얇고 빛깔은 연하며 매운 맛이 비교적 적다.

 이 계통의 주요한 품종으로는 옐로우 버뮤다, 크리스탈 화이트 왁스, 이탈리안 레드, 어리 그라노 등을 들 수 있다. 이와 같은 품종은 현재 스페인이 중심이 되어 프랑스, 이태리 등 여러 나라에서 재배된다. 또한 미국 남부에 도입되어 주요품종을 이루고 있으며 동양으로도 전파되고 있다.

(2) 중・동유럽계 품종군

남구계의 품종군에 뒤이어 유럽의 양파재배는 독일, 프랑스, 오스트리아 등 중동구의 광범위한 지역에 전파되어 많은 품종들이 나왔다.

이 중에서 특히 루마니아와 유고슬라비아를 중심으로 한 품종을 매운양파라고 부른다. 이 품종군의 특징은 대체로 만생종(晩生種)이며, 잎의 빛깔은 녹색이고 잘라보면 약간 편편하고 마디와 마디 사이가 짧다. 알은 짙은 빛깔이며 표피가 두껍고 매운 맛이 강해서 매운양파라고 한다.

이것은 오래 전부터 미국에 도입되어서 많은 발전을 한 결과 미국계의 품종군을 형성하게 되었다.

(3) 미국계 품종군

유럽에서 미국으로 양파가 전해진 것은 16세기 경이라고 한다.

처음에는 중동구계의 매운양파가 미국의 중부 이북지방에 오랫동안 재배되어서 이것은 오히려 재래종이 되어 버렸고 그 뒤에 많은 우수 품종을 육성하기에 이르러 이른바 미국계 품종군을 형성하게 된 것이다.

황색종으로는, 옐로우 글로브 댄버어스, 에베네쟈, 브라이암 옐로우 글로브, 어리 옐로우 글로브, 마운틴 댄버스, 옐로우 댄버스 후랫, 사우스포트 옐로우 글로브가 있다. 적색종으로는 사우스포트 레드 글로브, 레드 웨더어스휠드가 있다. 백색종으로는 사우스포오트 화이트 글로브, 화이트 포오튜갈이 있다.

남구계의 매운양파가 미국에 도입된 이래 그 품종들은 개발하지 않고 그대로 재배되어 왔기 때문에 그들은 이것을 오히려 외래계라고 말한다.

그러나 단일형의 조생종이기 때문에 중남부 지방의 월동재배에 적응시켜서 좋은 수확을 거두고 있다. 따라서, 텍사스나 플로리다 등 북위 25~30℃에 이르는 남쪽지방까지 이의 재배가 행하여지고 있다. 미국에 있어서의 양파 재배 지역은 현재 북위 25℃에서 45℃까지 이르는 광범위한 지역에 미치고 있다. 수확시기는 3월부터 9월까지 계속되며 여기에 사용되는 기본적인 품종이 약 20종에 이른다.

현재 미국에 사용하고 있는 중요한 품종과 이에 적합한 해길이와 수확시기를 살펴보면 다음 표 5와 같다.

나. 품종의 조만성

품종의 특성에서 설명한 바와 같이 양파의 발육 비대에는 해길이와 온도에 많은 관계를 갖고 있다. 그러나 양파는 품종에 따라 해길이와 온도에 대한 감응도(感應度)가 다르다는 것이다.

무엇보다도 양파의 알이 비대하기 위해서는 해길이가 필요하며 해길이가 충족되면 온도조건이 작용한다. 해가 그다지 길지 않아도 알이 비대하기 시작하는 품종을 조생종이라고 하며 반대로 해가 길지 않으면 비대하지 않는 품종을 만생종이라고 한다.

우리나라의 해길이를 월별, 위도별로 보면 다음 표와 같다.

〈표 4〉 위도에 따른 해길이

	32°	36°	40°	42°
1. 1월 1일	10.04시간	9.70시간	9.31시간	9.11시간
2. 1	10.61	10.38	10.11	9.97
3. 1	11.46	11.36	11.25	11.19
4. 1	12.47	12.53	12.61	12.65
5. 1	13.39	13.61	13.85	13.98
6. 1	14.06	14.39	14.76	14.97
7. 1	14.16	14.51	14.91	15.14
8. 1	13.66	13.93	14.22	14.39
9. 1	12.79	12.91	13.04	13.11
10. 1	11.81	11.78	11.74	11.71
11. 1	10.86	10.66	10.44	10.31
12. 1	10.17	9.85	9.49	9. 3

　해길이에 이어서 중요한 것이 온도이다.

　양파재배에 있어서 기온과 지온이 아울러 적당하지 아니하면 알이 비대하지 아니한다. 조생종은 3월 하순이 되어 해길이가 12시간 정도 되면 일단 양파의 알이 비대하기 시작한다고 볼 수 있다.

　그러나 이때까지도 고위도 지방에서는 온도가 낮으므로 제대로 발육할 수 없다. 그러므로 한냉한 지방에서는 조생종을 재배해도 빨리 수확할 수 없으며 따뜻한 지방으로 갈수록 조생종의 기능을 발휘해서 그만큼 일찍 수확할 수 있는 것이다.

　이와 반대로 해가 길지 않으면 알이 비대하지 않는 만생종을 따뜻한 지방에 재배할 때는 양파의 알이 비대하는데 적당한 온도의 한계를 벗어나서 지나치게 더워지므로 알의 비대기능을 멈추게 된다.

　그렇기 때문에 만생종은 따뜻한 지방에는 적당하지 않다.

　이를 요약하면 양파의 품종은 남쪽에서는 조생종, 북쪽에서는 만생종이 적당하다.

양파의 품종을 그 성질의 조만성에 따라 분류하면 다음과 같다.

〈표 5〉 미국에서의 품종 적응

형(型)	품 종	감응하는 해길이	재배지와 수확기
제1기 (Early Crop)	옐로우 버뮤다 크리스탈 왁스 텍사스 그라노 레드 크레올 화이트 크레올	12시간	텍사스, 캘리포니아 중부의 가을 파종. 3~5월 수확.
제2기 (Interme-diate Crop)	크리스탈 그라노 캘리포니아 어리 레드 캘리포니아 하이브리드 레드 산쬬킹 에베네자(子球)	13시간	텍사스 북부, 캘리포니아 중부의 가을 파종. 6~7월 수확.
제3기 (Late Crop)	스위트 스패니쉬 어리 옐로우 글로브 마운틴 댄버스 오스트레일리안 브라운 사우스포트 옐로우 글로브 오하이오 옐로우 글로브 옐로우 글로브 댄버스	13.5~14시간	뉴욕, 일리노이, 콜로라도, 캘리포니아 북부의 봄 파종. 8~10월 수확.

조만성에 의한 양파품종 분류

① 극조생(極早生) : 애지백(愛知白), OA, OX
② 조생 : 황괴(黃魁), 패총조생(貝塚早生), 화이트 버뮤다(White Bermuda)
③ 중조생(中早生) : 천주황(泉州黃), 캘리포니아 어리레드 (California Early Red), 에네베자(Ebenezer)
④ 중생(中生) : 어리 옐로우 글로브(Early Yellow Globe), 마운틴 댄버스(Mountain Danvers), 오스트레일리안 브라운(Australian Brown), 화이트 포튜갈(Whited Portugal), 사우스포트옐로우 글로브(Southport Yellow Globe), 천주갑고(泉州甲高)

⑤ 중만생(中晚生) : 지나적(支那赤), 갑고황(甲高黃)
⑥ 만생 : 찰황황(札幌黃), 갑고황(甲高黃)
⑦ 극만생 : 스위트 스패니쉬(Sweet Spanish)

조생종 양파의 특성은 결구에 필요한 한계일장이 11.5시간 정도로 만생종에 비해 매우 짧아 봄철 온도 상승이 빠른 곳에서는 2~3월에 결구가 시작되어 4월부터 출하가 된다.

구의 모양은 대부분 편원형으로 겉모양이 매우 좋으나 저장력이 약하고 수확량도 만생에 비해 다소 적다.

다. 주요 재배 품종 및 특성

주로 재배되는 극조생 양파 품종은 일본 장강교배종인 OA, OX와 신아폴로, 신봉황란, 조생진주, 황양파 등이 있다.

아래 표 5에서 보는 바와 같이 품종별 출하시기를 80%정도 도복한 때로 보면 OA가 4월 중순으로 가장 빠르다.

그러나 각 품종의 수확기 수량은 수확기가 늦은 신아폴로가 가장 높고 다음이 신봉황란, OX, OA 순으로 조기 수확되는 품종일수록 수량이 적은 경향이었고 같은 품종에서도 80%, 도복된 때의 수량에 비해 40%, 도복된 때에 수확한 것은 60%, 5% 도복된 때에 수확한 것은 30% 정도의 수량밖에 되지 않았다.

그러나 조기재배 양파는 출하기의 가격변동이 심하여 수익성이 해마다 다르겠으나 조기 출하일수록 고가(高價)이고 판매에도 유리한 경향이 있어 품종 선택시는 출하기, 판매방법, 수량 등을 고려하여 재배목적에 알맞은 것인가를 알아보아야 할 것이다.

<표 6> 생육 및 특성조사

품종명	출현기	초장	엽수	도복시	도복기	구고	구경	구중	추대율	조사일자
	월/일	cm	매	월/일	월/일	cm	cm	g	%	월/일
OA	8/28	58.5	8.0	3/25	4/18	4.5	6.1	94.7	10.0	4/15
OX	8/29	64.9	7.3	4/20	4/30	5.2	7.1	136.1	6.0	5/1
신봉황란양파	8/29	67.4	8.5	4/18	5/8	5.7	7.5	162.1	13.0	5/15
신아폴로양파	8/29	66.8	8.1	4/28	5/12	5.6	8.2	212.5	12.0	5/15

<표 7> 수확시기별 수량 및 수익성

품종명	수확시기	수량	단가	조수익	지수
	월/일	kg/10a	월/kg	천원/10a	%
OA	4/15	2,431	200	486	117
	5/1	3,089	150	463	117
	5/15	-	-	-	-
OX	4/15	1,855	200	371	89
	5/1	3,266	150	489	117
	5/15	-	-	-	-
신봉황란양파	4/15	1,080	200	216	63
	5/1	2,784	150	417	100
	5/15	3,905	100	391	94
신아폴로양파	4/15	1,351	200	270	65
	5/1	2,657	150	399	96
	5/15	4,608	100	461	111

라. 도입품종 특성

우리나라에서 양파재배 역사가 짧다보니까 그간에 품종 육종이 되지 않아 주로 도입품종을 재배하였다.

주요 도입 품종들의 특성은 다음과 같다.

(1) 패총조생

일본에서 천주황으로부터 육성한 것이다. 조생종으로 경엽이 짧고 개장성이다. 구의 빛깔은 담황색이며 편편형이다. 구의 비대에 필요한 일장은 12시간 30분 내지 13시간이며, 구무게는 220~250g 정도로 중구이고, 저장성이 비교적 좋아서 남부지방에 적합하다.

이 품종은 조생품종으로 천주황(泉州黃)을 개량한 것이다.

그 특성은 다음과 같다.

- 알의 모양은 편편하며 무게는 130g정도이다.
- 표피의 빛깔은 구리빛을 나타낸다.
- 잎은 두꺼운 편이며 잎의 길이는 짧고 청록색이다.
- 수량도 많고 품질이 좋은 반면에 저장력이 약한 것이 흠이다.
- 해길이는 12시간 정도가 적당하고 따뜻한 지방이면 조생한다.
- 9월 상순에 파종하여 10월 하순에 정식하게 되면 다음해 4월 중순경에 잎 양파를 수확할 수 있고 4월 하순 또는 5월 초순에 알을 수확한다.

(2) 애지백

일본에서 육성한 것으로 극조생종이며, 외피는 배색이고 감미종이다. 잎은 가늘고 농록색이며, 마디 사이가 길어서 약하다. 구의 모양은 편편형이고, 구의 비대에 필요한 일장은 11~12시간으로 10℃ 이상이면 구가 비대한다. 구무게는 150~200g으로 저장력이 약하다. 난지에 있어서 잎양파로서 조기출하를 목적으로 재배할 수 있는 품종이다. 저습한 곳은 좋지 못하나 남부지방에 적합하다.

불란서 계통인 브란 아티프 드 파리스의 개량종으로 흰 빛깔을 가졌으며 양파의 품종 가운데서 가장 조생종이라고 한다.

그 특성을 살펴보면
- 알의 밑부분이 오목하게 들어가 있어서 위에서 보는 것보다 가벼워 무게는 대략 100g 내외이다.
- 줄기와 잎이 약간 가늘게 생겼고 알껍질의 빛깔은 은백색으로 되어 있고 모양이 아주 편편하게 되어 있다.
- 알의 구조가 나쁘고 저장력이 좋지 않다.
- 반면에 살은 유연하고 매운맛이 약하다.
- 해길이가 11.5시간 정도면 알이 비대하기에 적당하고 일찍 파종해서 모를 심는 경우에도 종이 나오는 일이 드물다.

(3) 천주황

우리나라에서 가장 많이 재배되고 있는 품종으로 이것은 옐로우 댄바스를 모체로 해서 육성된 품종이다.

이 품종은 조생종에 이르기까지 여러가지 계통으로 나누어져 있다. 실로 그 재배 범위는 광범위하게 육성되고 있다. 최근에 와서는 패총조생과 이마이를 제외한 중생종과 만생계통을 통틀어 천주황이라고 한다.

그 특징은 다음과 같다.
- 알의 모양이 편편하고 무게는 150~200g 정도로 수확량이 많으며 껍질은 구리 빛깔을 나타낸다.
- 잎은 약간 큰 편이며 빛깔은 청록색이다.
- 알이 비대하기에 알맞은 해길이는 13시간 정도이며 육질이 좋고 저장력도 강하다.
- 파종하는 시기는 9월 20일경이 알맞고 정식하는 시기는 11월 중순이 적당하다.

여기에서 주의하여야 할 것은 지나치게 조기 파종을 하면 종이 나오기 쉽고 알이 갈라지는 수가 많다.

(4) 금정조생

이 품종은 천주황 계통에서 생산력이 왕성한 것을 선택한 것으로 알의 키가 조금 더 높고 조생하는 품종이다.

현재 우리나라에서 생산되는 양파의 3대 품종 중의 하나라고 한다. 그 특징은 다음과 같다.

- 알은 크고 살이 두텁고 잘 비대한다.
- 알의 무게는 160~210g 정도이며 때로는 250g이 넘는 것도 흔히 볼 수 있어서 수확량이 많다.
- 알의 구조와 저장력이 모두 좋다.
- 잎은 크고 색깔은 짙은 녹색으로 잘라보면 독특한 삼각형이 된다.
- 잎의 수는 7~8장 정도이고 줄기도 비교적 굵고 짧다.
- 해길이는 13시간이 적당하며 발육에 적당한 온도는 15℃이다.
- 조생품종으로서는 약간 발육이 늦은 편에 속한다.
- 파종시기는 9월 중순이 적당하고 정식시기는 11월 중순경이 알맞다.
- 가이스까 조생에 비하면 수확은 늦은 편이며 종이 나오는 것은 드물다.

(5) 삿뽀로기

일본 홋카이도에서 미국품종 옐로우 글로브 댄버어스(Yellow Globe Danvers)를 적응, 천화시킨 것이다. 만생종으로 경엽이 세장하고, 입성이며 밀식재배에 좋다. 구는 구형으로써 중간 것은 방유형에 가깝다. 구의 외피는 황갈색이고 저장성이 강하며, 구무게는 100~150g으로써 구의 비대에 필요한 일장은 14시간 25분이다. 고온장일하에 재배되며, 생육기간이 짧고 여름재배에 적응되며, 고냉지에 적합하다.

　　이 품종은 원래 옐로우 글로브 댄버스를 일본 홋까이도에서 개량한 품종이다. 이 옐로우 글로브 댄버스는 미국에서도 널리 재배되고 있는 중요 품종 중의 하나이다. 특히 봄에 파종하는 품종이다.

　　이 삿뽀로 황색의 특성을 살펴보면 다음과 같다.

- 알의 구조가 좋고 육질도 좋으며 매운 맛이 강하다.
- 알의 모양은 공과 같고 껍질은 구리빛이다.
- 잎의 빛깔은 엷은 녹색이며 잎은 가늘다.
- 해길이는 14~15시간 이상의 장일성(長日性)을 좋아하는 만생품종이다.
- 파종시기는 4월 하순이고 수확시기는 9~10월이다.
- 알의 무게는 70~100g 정도로 가을에 수확해서 봄에 출하하는 저장용으로 적합하다.
- 이 품종은 싹트기는 늦고 생육기간은 짧다.
- 덥고 해가 긴 것을 좋아하며 일찍 파종하는 것이 좋다.

마. 국내육성품종 특성

　　양파재배면적이 증가됨에 따라 우리나라에서도 양파육종이 활발히 진행되고 있다.

　　그간에 농촌진흥청 원예시험장에서 원예 1호, 원예 2호를 위시하여 각 종묘 회사에서 우수한 품종들이 많이 육종되고 있다.

　　각 종묘 회사에서 육종한 품종들의 특성에 대해 각 회사의 사보에 수록된 내용을 소개하면 다음과 같다.

(1) 원예 1호

　　1959년 원예시험장에서 천주황으로부터 육성한 것으로써 웅성불임을 이용한 1대교배종인데, 중조생종으로 경엽은 대형으로 약간 개장성이며, 잎색깔은 녹색이다. 구의 모양은 편편형이고, 구의 비대에 필요한 일장은 12시간 30분이며, 평균 구무게는 340g 내외로 비교적 대구이며 다수성이다. 구의 외피는 황색이며, 저장성은 보통이다. 작은 추심형이며, 사질양토 및 점질양토에 적합하고, 전국에 걸쳐 재배할 수 있다.

(2) 원예 2호

1959년 원예시험장에서 육성한 것으로써 웅성붙임을 이용한 1대 교배종이다. 중생종이며, 잎색깔은 녹색이다. 구의 모양은 약간 허리가 높은 편편형이고, 구의 비대에 필요한 일장은 13시간 30분이며 평균구무게는 458g 내외로써 대구이며 다수확성이다. 구의 외피는 황색이며, 저장성은 보통이고, 전국에 재배가 가능하다.

일본에서 미국 품종 옐로우 댄버스(Yellow Danvers)로부터 육성한 것이다. 중만생종으로 잎은 대형이고 약간 개장성이며, 잎의 색깔은 녹색이다. 구의 모양은 편구형이고, 구무게는 220~250g 정도로 중구이며, 머리부분이 약간 볼록하고 외피는 등황색이다. 구 비대에 필요한 일장은 13시간 내지 13시간 30분이며, 저장성은 비교적 좋다. 전국에서 재배할 수 있다.

(3) 신아풀로 양파

- O.X양파 대치 품종으로 생육이 왕성한 조생 다수확 품종이다.
- 일조시간 12시간, 평균기온 12~14℃에서 비대가 시작된다.
- 구중 200~250g의 판원형 대구로 구가 균일하다.
- 8월 25일경 파종하여 10월 25일경에 정식하면 제주도에서는 5월 상순부터 남부지방은 5월 중·하순부터 알양파로 수확할 수 있다.
- 묘가 지나치게 커서 대묘가 되면 분구 및 추대율이 높아지므로 표준묘로 기르도록 해야 한다.

(4) 승리 1호 양파

- 조생종으로 남부지방에서 5월 30일경, 중부지방에서 6월 초에 수확이 가능하다.
- 평균구중 200~250g의 대구로 다수확이며, 단기 저장도 가능하다.
- 남부 및 중부지방에서 조생종 벼의 답전작으로 재배할 수 있다.
- 남부지방의 조기출하용 재배, 중부지방의 답전작재배 및 단기 저장 출하재배에 적합하다.
- 충실한 표준묘로 기르고 구 비대기에 건조하지 않도록 관수해야 한다.

(5) 올배기황양파

- 패총황양파보다 숙기가 2~3일 빠른 조생종으로 구중 180~200g의 편편형 양파이다.
- 8월 하순에 파종하여 이듬해 5월 중·하순에 알양파로 수확할 수 있다.
- 대묘(大苗)는 추대 분구의 우려가 있으므로 표준묘를 정식하여야 한다.
- 고정종으로 난동(暖冬)인 해에는 추대, 분구가 많아질 수 있으니 유의해야 한다.

(6) 패총황양파

- 비대가 빠른 조생종으로 구중 190~200g의 편구형이다.
- 남부지방은 8월 하순에 파종하면 이듬해 5월 중·하순에 알양파를 수확할 수 있다.
- 표준묘를 정식하고 조기정식을 피해야 한다.
- 난동(暖冬)인 해에는 추대분구현상이 나타날 수 있으니 유의해야 한다.

(7) 천주대고

- 평균구중 200~240g으로 일반 천주황보다 허리가 높고 고구형 등황색 대구이다.
- 숙기는 중만생이며 잎이 굵고 길며 농록색이다.
- 초세가 강하고 재배하기가 쉽다.
- 중부지방의 전작, 남부지방의 전작 또는 답전작 재배
- 고정중으로 난동(暖冬)인 해에는 추대, 분구현상이 많아질 수도 있으니 유의해야 한다.
- 숙기가 늦으므로 조생종벼의 답전작으로 부적당하다.

(8) 황학란양파

- 극조생이며 O.A양파보다 숙기가 3~4일 늦으나 추대, 분구가 적고 구가 크다.
- 일조시간 11시간반, 평균기온 12℃에서 비대가 시작된다.
- 초기 구비대가 빠르며 평균구중 180~200g 정도로 균일하다.
- 제주지방은 8월 20일 파종, 10월 20일 정식하면 이듬해 4월 초부터 잎양파로 수확할 수 있다.
- 남해안 지방에서 8월 25일 파종, 10월 25일경에 정식하면 이듬해 5월 10일경 알양파로 수확할 수 있다.
- 제주지방에서의 잎양파로 출하하려면 파종기와 정식기를 4~5일 앞당기고 밀식(10a당 40,000~50,000주)하는 것이 유리하다.

(9) 신봉황란양파

- 극조생으로 제주지방은 4월 상순경부터 잎양파로 5월 초부터 알양파로 출하할 수 있다.
- 잎은 농록색, 입성으로 목이 가름하다.
- 구중 160~180g 정도의 편원형이다.

- 제주지방은 8월 20일경에 파종, 이듬해 4월 상순경에 잎양파로 수확할 수 있다.
- 남부해안 지방에서 8월 25일경에 파종, 이듬해 5월 중순경에 알양파로 수확할 수 있다.
- 잎양파로 출하하려면 파종기를 5일 정도 앞당기고 밀식(10a당 40,000~50,000주)하는 것이 유리하다.

(10) 용안황양파

- 맹아억제제(MH-30)를 사용하지 않아도 이듬해 3월까지 저장이 가능한 품종이다(맹아율 : 2월 말까지 15%, 3월 말까지 20%).
- 선명한 적황색이며 구중 250~300g의 대구로 천주황보다 밑이 약간 도드라진 편구형이다.
- 저장 중 감량이 적고 냉장 저장용으로도 좋다.
- 남부지방에서의 다수확 답리작재배 및 중부·남부지방에서의 저장용 재배가 가능하다.
- 장기 저장을 하려면 일반재배보다 칼리질을 20% 정도 늘리고 수확을 4~5일 앞당기는 것이 좋다.
- 저장을 전제로 한 재배는 밀식(10a당 35,000~40,000주)하여 단단한 중구를 생산한 것이 유리하다.

(11) 여의주황양파

- 평균구중 250~350g의 편원형 대구로 균일하며 10a당 6~7t 이상 다수확되는 품종이다.
- 중생종으로 초세가 강하며 작황이 안정되어 있다.
- 대구 다수확종으로 단기 저장도 가능하다.
- 남부지방의 답리작, 전작 다수확재배 및 중부지방의 전작재배
- 다비재배로 하며 구비대기에 수분관리를 충분히 해야 한다.

● 5~6월 노균병 방제에 유의해야 한다.

(12) 봉안황양파
● 저장력이 우수하여 일반 간이 저장으로도 중장기 저장이 가능하다(11월말 현재 맹아율이 15% 이하).
● 평균구중 250~300g의 약간 허리가 높은 등황색 대구로 다수확되며, 추대 분구가 안정되어 있다.
● 초세와 내병성이 강하여 작황이 안정된 품종이다.
● 남부지방에서의 답리작 다수확 재배 및 남부·중부지방에서의 저장 출하재배.
● 다수확 재배는 충분한 비배관리와 수분관리를 하여야 한다.
● 저장 출하재배는 다소 밀식하고 질소질을 줄이고 칼리질을 늘이며 중구로 생산해야 한다.

(13) 대왕황양파
● 구형은 밑이 약간 볼록한 편구형의 중생종이다.
● 평균 구중 300g 내외의 대구로써 구형이 균일하고 저장성이 우수하며 11월까지 저장이 가능하다.
● 노균병에 극히 강하여 연작지 재배 및 척박지 소비재배에도 좋다.
● 최적재배형은 추파재배(답리작)이다.
● 저장을 목적으로 하는 경우 10a당 35,000주 정도로 밀식하는 것이 좋다.
● 대묘는 추대와 분구율이 높으므로 저당한 묘를 정식한다.
● 월동후 추비는 3월 상순 이전에 마치도록 한다.
● 구비대기에 충분히 관수하여 건조하지 않도록 해야 한다.

(14) 옥석황양파

- 밑은 볼록한 편구형으로 평균 구중 250~300g의 중만생계 품종이다.
- 잎은 녹색으로 가늘고 입성으로 초세가 강하고 월동후 노균병에 강하다.
- 저장성이 우수하여 이듬해 2월까지 맹아 및 부패주 발생이 적다.
- 최적재배형은 추파재배(답리작)이다.
- 10a당 35,000~40,000주로 밀식하고 비대기에 질소질을 과용하지 말고 가리질 비료를 20% 정도 중시해야 한다.
- 월동전 인산질비료를 충분히 사용하여 내한성을 높이고 뿌리의 발육을 촉진시켜야 한다.

(15) 천주황양파

- 특성은 중만생종으로 구형은 허리가 높고 다수성이며 중부이남 지방이면 어디서나 재배하기가 쉬우며 평균 구중 250~300g 정도이다.
- 재배형은 가을재배이다.
- 재배상의 유의점은 고정종이므로 겨울이 따뜻한 해에는 추대, 분구현상이 나타날 수도 있다.

(16) 금정조생황양파

- 특성은 조생종이고 답리작으로 조기출하가 가능하며 구중 240~280g의 편구형 양파이다.
- 재배형은 가을재배가 알맞다.
- 재배상의 유의점은 구의 비대기에 밭이 건조하지 않도록 유의해야 한다.
- 조기 출하재배는 3월 중순까지 질소질 비료의 추비를 끝내야 한다.

V. 재배법

1. 육묘

가. 파종기

같은 지방의 씨뿌림적기의 기간은 매우 짧아서 4~5일에 불과하다. 물론 지방간의 파종기간은 긴 편이며 또한 품종에 따라서도 다르다.

씨뿌리는 시기의 늦고 빠름이 장다리의 발생 및 분구와 관계가 있으며 빨리 씨를 뿌리면 묘가 크게 되고 따라서 장다리 발생 및 분구가 많게 된다. 역시 늦게 씨를 뿌리면 묘가 작고 장다리의 발생은 되지 않아도 구가 작아 수확량이 적어진다.

양파의 파종 시기는 한냉한 지방일수록 일찍 파종하고 또한 파종기간이 짧고 남쪽의 따뜻한 지방일수록 늦게 파종하고 파종기간도 길다. 남쪽의 따뜻한 지방에서는 품종의 특성이 그대로 나타나기 쉬우므로 품종에 따라 파종시기가 달라진다.

예를 들면 패총조생의 파종적기는 8월 1일부터 5일까지 사이이며 애지백(愛知白)은 이보다 5일정도 일찍 파종하고, 금정(今井)은 이보다 10~15일 정도 늦게 파종한다.

중갑고(中甲高)는 이보다 15~20일 늦게 파종한다.

또 다른 예를 하나 들어보면 천주(泉州) 양파의 파종적기는 그 지방의 평균온도가 15℃가 되는 날로부터 역산해서 40일전을 중심으로 해서 파종하는 것이 좋다고 한다.

품종군 별로 보면 조생종일수록 파종시기가 길어서 패총조생을 9월 중순에 파종해도 수확을 올릴 수 있다. 천주황(泉州皇)을 기준으로 우리나라 각 지방의 파종적기를 알아보면 중부지방이 8월 하순~9월 초순이고, 남부지방은 9월 중순, 남부해안지방이 9월 중순~하순이 적당하다고 할 수 있다.
　양파의 파종기는 재배지역과 품종에 따라서 적기가 약간씩 다르다. 지역적으로 볼 때 북쪽으로 갈수록 빠르고, 온난지는 늦다. 또 품종과 파종기와의 관계는 조생종일수록 빨리 파종하는 것이 보통이다. 일반적으로 파종은 답리작이 가능한 지역에서는 맥류의 파종기(또는 일평균기온 15℃가 되는 날)를 기준으로 해서 양파 육묘일수 50~55일을 역산하여 그 지방의 파종기로 정한다. 또한 이를 기준으로 하여 난지에서의 조생종은 중생종보다 10일~2주간 조기파종하고, 저장할 것은 1주일 정도 늦게 파종한다.

〈표 1〉 양파의 지역별 파종기 및 정식기

종별	구분	경 남	전 남	전 북	중부지방	제 주
조생종	파종	8월 중순	8월 중순	8월 중순	-	8월 하순
	정식	10월 상순	10월 상순	10월 상순	-	10월 중순
중생종	파종	9월 상순	9월 상순	8월 하순	8월 상·중순	9월 상·중순
	정식	10월 하순	10월 하순~11월 상순	10월 중순	10월 상순	11월 상순
만생종	파종	7월 상순	9월 상순	9월 상순	8월 하순	9월 중순
	정식	11월 상순	11월 상순	10월 하순	10월 하순	10월 중순

　재배조건은 품종에 따라 온도·일장과 밀접한 관계를 가지는 동시에 재배의 제약을 받는다. 온난한 남부지방에서는 답리작이 가능하고 중부지방에서 재배할 때에는 월동시 -8℃로 계속 강하하는 경우가 많으므로 피복재배를 하지 않으면 냉해를 입어 말라 죽는다. 그리고 재배조건에 따라 파종기가 제약을 받는다.
　지역별 파종기는 표 1에서 본 바와 같다.

나. 파종량

과거에 양파 파종에 대한 인식은 다음과 같았다.

양파는 묵은 종자일수록 발아율이 극히 떨어지고, 종자무게와 상관관계를 가지며, 0.2ℓ당 종자의 무게는 78.8~82.5g인 것을 이용하는 것이 이상적이다. 10a당 파종량은 0.6~0.8ℓ가 적당하며 양파의 발아율은 보통 70%인데, 그 중 20%가 불량묘로 도태된다.

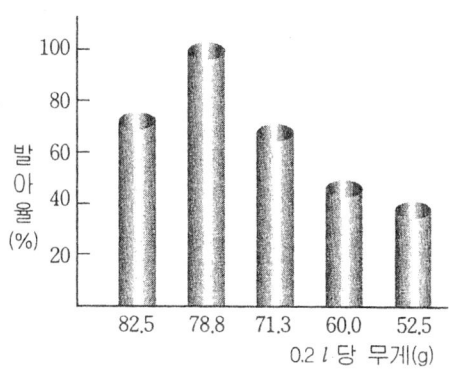

〈그림 1〉 종자의 발아율과 무게와의 상관관계

또한 최근 농촌진흥청 산하시험장에서 실험한 결과에 의한 양파파종에 관한 내용은 다음과 같다.

10a당 0.6~0.8ℓ가 적당하며 1㎡당의 묘의 밀도는 850본쯤이 좋다. 0.5ℓ당 15,000립 정도가 들어 있고 발아율이 70% 정도이므로 0.6~0.8ℓ를 뿌리면 60,000~70,000개의 묘를 얻을 수 있는데 이 중 1/3~1/5정도의 불량묘를 버려도 40,000개 이상의 묘를 얻을 수 있다.

그러나 결실기의 날씨가 나쁘면 묵은 종자는 발아율이 아주 떨어지므로 씨뿌리기 전에 발아검사를 하는 것이 바람직하며 발아율이 나쁜 것은 파종량을 늘려야 한다.

양파의 종자는 그 무게에 따라서도 발아율이 현저히 다르므로 0.2ℓ(1홉)의 무게가 85~90g 정도인 것을 이용하는 것이 이상적이다.

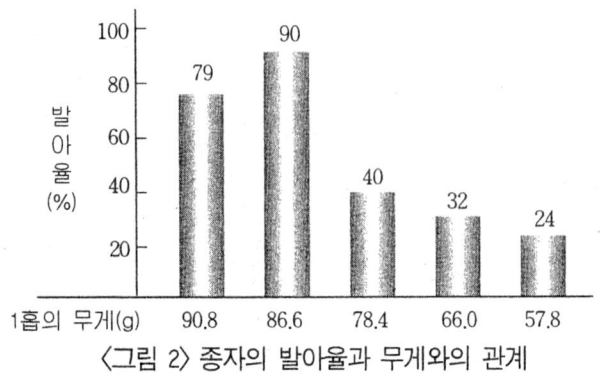
〈그림 2〉 종자의 발아율과 무게와의 관계

다. 묘상설치

① 토지는 기름지고 건조하지 않은 곳을 택할 것
② 묘상 기간은 50~60일로 매우 길고 이식을 하지 않으므로 양분이 결핍하지 않도록 충분히 시비할 것
③ 토양은 굳어지기 쉬우므로 퇴비를 많이 넣어 잘 갈아 엎을 것
④ 묘상 면적은 10a당 약 50㎡정도 필요하다.
⑤ 씨뿌리기 10~15일전에 폭 1.2m 통로를 30cm로 하여 이랑 높이 12~15cm 정도로 이랑을 만들고 밑거름을 뿌려 충분히 섞어준다.

〈표 2〉 양파묘상의 시비량 (3.3㎡당)

비 료 명	시비량	시 비 방 법	성분량
고 토 석 회	0.4kg	씨 뿌리기 10일전 살포	N: 400g
퇴 비	1.5kg		P: 400
깻 묵	0.3kg		K: 400
복 합 비 료 (21-17-17)	1kg		
재	1kg	씨뿌리는 날 살포하여 흙과 혼합	
요 소	75g		
용 과 리	40g	웃거름으로 준다.	

양파의 묘는 육묘하는데 60일 내외의 날짜를 필요로 한다.

파종 후 종자가 발아해서 정식하기 전까지의 모든 건조에 약하므로 훌륭한 묘를 육성하기 위해서는 건조를 방지하는 것과 물을 주는 것이 중요한 일이다.

4g 이상의 묘가 되면 건조에 강해진다. 포기의 발육과 비대에는 70~80%의 토양수분이 적당하며 40% 이하가 되면 생육이 나빠진다. 그러나 수분이 20%라도 말라죽지 않을 정도로 건조에 강하다.

한편, 물을 데워서 재배하면 아래 잎이 빨리 누렇게 변하나 뿌리와 포기는 말라죽지 아니해서 내수성이 극히 강하다.

그래서 토양수분이 건조하더라도 시들지 아니하며 다습하더라도 생육을 계속하기 때문에 토양수분의 적당한 량을 알아내기가 곤란하다.

토양수분은 70~80%를 목표로 해서 수분관리와 이랑만들기를 한다. 파종후 이식하기 전에 묘상에 비료가 부족하면 좋은 묘를 육성하기 어렵다. 그래서 파종전에 완전히 썩은 퇴비를 많이 깔아준다.

그러나 파종직전에 금비를 너무 많이 주는 것은 좋지 않다. 갑자기 비료를 주어서 묘상을 만드는 것보다 원래 비옥한 땅을 선택해서 만드는 것이 유리하다. 싹이 어릴 때에는 인산비료가 필요하며 이가 부족하면 잎의 끝이 마른다.

묘상의 면적은 재배면적 10a당 33~55㎡가 필요하다.

파종은 너무 밀식하면 일광이 부족해서 동화작용에 지장을 초래하므로 조금 드물게 파종하는 것이 좋다. 그래서 처음에는 3㎠에 한 포기 정도로 했다가 어느 정도 자라면 33.3㎡당 25,000포기 정도를 남기고 솎아준다.

묘상을 만들 자리는 적지를 선택해서 파종하기 10~15일전에 미리 만들어 놓는 것이 좋다.

배수가 나쁜 토지에 이랑을 높게 하고 이랑폭은 90cm정도로 한다. 배수가 좋은 토지에는 이랑폭을 120cm로 하고 평평한 이랑을 만든다. 이를 다시 말하면 묘상의 이랑폭은 120cm 혹은 90cm, 이랑높이 10cm내외, 통로 30cm로 한다.

묘상은 밑거름을 주고 흙과 잘 섞어두었다가 파종 전에 비를 맞도록 해서 비료가 땅에 골고루 흡수된 다음에 다시 파종할 때 갈아서 흙덩이가 없도록 부드럽고 고르게 한 후 씨를 뿌리는 것이 좋다.

묘상에 쓰여지는 비료의 양도 토양에 따라 다르다.

그러나 일반적으로 10㎡당 비료성분은 질소 180~225g, 인산 150~225g, 가리 90~150g으로 가리는 적더라도 인산을 많이 준다.

양파는 산성에 약해서 석회를 900~1,200g 시비한다.

묘상의 선정 조건으로는

① 비옥한 양토 또는 사양토로서 보수력이 좋은 곳
② 묘상은 2~3년 파속의 작물을 재배하지 않은 곳을 택하는 것이 좋다.
③ 통풍이 잘 되고 일광이 잘 쬐는 곳
④ 양파 육묘는 중성토양이 좋고, 산성토양을 좋아하지 않으므로 산성토양은 석회로 중화하여 pH6.3~7.3정도로 하는 것이 좋다.

〈표 3〉 묘상의 실제 시비예(3.3㎡당)

비료명	시비량(g)	적 요	비 고
석 회	375	경기 전 전면살포	
퇴 비	18,750	파종 10일전 시용	질소 : 400g
유 박	375	파종 10일전 시용	인산 : 400g
용 과 린	375	파종 10일전 시용	칼리 : 400g
목탄(나뭇재)	1,125	파종 당일 살포, 흙과 혼합	
요 소	75	10월 하순에 덧거름	

묘상시비는 정식할 때 되도록 충실한 묘를 만들려면 묘상에서의 비배관리가 큰 문제가 된다. 양파의 시비량은 표 3에서 보는 바와 같다.

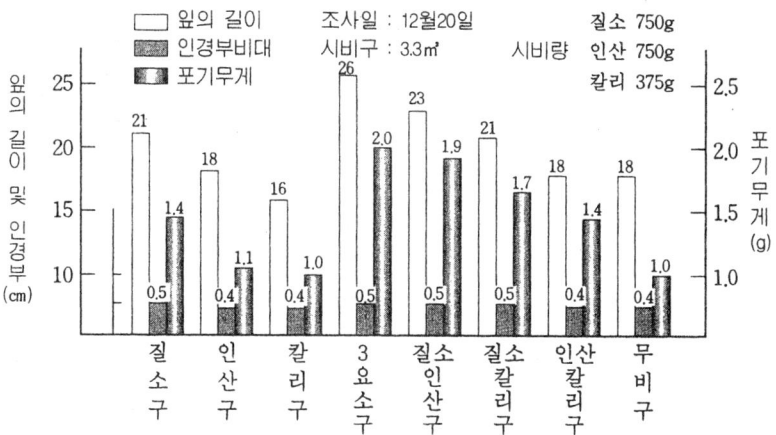

〈그림 3〉 묘상비료의 차이와 생육과의 관계

그림 3에서 보는 바와 같이 잎의 초기무게는 비료요소에 따라 별차이가 없고, 10월 30일경부터 질소의 효과를 나타내어 엽초장과 같은 경향을 나타낸다.

비료는 3요소구가 좋고, 질소·인산병요구, 질소·칼리병요구의 순으로 효과를 나타내며, 특히 양파 육묘에서 인산의 효과가 크므로 이를 고려하여 3요소를 적절히 사용해 주어야 한다.

라. 파종

위에서 말한 바와 같이 묘상 만들 자리를 잘 갈아서 흙을 부드럽게 하고 고르게 해서 씨를 뿌린다.

흔히 씨를 산파하지만 6~7cm정도 사이를 두어서 줄 파종하는 것이 좋다. 규칙적으로 줄이 맞도록 하기 위해서 나무 막대기로 폭 90cm, 길이 120cm의 틀을 짜서 이것을 묘상 위에 놓고 눌러서 거기에 나타난 자취를 보고 씨를 뿌리면 바르게 된다. 종자를 파종하기 직전에 약 30분간 물에 담구었다가 석회를 묻혀서 뿌리는 방법도 있다.

씨를 뿌린 후에 그 위에 덮을 흙은 잘 썩은 퇴비와 고운 흙을 반반씩 혼합해서 체로 쳐서 종자가 안 보일 정도로 덮어 준다. 흙을 덮은 다음 3.3㎡당 2말 가량의 물을 주고 짚을 깔아준다. 짚을 깔아주는 것은 표토의 유실과 땅이 굳어지는 것을 방지하고 토양의 습도를 유지하며 지온을 낮게 하는 효과가 있다.

발아하기까지 한두번 물을 주어서 건조하지 않도록 한다.

묘상은 90~120cm의 나비로 이랑을 만들어 표면을 균일하게 정지하여 파종한다. 파종은 가급적 묘를 균일하게 하기 위하여 점파법을 쓰는 것이 좋다. 묘상의 표면은 0.9cm 두께의 판자로 줄사이를 3~4.5cm 간격으로 깊이 0.9cm 정도의 골을 만들어 2.0cm 간격으로 2~3알씩 파종한다.

복토는 완전부숙된 퇴비와 흙을 같은 양으로 섞어 체로 쳐서 두께 2~4mm 정도로 복토하고 관수(3.3㎡당 물 40 l 정도)하여 짚을 덮는다. 파종후 1주일 내외에 발아하므로 묘가 크기 전에 서서히 짚을 제거한다.

따라서 양파 파종요령을 요약하면 다음과 같다.

파종 당일 가볍게 밭을 갈고 각목이나 판자로 표면을 고른 다음 파종한다. 보통은 산파하며 이식(가식)하지 않으므로 균일하게 씨를 뿌려야 좋은 묘를 많이 얻게 된다. 파종은 지면을 고른 후 2~3시간 지나서 묘상의 표면이 하얗게 건조했을 때 파종하면 종자가 검기 때문에 잘 보여 고르게 파종된다.

복토용의 흙은 잘 썩은 퇴비와 흙을 같은 양으로 섞어 1.5cm의 체로 쳐서 이것을 뿌린다. 복토 두께는 5~6mm가 좋고 복토한 후 1㎡에 10 l 쯤 관수하고 발아까지는 볏짚이나 보리짚을 덮어주면 건조할 때는 발아까지 몇차례 더 관수한다.

〈표 4〉 묘의 크기(근경)별 저온경과에 따른 화아분화   (굴호 : '85)

묘의크기 (mm)	저온경과일										
	20	30	40	50	60	70	80	120	130	140	150	200
11.1	※0	1	2	4	4							
10.1	0	0	1	2	4	4						
9.4	0	0	0	1	2							
8.6	0	0	0	1	2							
7.6		0	0	0	1	1	2					
6.4			0	0	0	1	1	1				
4.4								0	2	2		
2.8											0	0

※ 매회 4개씩 조사하였을 때의 수

마. 발아와 발아 후의 관리

씨를 뿌리고 1주일 쯤이면 발아하므로 이른 저녁쯤에 덮은 짚을 걷어 주어 어린 묘에 강한 햇볕이 쬐지 않도록 하며 짚은 걷은 즉시 관수하고 표면에 나온 어린 뿌리는 묻어 주면서 묘상 표면을 골라 준다.

발아가 나쁜 원인을 들어보면 다음과 같다.

① 종자가 나쁠 때

② 묘상에 흙을 너무 두껍게 덮었을 때

③ 묘상이 너무 건조했을 때, 또는 비가 와서 흘러 내렸을 때

종자는 일정한 습도를 흡수해야 싹트기 시작하므로 그 뒤에 건조해지면 발아하지 않는다.

④ **병충해를** 받기 때문이다.

양파종자가 발아하면 즉시 피복물 제거 등의 작업을 해야 한다. 즉, 묘상에 파종한 후 발아하기까지는 약 1주일이 걸린다.

발아가 시작되면 곧 짚을 걷어야 한다. 발아하기 전날 저녁에 짚을 거둬서 다음날 빠르게 발아하도록 하는 것이 바람직하다.

이때 어린 싹이 강한 비를 맞으면 상하기 쉽기 때문에 묘상 위를 가려서 비와 햇볕을 막는 것이 좋다. 그후 뿌리가 내리고 생육이 시작되면 가린 것을 걷어서 햇볕을 받도록 한다.

햇볕을 받아서 너무 건조하게 되면 잎의 끝부분이 마르게 된다. 이때는 물을 계속 주어야 한다. 또한 햇볕과 건조때문에 땅이 굳어져서 땅속의 공기유통을 나쁘게 만든다. 이때는 대막대기로 아주 마르기 전에 갈아주어야 한다.

그후 잎이 두 개가 났을 때 너무 밀생한 곳은 6mm 간격으로 솎아낸다. 다음에는 포기 사이가 1.2~1.3cm 간격이 되도록 솎아낸다.

10월이 되어 모가 건전하게 자라면 풀을 뽑아내고 북을 준다.

배토를 실시하는 방법은 두번째 솎아낸 후에 가루로 만든 퇴비와 고운 흙을 반반씩 섞어서 거기에 덧거름을 넣어서 포기사이에 넣어 주는 것을 말한다. 이때 웃거름으로 사용하는 비료는 요소 0.2% 액을 만들어 살포한다.

배토할 때는 바닥흙이 보이지 않도록 6mm 정도 두께로 실시한다.

따라서 양파는 발아후에 묘상의 건조상태를 보면서 수시로 관수한다. 발아하기 시작해서 10~15일쯤에 발아가 거의 되면 배 부분을 솎아주는데 1㎡에 850본 쯤 남기는 것이 좋다.

본잎이 2~3매 되었을 때 제초하여 추비하고 배토한다. 배토용의 흙은 퇴비와 같은 양의 흙을 섞어 쓰며 두께는 6mm쯤으로 잎이 갈라지는 부분이 묻히는 일이 없도록 한다.

배토는 추비의 효과가 있으며 잡초의 발생을 억제하고 뿌리의 발육을 좋게 하고 묘의 생육을 촉진하는데 있다. 추비나 복토를 하지 않으면 영양불량이 되어서 묘의 위 부분이 마르게 된다.

육묘 중에서 고온 다습하면 묘는 연약하게 되며 도장한다. 이런 묘가 밀생한 경우에는 중앙에서부터 노균병에 걸린 것처럼 증상(症狀)이 되면서 고사하는 일이 있다. 이 경우는 잎 끝부분을 1/3쯤 잘라서 공기와 햇볕의 유통을 좋게 하여 묘를 강하게 키워야 한다. 이때 자른 부분으로 물이 들어가도 썩는 일은 없다.

※ 양파와 파종자 및 묘의 다른 점

양파와 파는 매우 닮아서 그 종자나 묘의 구별이 어려우나 자세히 관찰하면 표 5와 같은 다른 점을 발견할 수 있으므로 파종 및 정식시는 가려내어 없애야 한다.

〈표 5〉 양파와 파종자 및 묘의 다른 점

구 분	양 파	파
종 자	나오고 들어간 부분이 많고 각이 크며 거칠다.	각이 적다.
묘	끝이 다소 굽어졌다.	똑바로 자란다.
잎의 끝 부분	안쪽이 들어가 있다.	둥글다.

2. 아주심기

가. 정식시기

정식시기는 무엇보다도 기후에 따라서 달라진다. 물론 파종기와도 깊은 관계를 가지고 있다. 조생종은 정식시기도 빠르고 만생종은 정식시기가 조금 늦어도 상관없다. 정식기도 파종시기와 마찬가지로 추운 지방일수록 정식시기의 폭이 좁다.

늦게 심으면 뿌리의 발육이 둔해져서 추위와 서리의 피해를 받는 일이 많으므로 이 점 특히 유의해서 겨울까지 뿌리가 충분히 신장하도록 정식기를 택해야 한다.

따뜻한 지방에서는 10월 하순전에 일찍 심으면 겨울에도 생육을 계속해서 쫑이 나오거나 알이 갈라지는 것이 많다. 뿌리가 약해지는 온도는 평균기온이 4~5℃일 때, 최저기온이 2~3℃일 때이다. 그러므로 이전에 뿌리가 활착하도록 정식시기를 맞추어야 한다는 것이다. 모가 정식한 후 살아붙기까지는 25~30일을 요하므로 온도가 4~5℃가 되기 한 달 전에 정식하는 것이 좋다. 반면 추운 지방에서는 뿌리가 잘 살아붙지 않으면 동해를 받기 쉬우므로 빨리 정식해야 한다.

이와 같은 조건을 종합해서 정식시기를 정리해 보면 추운 지방은 10월 상순~10월 하순, 따뜻한 지방은 10월 하순~11월 초순이 된다.

즉, 평균온도가 10℃ 내외일 때 정식하면 활착과 생육이 좋다.

나. 묘의 크기

묘의 크기는 포기당 무게가 4~6g 정도가 보통이며 잎이 4장, 길이 30cm 정도가 표준이다.

다시 말하면 100포기에 370~560g이 적당하다. 일찍 파종한 것이 영양불량이 되면 잎은 짧으나 밑둥은 커서 종이 나오는 율이 많다. 묘가 크면 수확량은 많으나 종이 많이 나오고 반대로 묘가 작으면 종이 적으며 수량도 줄어든다. 정식하기 전에 그 묘의 크기를 가려서 큰 묘는 드물게 정식하고 작은 것은 밀식해서 수확량을 올리도록 한다.

〈표 6〉 묘의 크기와 수량 및 장다리 발생율 (10a)

묘의 크기(직경)	주 수	수 량	지 수	장다리발생율
3.0mm	22,240	2,678kg	59%	0%
4.5	22,320	3,454	75	0.2
6.0	22,760	4,519	99	5.3
7.5	22,760	4,579	100	8.2
9.0	21,520	4,489	99	21.6

아주심을 때에 표준 묘는 무게 4~6g, 잎수 4매, 길이 30cm, 밑부분의 직경이 6~8mm인데 크기가 크고 작은데 따라 장다리 발생률과 수량에 밀접한 관계가 있으므로 좋은 묘를 골라서 심는다.

묘는 대, 중, 소로 나누어 대묘는 드물게 심고 소묘는 배게 심어 단위 면적당의 수량을 같게 할 수 있다.

〈표 7〉 묘 고르기와 이용

묘의 대소	묘의 크기(직경)	장다리 발생율	이 용
대	9.0mm 이상	20~30%	잎 양파
중	6.0~7.5	5~10	일반재배
소	4.5 이하	0	밀식하여 다소 늦게 수확한다.

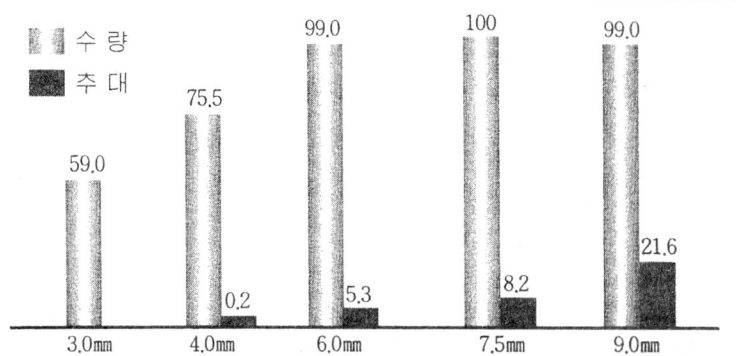

〈그림 4〉 수량과 추대

다. 심는 거리

양파를 정식하는 데 있어서의 밀도는 품종과 재배 방법에 따라 차이가 나지만 보통 10a당 25,000~30,000포기 정도된다.

양파의 잎과 뿌리는 모두 옆으로 퍼지지 않고 수직으로 자라기 때문에 밀식해도 된다는 것이다.

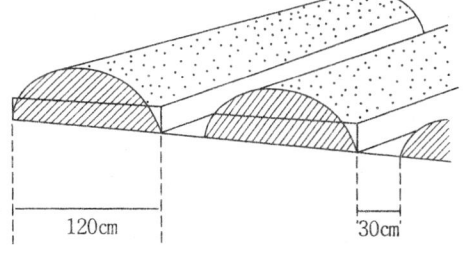

〈그림 5〉 이랑 만들기

밀식하면 양파의 알은 작아지지만 전체적인 수확량은 많아지고 저장성도 강하다.

이랑의 폭넓이가 120cm인 때에는 3줄로 해서 포기사이를 15cm로 하면 10a당 포기수는 21,600포기가 된다.

이와는 달리 양파의 묘가 작은 것은 이랑의 폭넓이 120cm에 4줄로 9cm 사이를 두어서 심을 때도 있는데 이 때에는 10a당 27,000 포기가 되는 것이다. 다른 작물과 혼작하거나 간작할 때에는 이랑넓이를 형편에 따라 알맞게 하면 된다. 이 외에 이랑의 폭넓이를 90cm로 할 때에 2줄~3줄로, 혹은 4줄로 정식할 수도 있다.

어떤 지방에서는 10a당 40,000포기까지 밀식하기도 한다. 이때는 노균병의 전염이 심해서 너무 지나치게 밀식하는 것은 삼가해야 할 것이다.

천주황의 심는 밀도와 그 수확량의 관계를 예로 들어보면 다음 표와 같다.

〈표 8〉 재식 밀도와 수량관계

포기사이	10a당 포기수	10a당 수확량		비 율	평균무게
		개 수	무 게		
15cm	21,600	20,963	4,891kg	100%	130g
12	27,000	25,662	4,754	100	100
9	36,000	34,848	5,036	105	80
6	54,000	52,734	6,139	128	70

※비고 : 품종 - 천주황 이랑넓이 - 120cm에 4줄 심음

위의 표에서 볼 수 있는 바와 같이 정식하는 밀도가 높을수록 수확량이 증가됨을 알 수 있다. 그래서 제초작업이나 중경하는데 지장이 없는 한 밀식하는 것이 유리하다. 물론 밀식하기 위해서는 그만큼 많은 양의 시비를 하여야 하고 또한 밀식하기에 적합한 묘를 균일하게 길러내야 한다.

양파는 밀식하면 구는 작으나 단위생산량은 높고, 포기사이가 넓으면 단위생산량은 저하되나 대구가 생산되므로 생산목표에 따라 재식거

리를 조정하면 된다.

양파의 재식밀도를 10a당 30,000포기로 하였을 때 조생종이나 중생종의 대구율(1개당 250g이상)은 82.6~82.9%가 나타나고 39,000포기를 재식했을 때에는 59.4~64.6%, 48,000포기에서는 36.9~53.2%를 나타냈다. 이 성적을 볼 때 대구를 많이 생산하고자 할 때에는 재식포기수를 줄여서 재배하고, 중소구를 생산하고자 할 때에는 밀식재배가 효과적이다.

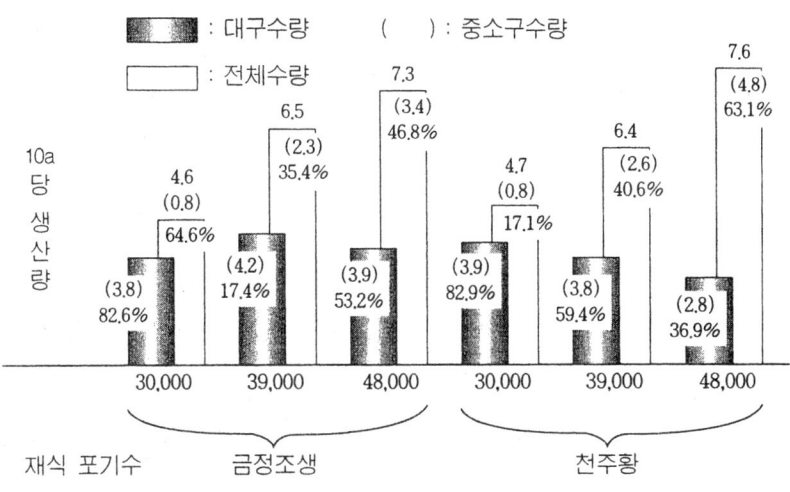

〈그림 6〉 재식밀도와 수량과의 관계

〈표 9〉 토양별 재식거리

구 분	물빠짐이 나쁜 땅	물빠짐이 좋은 땅
이랑높이	18~21cm	7~9cm
이랑나비	81cm	120cm
줄 사 이	16.5cm	24cm
포기사이	10.5cm	10.5cm
10a당 주수	약 23,000본	약 31,000본

양파재배

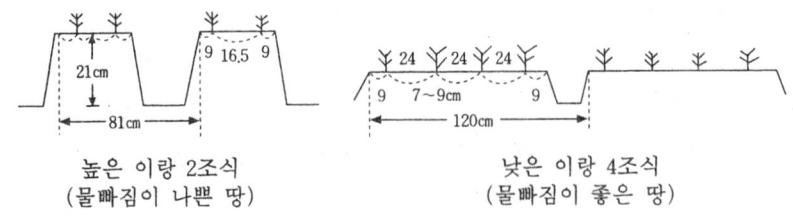

〈그림 7〉 토양별 이랑형태

라. 심는 방법

묘는 호미로 뿌리에 흙이 붙어있는 채 파낸다. 흙을 털고 잎이 긴 것은 잎끝을 3분의 1 가량 잘라낸다. 잎끝을 잘라내지 아니하고 심어도 결국 잎끝이 말라 버리므로 이를 미리 시행하는 것이 생육하는데 유리하다.

그러나 지나치게 잘라내면 오히려 불리하다. 다음엔 포기사이의 간격을 정확하게 맞추어서 심도록 한다. 이 간격을 잘 맞추기 위해서 일본에서는 치차라고 하는 기구가 있어서 이것을 사용하면 일정한 간격으로 심을 자리가 정해지며 이 자리를 손으로 파고 뿌리가 땅밖으로 나오지 않도록 심는다.

심는 깊이는 3cm가 가장 적당하다. 뿌리가 수분을 잘 흡수하도록 잘 묻어야 한다. 추위와 서리의 피해를 받기 쉬운 지대에서는 다소 깊이 심어야 한다.

한냉한 지방이든 따뜻한 지방이든 상관없이 정식시기가 늦어진 때에는 비교적 깊게 심어야 한다. 비스듬하게 얕게 심으면 서리의 해를 받아서 뿌리가 솟아 오르며 새 뿌리를 내리기가 어렵다. 정식한 후에는 물을 주거나 발로 밟아서 흙을 다진다.

종전에는 깊이 심으면 알이 둥글게 된다고 말해 왔으나 이는 실험결과 그렇지 않다는 것을 알게 되었다.

〈표 10〉 잎의 절단과 수량과의 관계

구 별	1개평균중	월동 부패율	수 량	비 율
표 준	170g	2%	3,563kg	100%
중간에서 절단	142	1	3,315	93
밑에서 절단	131	41	870	24

〈표 11〉 심는 깊이와 수량 및 구모양과의 관계   (품종 : 천주황)

심는 깊이	10a당 수량		비 율	구의 모양		구형지수 (높이/횡경)
	포기수	중량		횡경	높이	
얕게심음 1.5cm	16,800	5,070kg	94%	9.3cm	5.8cm	0.62
표 준 3.0	16,800	5,385	100	11.0	6.9	0.63
깊이심음 6.0	15,600	4,860	90	9.7	6.4	0.66

3. 거름주기

　양파는 비교적 비료량을 많이 필요로 하는 작물이다. 비료의 흡수량은 토지에 따라 다르다. 따라서 양파재배에는 비옥한 땅이 알맞다.
　또한 비료의 3요소를 모두 필요로 하며 그 중에 어떤 성분이 부족하면 수확량은 훨씬 줄어든다.
　단위면적당 비료의 시비량에 대해서 벨카씨에 의하면, 10a당 2,700kg의 생산량을 거두기 위해서는 질소 9kg, 인산 4.5kg, 칼리 10~13kg이 필요하며 칼리의 흡수량이 많다고 한다.
　또한 일본의 야마아끼씨에 의하면 수확량 3,750kg을 올리기 위해서는 질소 8.8~11.0kg, 인산 2.4~2.85kg, 칼리 7.35~8.44kg, 석회분 3.1~5.5kg, 마그네슘 0.74~0.79kg을 필요로 하여 질소의 흡수량이 가장 많다고 한다.
　이들 3요소의 흡수는 특히 양파가 발육할 때에 치우쳐서 많이 필요로 하며 땅밑부분에는 칼리가, 땅위부분에는 질소가 많이 흡수되고 인산의 흡수량은 가장 적다.

　뿌리는 질소, 인산보다 칼리를 빨리 흡수하거나 잎의 발육이 왕성할 때부터는 질소와 칼리의 흡수가 급격히 증가하며 인산은 그렇게 많이 필요치 않다.

　토양성질의 차이에 따라 석회의 효과에 차이가 있어서 일정치 않다.

　그러나 완전한 시비에 대해서 전혀 비료를 주지 아니하였을 때에는 21~23%의 수확량을 거두고 질소만을 주지 아니하였을 때에는 25~29%의 수확을 하고 인산만을 주지 아니하였을 때에는 50~60%를 거두고 칼리만을 주지 아니하였을 때에는 76~80%를 거둘 수가 있어서 질소 결핍의 영향이 가장 크고 인산의 영향도 크며 칼리의 영향은 비교적 적다.

　비료의 3요소가 양파의 생육에 미치는 역할을 하나하나 살펴보면 다음과 같다.

　양파는 다른 채소와 달라서 인산의 효과가 현저하게 나타나며 묘상에서부터 충분히 흡수시킨 묘가 활착이 좋고 그후의 발육도 빠르며 발근 및 내한성이 증가하므로 전량 기비를 원칙으로 시비한다.

　질소비료는 지상부의 자람을 좋게 하여 구비대에 영향을 미친다. 너무 많이 사용하거나 너무 늦게 사용하면 병해발생이 많아지고 성숙이 늦어지므로 2월 중순에는 추비를 끝내는 것이 좋다.

　칼리는 부족하면 초장이 짧고 잎끝이 갈색으로 되며 빨리 노쇠하여 구의 비대가 나빠진다.

　이외에도 석회, 마그네슘 등도 다량 흡수되는데 10a당 시비량은 성분량으로 질소 24kg, 인산 20kg, 칼리 24kg을 표준으로 하고 석회 100kg, 퇴비 2,000kg을 시용하는 것이 좋다.

〈표 12〉 보통재배 시비량 (kg/10a)

비료명	총량	밑거름	웃거름 1차	웃거름 2차
요 소	53	17	18	18
용 과 린	100	100	-	-
황 가	48	18	15	15
퇴 비	2,000	2,000	-	-
석 회	80	80	-	-

※ 중만생의 웃거름은 1회 2월 중하순에 2회는 3월 중하순에 주고 극조생 및 조생 종의 웃거름은 1회 12월 중하순에 2회는 1월 중하순에 준다.

양파 비료는 위에서 설명한 단비(單肥)로 주는 것보다는 양파전용 복합비료(7-15-12)를 사용하면 다수확이 된다.

즉 양파 전용 복합비료(7-15-12)는 속효성 비료와 완효성 비료를 함께 사용하였으므로 비료 유실이 적고 비료효과가 높으며 이 복합비료에는 질소, 인산, 칼리 이외에도 마늘 생육에 필수적으로 필요한 영양분인 고토(3%), 붕소(0.3%), 유기물(10%), 유황(5%), 칼슘(5%), 기타 미량요소가 들어 있어 양파 생육이 좋을 뿐만 아니라 특히 유황성분으로 매운양파를 생산할 수 있으며, 단비(單肥)를 사용하는 경우 각종 비료를 구입하거나 비료를 혼합하는데 불편함에 반해 편리한 점이 있다.

● 양파 전용 복합비료 사용량

(kg/10a)

시비시기	밑거름	웃거름
비료명	양파비료(7-15-12)	추비특호(13-2-13)
시비량	100	100

※ 웃거름은 2~3회 나누어 시용한다.

추비 시비법은 양파의 지상부가 눈에 보이게 신장을 시작하는 것이 3월 중순이후이다. 그러나 뿌리는 지상부보다 약 20일 정도 빨리 생육을 개시하여 2월 하순~2월 상순에는 발달 최성기가 된다. 따라서 추비시기를 지상부의 생장이 눈에 띠게 될 때부터 하면 경엽의 생장이 오래 계속되어 구(球) 비대 과정에 들어가는 것이 늦어져서 수량을 적게 하는 원인이 된다.

따라서 뿌리 발육 최성기에는 비료가 흡수되기 쉬운 상태로 되어 있는 것이 이상적이다. 양파의 근군(根群)은

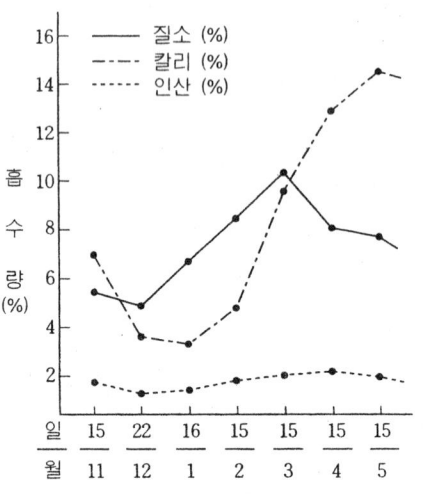

〈그림 8〉 양파 뿌리에서의 3요소 흡수량

정식당초에는 수직방향으로 빨리 신장하나 생육초기에는 햇볕을 많이 받는 이랑의 지면에 뿌리가 집중되며 생육 중후기에 걸쳐서는 이랑 전체에 분포한다. 또 뿌리는 지표에서 18㎝ 정도에 집중되는 천근소생(淺根小生)성 작물이나 토양구조가 잘 발달된 포장에서는 50~60㎝ 정도까지 발달되어 있다.

따라서 최초 1~2회의 추비에서는 뿌리가 많이 분포되는 수광면의 표층부에 시비하는 것이 적당하고 마지막 추비는 장소를 선택하지 않고 망판 전체에 시비하는 것이 좋다. 구(球)의 비대에는 질소비료의 효과가 크나 질소를 다용(多用)하면 저장중에 부패나 맹아가 많아져서 저장력을 떨어뜨린다. 12~1월경까지 질소가 부족되어도 그후 질소를 충분히 주면 구비대에는 큰 영향을 미치지 않으나 질소질 추비를 늦게 주거나 과용해서는 안된다. 반대로 3월경에 질소가 너무 부족하여도 추대가 많이 발생해서 수량이 줄어든다. 비료는 양파의 생육기간이 길므로 비료효과가 오래 계속되도록 유기질 비료와 완효성 비료를 함께 시용하는 것이 좋다.

가. 질 소

앞서 말한 바와 같이 질소가 양파에 미치는 영향은 가장 크며 또 상당히 필요하다. 질소는 줄기와 잎을 자라게 하는 단백구성에 역할을 하여 생장을 지배하는 요소라고 할 수 있다. 그러나 질소는 흡수되는 성질이 강하여 질소만 준다면 줄기와 잎만 무성할 뿐 알이 들지 않는다는 것이다.

따라서 이와 병행해서 다른 비료도 주어야 한다.

또한 질소만으로도 양파의 알이 든다고 해도 육질이 좋지 않고 연약하여 저장력이 약하다. 한편 잎에 발생하는 병해도 받기 쉽다. 그러므로 질소는 양파의 모체식물을 육성하는 시기인 3월~5월에 가장 많이 필요하다고 할 수 있다.

이 때에 질소가 부족하면 그 다음에는 아무리 많이 시비하여도 수확은 오르지 아니하고 오히려 성숙이 늦어지기만 하고 병해를 받기도 쉽다.

나. 인 산

인산이 양파의 생육에 미치는 영향은 앞서 말한 바와 같이 질소 다음으로 크다.

인산은 뿌리의 생육을 촉진시켜서 알의 비대에 영향을 미친다. 인산을 시비하는 방법은 2~3월경에 그 효과가 나타나도록 전부 밑거름으로 넣어 주거나 그렇지 아니하면 늦어도 3월전에 주어야 한다.

다. 칼 리

칼리가 양파에 미치는 영향은 질소와 인산 다음으로 비교적 적다는 것은 앞에서 말한 바와 같다.

그러나 양파 재배지역과 학자에 따라 그 시비량은 많은 차이가 있으나 칼리를 질소의 시비량보다 많이 주는 예가 많다는 것도 앞에서 말한 바를 미루어서 알았을 것이다.

한편 칼리성분이 부족하면 병에 대한 저항력이 약할 뿐아니라 수확량도 줄어드는 것에 유의하지 않으면 안된다. 칼리의 시비방법은 그 일부를 밑거름으로 주고 나머지를 질소와 같이 여러번에 나누어 준다. 웃거름은 2~3월에 시비하는 것이 가장 효과가 크다.

이상에서 말한 비료의 3요소의 시비방법을 요약하면 인산은 퇴비와 같이 밑거름으로 주는 것이 좋고, 질소와 칼리는 2분의 1가량 밑거름으로 주고 나머지는 2~3회에 나누어서 웃거름으로 주는 것이 좋다.

4. 아주심은 후 관리

가. 중경제초

(1) 프라나빈

양파는 포장에 심겨져 있는 기간이 길기 때문에 파종후 초기에 월동전 잡초를 죽이기 위한 제초제와 월동후 생육기에 발생하는 잡초를 죽이기 위한 제초제의 특징을 갖추어야 한다. 따라서 양파에 적용되는 제조제의 개발이 그간에 이루어지지 않았다. 그러나 근래에 이르러 메타벤 수화제(트리브닐), 니트린 수화제(프라나빈), 알라유제(라쏘), 구사가드 수용제 등 4가지 제초제가 고시등록되었다.

메타벤 수화제(트리브닐)는 비닐피복 재배시에도 양파에 피해없이 재배할 수 있는 농약이다. 대부분의 제초제는 살포후 3~4일간 가스가 발생하게 되는데 제초제 살포후 바로 비닐을 덮으면 이 가스의 피해가 발생하여서 비닐 피복하여 재배하는 작물에 제초제 사용이 곤란하였다. 그러나 메타벤 수화제(트리브닐)는 비닐 피복재배시에도 안전하게 사용할 수 있고 월동후에 양파가 자라는 생육중에도 사용할 수 있어 앞으로 양파재배에 획기적인 제초방법이라고 생각된다.

농촌진흥청 농약연구소 시범 성적에 의하면 아래표와 같이 각종 잡초 종류에도 타제초제에 비하여 효과가 높았다.

● 양파밭 잡초 약제 방제 효과 ('84 농약연구소)

● 잡초약 사용요령

약 명	사용적기	물20ℓ당 섞는약량	10a당 사용량	
			약 량	뿌리는양
메타벤 수화제 (트리브닐)	아주심어 활착 후부터 잡초 2~3엽 이내	50g	300g	120ℓ
니트린 수화제 (프라나빈)	아주심은 후 3일이내	60g	300g	100ℓ
알라유제(라쏘)	아주심기 1일전 또는 아주심은 후 5일이내	50㎖	250㎖	100ℓ
구사가드 수용제	잡초 2~4엽기	20g	100g	100ℓ

나. 잎 자르기

구의 비대기에 잎이 무성할 때에는 일부의 잎을 잘라내는 일이 있지만 이것은 잎의 동화면적이 감소되어 구의 발육이 나쁘게 된다.

〈표 14〉 양파의 엽수와 구중과의 관계

생엽수	평 균 중	비 율
4매	84.38 ± 7.5	35%
5	133.00 ± 14.7	56
6	156.00 ± 28.8	65
7	178.50 ± 8.3	74
8	199.00 ± 9.0	83
9	224.70 ± 4.5	91
10	238.50 ± 16.1	100

다. 장다리 발생

양파는 2월 중·하순에 꽃눈이 분화되어 4월 하순이 되면 잎사이에서 꽃봉우리가 나오고 5월 하순경에 개화한다. 장다리가 나오면 장다리의 발육에 양분이 소비되어 구의 발육이 나쁘게 되고 구가 굳어져서 품질이 떨어진다.

또한 장다리가 나온 주는 4~5매의 잎만을 가지게 되므로 장다리를 따주어도 엽수가 적어 구의 충분한 비대는 바랄 수 없다. 여기에 비하여 정상주는 5월에는 본엽이 8~9매로 되어 장다리가 발생한 주의 약 2배에 가까운 동화능력을 가지게 된다. 그래서 장다리가 발생한 주는 정상주의 60% 쯤의 수량밖에 안된다.

(1) 장다리 발생 원인 및 예방

어느 정도 이상의 큰 묘가 어느 온도 이하의 저온에 놓이면 꽃눈이 분화하여 조기에 장다리가 서는데 지름 9mm이상의 표가 평균기온 5℃, 최고기온 10℃, 최저기온 0℃의 낮은 온도에서 4~5일 저온에 처하게 되면 꽃눈이 분화한다.

작은 묘는 온도에 관계없이 추대가 적지만 수량도 적다. 그래서 어느 정도 장다리가 서는 좋은 묘를 사용하는 것이 수량이 많게 된다. 그러나 장다리 발생률이 5~10%를 넘으면 불리하다.

① 품종과 계통 : 조생종은 장다리 발생이 각기 다르며 천주황은 비교적 장다리 발생이 적다.
② 묘의 크기 : 묘가 크게 되는 원인은 조파와 묘상에서 너무 드문 경우이다.
③ 영양상태 : 영양이 불량하여 육묘에 많은 일수가 걸린 것
④ 노숙묘 : 4~5일 파종기를 늦게 하여 비배관리에 의해서 생육을 좋게 한 묘가 장다리 발생이 많다.
⑤ 아주심기가 늦은 경우 : 장다리 발생이 많다.

⑥ 대묘에서는 묘의 끝부분을 잘라버리면 장다리 발생을 줄이는 일이 가능하다. 이것은 묘의 생육이 억제되기 때문이다. 그러나 수량이 떨어지므로 실용적인 것은 못된다.

(2) 장다리 발생주의 처리

① 장다리가 나오는 것은 밑부분에서 잘라내거나 포기채 뽑아 버린다.
② 장다리가 발생한 주는 초기에 수확하고 잎양파로 이용하는 것이 좋다.
③ 장다리가 발생한 주는 저장력이 약하므로 조기에 식용한다.

라. 분 구

분구는 양파가 2개로 나누어져서 구가 적게 되고 모양이 나쁘다. 일반적으로 큰 묘를 사용한 경우에 분구하기 쉽다. 장다리 발생구에 준하여 처리한다.

마. MH-30 처리

양파에 있어서 MH 처리는 처리방법에 따라 맹아는 억제되어도 부패가 많아지기도 하며 동일농도의 약액이라도 살포시기에 따라 맹아억제효과가 다르다. 또한 맹아가 늦은 품종은 무처리에서도 맹아가 적으므로 특히 맹아가 빠르고 저장력이 높은 품종으로 장기저장을 목적으로 할 때 MH 처리를 한다.

(1) 처리시기

수확 10~15일전 밭 전체가 30%정도 도복하여 잎이 아직 녹색을 띠고 있을 때가 알맞은 시기다. 도복된 잎이 말라 있거나 수확후 처리는 효과가 없으므로 적기를 잃지 않도록 한다.

(2) 처리농도 및 살포량

처리농도는 0.25% 전후로 하고 전착제(트라이톤 2,000배액)를 첨가하여 10a당 100~120 l 를 분무기로 균일하게 경엽에 살포한다.

(3) MH-30 처리효과

양파에 있어서는 외국에서 오래 전에 실용화되어 있고 맹아억제 및 부패방지에 효과가 높다.

〈표 15〉 MH-30 처리농도별 맹아 및 부패율

처리농도 \ 월일	맹아율 (%)					부패율 (%)				
	11/1	12/1	1/15	2/15	3/15	11/15	12/15	1/15	2/15	3/15
무 처 리	60	85	100	-	-	10	15	30	35	45
1,000ppm	0	0	10	45	60	5	0	10	20	35
2,000ppm	0	0	6.7	23.3	33.3	0	0	10	15	20
3,000ppm	0	0	6.7	13.3	23.3	0	5	10	15	16.6

※ 수확일, 6월 20일, 품종 : 천주계 담로

바. 비닐덮기(비닐멀칭재배)

양파는 겨울이 너무 춥지 않아 월동만 된다면 어느 곳에서나 재배할 수 있으며 특히 남부지방에서는 답리작재배로도 알맞으므로 농가 소득도 높일 수 있는 작물이라고 본다.

양파의 용도는 각종 조리와 가공은 물론 생으로 먹는 등 용도가 넓다. 저장성은 감자와 같이 가장 강하여 연중 이용할 수 있고 원거리 수송이 가능하여 유용성은 채소중에서도 중요한 위치에 있는 채소이다.

양파의 품종은 일찍부터 육성되어 조생종, 만생종으로 분화되었고 품종에 따라서 수량과 저장성이 현저한 차이가 있다. 종래의 품종들은 수량이 적고 저장이 잘 안되었으나 근래에는 육성된 품종들은 수량과 저장성을 고려하여 육성하였기 때문에 현재는 종자값이 다소 비싼 느낌은 있으나 수량이 많고 저장이 잘 되므로 재배면적이 증가하고 있다.

고냉지역에서의 양파는 4월에 직파 또는 육묘 정식하여 9월에 수확하는 춘작재배가 있으나 우리나라는 재배면적이 극히 적고 주로 가을에 심어서 이듬해 6월에 수확하는 추작재배를 하고 있다.

이에 따라 생산물이 6~7월에 집중적으로 시장에 출하되어 가격이 폭락, 농가의 경제적 손실이 막대하게 되므로 생산농가에서는 수확후 일시 저장하여 시장에 출하하거나 저장성이 높은 품종을 선택하여 재배하는 것이 바람직하며 또한 저장기간 중 싹트는 것을 막기 위하여 생장억제제를 쓰거나 방사선을 쪼이는 경우도 있고 냉장을 하기도 한다.

남부지방에서는 근래에 와서 4~5월의 단경기 출하를 목적으로 극조생종을 선택하여 터널재배와 하우스재배를 시도하여 경엽을 출하하게 되었고 폴리에칠렌 필름(P.E)의 멀칭재배는 조기생산과 다수확이 가능하게 되었다. 전남농진서 양파 품종간의 멀칭재배 효과와 저장성을 검토한 바 있으므로 그 결과를 간추려 소개하고자 한다.

요즈음 흔히 말하는 멀칭이란 조기 다수확을 목적으로 폴리에칠렌 필름으로 작물을 심기 전이나 심은 뒤에 두둑 전체를 덮은 것을 말한다.

멀칭을 하면 저온기는 지온을 높혀 보온이 되고 토양수분과 비료분을 보존하며 토양의 물리성을 유지하여 종자의 발아와 묘활착을 좋게 하고 생육을 촉진시켜 조기수확과 다수확을 얻을 수 있으며 양파를 빨리 수확할 수 있고 여름작물을 빨리 파종할 수 있는 등 유리한 점이 많다.

감자, 딸기, 고추, 담배 등은 오래전부터 멀칭재배를 실시하고 있어 좋은 결과를 얻고 있으나 양파는 아직도 멀칭재배를 하지 않고 있으므로 양파 증산과 후작물 파종기를 고려하여서라도 멀칭재배를 하는 것이 좋을 것으로 본다.

양파 멀칭재배의 요령은 정식기가 되면 밑거름(基肥)을 밭에 충분히 뿌리고 정지한 다음 넓이 1.4m, 높이 20cm 되게 두둑을 만들고 잡초 발생을 막기 위하여 10a당 트리브닐 수화제 300g을 물 120ℓ에 타서 살포한 뒤 3~4일 후에 투명 폴리에칠렌 필름으로 멀칭한다(잡초 방제를 위하여 흑색 폴리에칠렌 필름도 사용함).

멀칭할 때 특히 유의할 점은 토양수분이 충분해야 하고 멀칭한 재료가 바람에 날리지 않도록 양쪽을 흙으로 잘 고정시켜야 한다.

양파 묘를 심는 요령은 멀칭한 두둑 위에 알맞은 재식거리로 심을 직경 4~5cm 구멍을 뚫고 묘를 심은 뒤에 위에서 충분히 관수하면 묘활착이 잘 된다.

이와 같은 방법이 멀칭후 정식 방법이며 다른 방법으로는 두둑에 양파묘를 심은 뒤에 멀칭한 후 속에 있는 양파 묘를 멀칭한 재료 밖으로 꺼내는 것이 정식후 멀칭방법이다. 이 방법은 멀칭 재료의 밖으로 묘를 꺼내는 노동력이 많이 소요되므로 앞에 말한 멀칭후 정식하는 방법이 좋다고 본다.

전남 농진서 1978년 양파 품종별 멀칭 효과를 파악코자 천주황 양파를 비롯하여 6개 품종을 8월 25일 파종하여 멀칭 후 10월 26일에 재식거리 15×15cm로 정식하였던 바 표 16에서와 같이 품종별로는 아폴로양파, 패총황양파, 봉황란양파가 생육이 빠르고 천주황양파, 여의주황양파, 용안황양파는 생육이 늦었으며 처리간에는 무피복한 보통재배보다 멀칭재배한 것이 생육이 빨랐으나 추대율이 높았으므로 품질 저하를 초래하였다.

추대율이 무피복재배보다 높았다는 것은 멀칭한 것이 겨울 동안 생육조건이 좋아 생육이 계속된 것으로 생각되어 멀칭재배할 때에는 파종기와 정식기를 보통재배할 때보다 10여일 늦추면 추대율은 낮아지고 생육은 촉진되어 조기수량이 많아질 것으로 생각된다.

조기수량(5월 5일)을 보면 표 16에서와 같이 품종별로는 조생계인 아폴로, 봉황란, 패총황 등이 다수확을 보였고 처리간에는 품종에 따라서 다르나 멀칭재배가 무피복재배보다 60~129% 증수되어 멀칭재배 효과가 현저히 높았다.

만기수량(6월 15일)은 천주황보다는 용안황이 다수 품종이었고 처리기간에는 멀칭재배가 36~49% 증수되었다. 특히 용안황은 천주황보다는 저장성이 좋은 것으로 관찰되었다.

양파를 멀칭재배하면 노동력과 재료대는 많이 소요되었지만 그것을 보상할 정도 이상으로 증수가 되는 것은 물론 수확기가 앞당겨지므로 하작물의 적기파종이 가능하며 따라서 하작물 증산에도 기여하게 되므로 멀칭효과는 이중효과를 얻을 수 있다고 본다.

이상의 결과를 요약하면 품종간에는 조생계 품종일수록 조기수량에 멀칭의 효과가 있으며 만기수확에는 멀칭효과가 낮아진다고 보여진다.

〈표 16〉 양파 품종별 멀칭효과 (전남농진 '78)

품종	조사항목 처리	묘장 (cm)	묘1본 중(g)	추대시 (월/일)	도복시 (월/일)	분구율 (%)	주대율 (%)	5월5일 조사		
								초장 (cm)	엽수 (매)	경직경 (cm)
봉황란 양파	무피복 멀칭	34	7.2	4. 21 4. 10	5. 8 5. 3	10.2 10.9	11.7 53.4	44 56	7.3 8.3	1.5 1.9
아폴로 양파	무피복 멀칭	36	6.3	4. 22 4. 10	5. 8 5. 3	14.2 9.8	29.2 70.3	49 62	7.3 7.2	1.4 1.9
패총황 양파	무피복 멀칭	31	5.8	4. 23 4. 12	5. 8 5. 3	7.5 6.7	11.7 48.4	47 57	7.1 7.8	1.4 1.7
천주황 양파	무피복 멀칭	35	5.5	4. 25 4. 13	5. 17 5. 15	15.0 28.4	19.2 30.5	56 63	7.1 7.9	2.0 2.2
여의주 황양파	무피복 멀칭	34	4.5	4. 23 4. 18	5. 17 5. 15	16.7 9.2	5.9 34.2	51 60	7.5 8.0	1.6 1.9
용안황 양파	무피복 멀칭	28	4.8	4. 28 4. 18	5. 17 5. 15	15.0 28.4	19.2 57.5	48 57	6.7 7.1	1.3 1.8

5. 병충해 방제

가. 노균병

노균병은 1841년에 영국에서 발견되었으며 세계적으로 널리 퍼져 있는 병이다.

(1) 증상

발생시기와 환경조건에 따라 그 증상에 차이가 있다.

제1차 발생은 가을의 묘상이나 봄의 양파밭에 발생하는 것으로 그 증상은 묘가 조금 작고 휘어지며 잎이 황록색으로 변한다. 그 뒤 온도가 13℃가량 되면 백색 또는 진한 자색 가루홀씨가 양파 전체에 퍼진다. 그러나 이 증상의 발생은 아주 드물어서 그다지 문제가 되지 않는다.

제2차 발생은 병든 포기를 중심으로 해서 제1차 발생에서 감염된 분생포자에 의하여 파상적으로 나타난다. 가장 심하게 나타나는 시기는 4~5월경으로 평균기온이 15℃일 때다.

이때 비가 많이 오면 피해가 늘어난다. 5월 중순경이 되면 차차 이 현상이 감소되는데 그 증상을 들어보면 다음과 같다.

① 양파의 잎표면에 흰색 또는 짙은 자색의 분생포자에 덮인다.
② 담록색 타원형의 병무늬가 발생하고 그 위에 흰색 또는 짙은 자색의 곰팡이가 생긴다. 이 곰팡이가 비를 맞으면 씻어지고 병무늬가 차차 황색으로 변하고 심하면 그 병무늬 부분에서부터 말라 죽는다.
③ 여러가지 형태를 가진 크고 작은 병무늬가 생기고 그 위에 곰팡이가 생기지 않는 수가 많다.
④ 병에 걸린 후 날씨가 계속 건조하게 되면 회백색이 적은 점 무늬가 된다.

(2) 병원균

이 노균병의 병원균을 학명으로 패로노스포라 스크레이대니언겔이라고 한다. 병이 전염되기에 기후가 적당하면 분생포자로 전염을 반복하고 기후조건이 부적당하면 알포자를 형성해서 휴면한다.

즉, 식물의 조직속에서만 발육하므로 인공배양은 불가능하다. 잎의 거죽에 떨어진 분생포자는 이슬방울을 맞아 그 속에서 발아해서 발아관이 나온다. 이 발아관이 점점 자라서 식물체의 기공을 통해 조직속에 침입하여 균사를 세포에 접근시킨 후 그 균사에서 흡포라는 실모양의 기관을 세포속에 삽입시켜서 영양분을 흡수한다. 분생포자가 생겨서 발아하는데 가장 적당한 온도는 16~18℃이다. 이 병원균의 생존기간은 2~3일이고 길면 1주일 가량 생존한다.

그러나 습도가 많으면 그 수명이 더 짧아진다.

이 병원균 전염에 기후조건이 맞으면 분생포자가 바람에 날려서 상당히 먼 거리까지 날아가서 전염한다.

그러나 기온이 20~25℃ 정도 되면 양파의 잎속에서 알포자를 형성해서 여름동안 휴면하였다가 9~10월에 다시 발아를 시작하여 어린 묘에 침입한다.

(3) 방제법

① 묘상을 만들 때 양파를 심었던 장소를 피할 것과 약제로 토양소독을 한다.
② 종자를 선택할 때 가능하면 병 없는 곳에서 채종한 것을 사용하고 종자를 종자소독을 하여야 한다.
③ 병든 묘를 뽑아내고 정식할 때 좋지 않은 묘를 골라낸다.
④ 발병초기부터 양파 노균병 전용약을 7~10일 간격으로 살포한다.
⑤ 수확후에 잎을 불에 태우거나 땅에 묻어버린다.

⑥ 심한 밭은 연작을 피하고 습기가 많은 땅은 배수를 잘 해야 한다.

나. 검은무늬병

보통 5월경부터 잎이나 꽃꼭지에 발생하는 병으로 이것도 상당히 많이 발생하는 병이다. 노균병의 병무늬에 겹쳐서 더욱 피해를 주기도 한다.

(1) 증 상

처음에 중심부분이 자색으로, 작은 점무늬가 생기고 이것이 점점 확대되어 담갈색 또는 짙은 자색의 병무늬가 된다. 이 병무늬 위에는 검은 가루모양의 곰팡이가 생기며 심하면 잎이 꺾이고 말라 죽는다. 채종용 양파의 꽃꼭지에 이 병이 전염되면 그 피해는 심하다.

수확하기 전에 이 병이 심하게 발생하면 꽃꼭지가 반쯤 썩는 수가 있으며 이 때는 노랑색 내지 적자색을 띠고 썩는 것이 특징이다.

(2) 병원균

이 병원균의 학명은 마크로스포로움 폴리엘이라고 한다.

양파의 재배기간 중에는 잎의 병무늬 위에 생기는 분생포자에 의하여 공기전염을 반복한다.

양파를 수확한 후에는 균사로, 혹은 분생포자 형태로 버린 잎 등의 쓰레기에 생존한다.

(3) 방제법

① 수확한 후에 병든 잎은 불태우거나 퇴비 속에 묻어버린다.
② 병이 발생하기 전에 전용약을 살포한다.
③ 병이 심한 밭에는 2년 가량 양파를 재배하지 않는다.

④ 이 병균은 해충이 침식한 자리를 통해서 감염되는 수가 많으므로 살충제를 살포한다.

다. 잎마름병

이 병의 발생시기는 흑반병과 거의 같은 때이고 노균병무늬 위에 발생했을 때는 흑반병과 구별하기 어렵고 발생하는 장소도 흑반병과 같이 잎이나 꽃꼭지에 생긴다.

(1) 증 상

타원형 또는 부정형의 병무늬 위에 꺼풀같은 곰팡이가 생긴다.

이 곰팡이가 날아가고 없어지면 병무늬는 황색으로 변하고 그 속에 아주 작은 흑점이 생긴다. 이 병무늬가 다시 확대하면 잎이 마르고 그 부위가 꺾이어 말라 죽는다.

(2) 병원균

이 잎마름병의 병원균을 학명으로 푸레오스포라 하아바룸 알에이버라고 한다. 분생포자에 의해서 공기전염을 한다. 피해식물에 붙은 자낭 포자 혹은 균사에 의하여 생존한다.

(3) 방제법

검은무늬병의 방제법에 준하여 방제한다.

라. 회색 곰팡이병

이 병은 독일에서 1876년에 발견된 이래 세계 각지에 퍼져 있다.

(1) 증 상

처음에는 양파의 비늘줄기의 겉껍질 일부가 물러져서 오목한 모양이 생긴다. 그 뒤에 회색 또는 회갈색의 가루가 생겨서 마침내 썩게 된다. 잎이나 꽃꼭지 또는 꽃에 이 병이 발생하는 시기는 5~6월경이다. 대개 꼭지의 다른 부분으로 침입확대하나 상한 자리로 병균이 침입해서 병무늬가 생기기도 한다.

이 병무늬가 차츰 커져서 타원형 또는 부정형의 누런 병무늬로 변한다. 이 병무늬의 위에는 회색 또는 회갈색의 가루가 생긴다. 잎이 말라 버리면 병무늬가 있는 자리에 조그만 흑색 균사가 생기기도 한다. 꽃에 발생하는 때에는 꽃꼭지가 차츰 마르고 그 부위에 곰팡이가 생긴다.

(2) 병원균

이 병원균의 학명은 보트리티스 알리(Botrytis Allii), 바이쏘오디아(byssoidea), 스쿠아모사(squamosa) 등으로 나누어진다. 이 가운데서 잎과 줄기 및 꽃꼭지를 침해하는 것은 바이쏘오디아와 스쿠아모사이다.

알리는 이에 대해서 대체로 저장용 양파의 부패병으로 알려져 있다. 이들 병원균은 균사 또는 균핵의 형태로 쓰레기 중에서 생존하다가 다음해 봄에 분생포자가 생겨서 전염을 계속한다.

(3) 방제법

① 심하게 발생하는 밭에는 2~3년간 다른 작물을 재배할 수밖에 없다.
② 4월 중순경부터 전용 약제를 살포한다.
③ 수확후 잎에 균이 붙어있는 것은 불태워 버린다.
④ 맑은 날에 수확해서 비늘줄기를 상하지 않도록 캐내고 말려서 저장하도록 한다.
⑤ 저장중에도 병든 알이 있으면 곧 골라낸다.

마. 소균핵병

이 병의 발생시기는 5월경이면 기온이 따뜻하고 습도가 많을 때에 발생이 심하다.

(1) 증 상

처음에는 잎과 꽃의 꼭지부분에서 발생해서 차츰 아래부분으로 내려오면서 번진다.

심하면 잎과 꽃꼭지 전체가 말라버린다. 빛깔은 회백색이 되며 거죽에 깨알같은 흑색덩이를 이루게 된다.

(2) 병원균

이 병원균의 학명은 스크레로티니아 알리 사와다라고 한다.

이 병원균은 땅속에서 월동하였다가 다음해 봄에 다시 발아하여 자낭포자가 생겨서 공기를 통하여 전염한다.

(3) 방제법

① 병든 포기는 일찍 뽑아서 태워버린다.
② 심하게 발생하면 2~3년간 다른 작물을 재배한다.
③ 발생하기 전에 전용 약제를 살포한다.

바. 검은점 잎마름병

이 병이 발생하는 시기는 따뜻한 지방에서는 10월 하순경에 나타나서 11월 상중순에 퍼진다. 병든 잎에 기생해서 월동하고 9월 히순에 다시 발생하기 시작해서 4월 상중순에 가장 많이 발생한다. 보통 잎끝이나 병무늬 부분만 말라죽게 되고 병세가 완만해서 그다지 큰 피해를 주지 않을 때가 많다.

(1) 증상

이 병은 양파의 묘가 어릴 때 발생하면 잎부분에서부터 회백색이 되어 마르는 것이 보통이고 그 뒤에 아주 작은 흑점 모양의 병자각이 병무늬 부분에 이루어지는 것이 많다.

이 병이 만연하면 묘상 전체가 희게 보인다.

이 병이 성장한 잎에 발생하면 타원형 또는 부정형의 창백한 빛이 생긴다. 이것이 차츰 확대되어 3~10㎝ 크기가 되기도 한다. 또한 병무늬 속에 아주 작은 흑색점이 수없이 생기는 것이 특색이다.

(2) 병원균

이 병원균의 학명은 셉토리아 아리아쎄 쿠우케이다.

(3) 방제법

이 병이 심히 발생하면 전착제를 섞은 동수화제를 살포한다.

사. 흰 썩음병

이 병은 영국에서 1841년에 발견되었으며 그 뒤 널리 퍼져 있다.

(1) 증상

이 병은 양파의 잎, 꽃꼭지, 줄기 등 아무데나 발생한다. 처음에는 잎끝부분이 황색으로 변하면서 차츰 아랫부분으로 내려오면서 번진다. 양파의 지상부분에 이 병의 증상이 나타남에 따라 지하부의 뿌리나 비늘줄기의 밑둥에 이르기까지 솜털 모양의 균사가 붙어서 나중에는 썩어 버린다.

피해 부분에는 아주 작은 검고 둥근 균핵이 생긴다. 이 병이 양파가 어릴 때 발생하면 급격히 시들어 버린다.

(2) 병원균

이 병원균의 학명은 스크레로티움 세피보룸 바아크라고 한다.

이 병원균은 균사와 균핵만으로 되어 있다. 또한 균핵으로써 땅속에서 오랫동안 생존하였다가 전염된다.

(3) 방제법

① 이 병이 심하게 발생하였던 땅에는 2~3년간 다른 작물을 재배한다.
② 균핵이 붙어있는 피해부분이 땅속에 섞이지 아니하도록 주의하여 태워버린다.
③ 발생초기에 적용 약제를 살포한다.

아. 녹 병

이 병의 발생시기는 봄부터 늦은 봄까지 사이에 많이 발생한다. 또한 더운 지방보다 북쪽의 서늘한 지방에서 흔히 발생한다. 따라서 기온이 비교적 낮은 22~23℃이하일 때 발생하고 24℃이상이 되면 거의 없어진다.

이 병에 감염해서 발생하기까지의 잠복 기간은 9~10일간이다.

(1) 증 상

이 병의 발생부위는 잎과 꽃꼭지이다. 초기에는 극히 작고 타원형을 이룬 점무늬가 생겨서 그 중앙이 등황색으로 변한다.

다음에는 이것이 새로 갈라지고 그 속에서 황적색의 가루를 날리게 된다. 그리고 이 때 잇달아서 밤색의 기타원형 혹은 방추형 무늬가 생긴다. 이 때는 표면이 연색으로 조금 부풀고 겉껍질로 길게 덮여 있다.

이 병의 특색은 병무늬가 부풀어 있다는 것과 이것이 터지면 그 속에서 황적색 가루를 날린다는 것이다.

(2) 병원균

이 병원균의 학명은 푸씨니아 폴리 윈트와 푸씨니아 알리 러드의 두 가지가 있다.

이 두가지 종류중에서 푸씨니아 폴리는 주로 추운 고장에서 발생하는 것이라고 하나 푸씨니아 알리와의 구별은 어렵다.

이 병균은 파종류의 식물에만 있는 특유한 균이다. 병원균은 피해 식물에 붙어서 월동하여 다음해에 전염되고 다음엔 병무늬 위에 생긴 하포자에 의하여 퍼진다.

(3) 방제법

① 발생할 염려가 있을 때에는 빨리 수확한다.
　병든 잎은 제거하고 불에 태워버리거나 땅속에 묻는다.
② 양파에 퇴비나 비료를 주어서 건전하게 하므로서 병에 감염되지 않도록 한다.
③ 발병초기에 적용약제를 살포한다.

자. 깜부기병

이 병이 잘 발생하는 온도는 10~25°C일 때이다. 29°C이상이 되면 전연 발생하지 않는다.

이 병은 파종류 중에서 양파에 가장 잘 걸리기 쉽다.

(1) 증 상

이 병이 발생하는 부분은 잎, 꽃꼭지, 비늘줄기 등이다.

초기에는 겉껍질 밑에 갈색의 줄무늬가 생겼다가 다음에는 껍질이 터지고 암갈색의 가루가 나온다.

잎이 오므라들어서 휘어지게 된다. 비늘줄기에는 겉껍질에 검은색 줄무늬가 생기기도 한다.

(2) 병원균

이 균은 학명으로 우로씨스티스 세푸라후로스트라고 한다.

이 균은 10~20℃의 낮은 온도에서 잘 발생하고 25℃ 이상이 되면 발병하지 않는다. 이 균은 땅속에서 10년 이상 살 수가 있으며 양파의 종자가 발아한 후 3주일경까지 사이에 침입한다.

그러나 양파의 잎이 6~9cm이상 자란 후에는 전연 침입하지 못한다.

(3) 방제법

① 발아후 3주일이 지난 묘에는 감염되지 아니하므로 병없는 곳에서 기른 양파는 이식하면 병이 있는 밭에서도 발생하지 않는다.
② 종자에 기생해서 전염하기도 하므로 파종시에 종자를 약재에 담갔다가 파종한다.
③ 발병한 곳을 묘상으로 하려면 약제로 토양소독을 해야 한다.
④ 병이 발생한 장소는 연작을 피한다.
⑤ 파종할 자리는 약제로 소독한다.
⑥ 29℃ 이상이면 발병하지 아니하므로 기온이 높은 계절에 파종할 수 있으면 좋다.

차. 탄저병

이 병은 오점병이라고도 한다. 양파의 겉껍질에 오점이 생겨서 상품가치를 떨어뜨린다.

이 병에 걸린 것은 저장중에 발아가 빠른 경향이 있다. 주로 흰 양파에 많이 침입한다.

(1) 증 상

발생하는 부위는 주로 비늘줄기의 겉껍질이나 잎과 꽃꼭지에도 발생한다. 빛깔은 처음에는 암록색 또는 검은색의 작은 무늬가 생겨서 이것이 부정원형 또는 동심원 모양의 병무늬가 된다. 이 병무늬 안에는 아주 작은 점이 많이 생긴다.

(2) 병원균

이 병원균을 학명으로 코래토리츔 싸아시난스라고 한다.

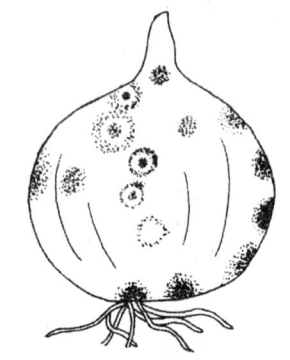

〈그림 9〉 탄저병에 걸린 모양

이 균은 균사와 포자의 모양으로 월동하여 포자에 의하여 공기전염한다.

(3) 방제법

① 병이 발생한 지역에는 연작을 피하고 유색종을 재배한다.
② 날이 맑은 때 수확하고 충분히 말려서 통풍이 잘 되는 곳에 저장한다.
③ 발병초기에 적용 약제를 살포한다.

카. 오갈병

이 병은 양파 이외에 다른 파나 마늘에 이르기까지 발생하여 몇 종류의 바이러스에 의해서 발생한다.

(1) 증 상

발생초기에는 잎 위에 엷게 황백색을 띤 줄무늬가 생긴다. 잎이 편편해지고 물결모양을 이루게 된다. 다음에는 잎은 끝부분부터 말라서 결국 잎이 오그라지고 자연스럽게 죽어버린다.

병의 증상은 기온이 높아지면 현저하게 나타나고 건전한 양파에 병든 양파의 즙액이 묻으면 발병한다.

　　이 병은 여러가지 종류의 진딧물에 의해서도 매개된다.

　　이 바이러스는 수선류 식물이 전염원이 되어 양파, 파, 마늘에 이르기까지 침해한다. 바이러스는 75~80℃의 높은 온도하에 10시간 가량 지나면 전염력을 상실한다고 한다.

(2) 방제법
　　① 육묘할 때 병이 없는 장소를 선택해야 하고 병든 포기는 속히 처분한다.
　　② 바이린 등을 뿌려 진딧물을 구제하여 매개하지 못하도록 한다.

타. 썩음병

　이 병을 무름병이라고도 한다. 이 병은 양파를 재배할 때뿐만 아니라 저장할 때도 발생하여 큰 피해를 준다. 습도가 많으면 그 발생이 심하다.

(1) 증 상

　땅속에 묻힌 비늘줄기와 토양 부근의 상처로부터 세균이 침입해서 속을 썩혀서 쓰러지게 한다. 처음에는 엽맥을 따라 적은 방추형의 점무늬가 생겨서 뭉크러져서 나쁜 냄새를 풍기게 된다. 썩은 부분이 수침상이 되거나 누른색, 갈색 또는 흑갈색 등으로 변하는 여러가지 형태가 있다.

(2) 병원균

　이 병의 병원균은 엘비니아 아로이디 혹은 이이카로토보라라고 하는 세균에 의해서 흔히 일어나며, 양파를 저장중에 부패하게 하는 것은 이외에 이·쎄피보라, 스도모나스 데스트럭탄스 그리고 몇 종류의 엘비니아 세균에 의하여 일어난다.
　　이 병원세균이 땅속에 생존해 있다가 양파의 땅속부분 혹은 땅에 가까운 부근에 상처를 통해서 침입해서 발병시킨다.

(3) 방제법
① 병없는 곳을 골라서 묘상을 만든다.
② 연작을 피한다.
　　2~3년 동안 벼과 작물을 재배한 후 이를 재배한다.
　　이 병은 다른 소채류에도 널리 발생하기 때문에 그러한 작물에서 이 병이 발생하였던 자리에는 재배하지 아니한다.
③ 발병한 가능성이 있으면 약제를 살포한다.
④ 재배할 때는 정식하기 20일쯤 전에 토양소독약을 살포하여 소독한다.
⑤ 수확할 때에는 날씨가 맑은 날을 택해야 하며 비늘줄기를 잘 말려서 저장한다.
⑥ 바람이 잘 통하는 곳에 저장하도록 유의해야 한다.
⑦ 고자리파리 등의 매개하는 곤충을 철저히 구제하고 썩은 것은 발견하는대로 속히 처분한다.

파. 모잘룩병
갓 나온 어린 싹에서부터 상당히 성장한 묘에 이르기까지 발생한다.

(1) 증상과 병원균
　　이 병은 몇 종류의 병원균에 의해서 발생하는 것으로 그 병균에 따라서 증상이 다르다.
　　피디움에 속하는 균이나 페리큐라리아 휠나멘토사균이 침해하면 모든 땅에 가까운 부분부터 쓸어 넘어져서 말라 죽는다.

후사륨에 속하는 균이 침해하였을 때는 묘의 표면에 백색 내지 엷은 복숭아색의 곰팡이가 붙어 있는 것이 특색이다. 이 병균은 묘를 썩힌다.

보트리티스에 속하는 균이 침해하면 묘가 수침상으로 물러져서 마른 다음 회색 내지 회갈색 가루가 생긴다. 양파를 침해하는 보트리티스는 4종류가 있는데 그 중에서도 보트리티스 스쿠아모사가 가장 강하다. 이 병균이 침해하면 묘가 급격히 시들어서 말라 죽는다. 비늘줄기에 많이 발생하는 탄저병도 시들어 썩는 수가 있다.

(2) 방제법
① 종자소독을 한다.
② 병이 발생할 증세가 보이면 약제를 살포한다.
③ 묘상의 토양소독을 한다.

하. 꽃썩음병

이 병은 꽃이 말라버리므로 특히 채종재배를 할 때에 커다란 손실을 입게 된다.

(1) 증 상

꽃이 핀 다음 암술머리부터 마르기 시작해서 차츰 꽃꼭지 아래부분으로 번진다. 피해가 심하면 꽃 전체가 갈색 수침상으로 부패한다. 부패한 꽃이 건조하면 갈색으로 변해서 그 위에 여러가지 곰팡이가 낀다.

(2) 병원균

이 병의 원인에 대해서는 연구가 계속되고 있으나 아직 완전히 밝혀지지 않고 있다.

크라도스포름균에 의하여 발병한다고 주장하는 사람도 있고 한편으로는 과도한 습도로 인해서 꽃가루가 발아할 수 없기 때문에 열매가 맺지 아니한다는 학설도 있다.

또는 후사리움, 마크로스포륨, 페니실룸 보터리티스 등의 병균에 의해서 집단적으로 말라죽는다고 주장하는 학자도 있다.

한편 이 병의 초기에는 암술머리에서 속부분에 걸쳐 수많은 운동성 세균을 볼 수가 있고 그 뒤에 꽃이 마르면 몇 종류의 균류가 그 위에 붙는 것을 관찰할 수가 있다. 이로 미루어 보아 그 운동성 세균이 곤충에 의하여 매개되어 암술머리로 침입하여 병을 일으키는 가능성도 있다.

그러나 아직 정확한 결론을 얻지 못하고 있다.

(3) 방제법

① 꽃이 피어서 수확할 때까지 비를 맞지 않도록 가려준다.
② 살균제를 살포한다.
③ 스립스 등의 침해를 방지하기 위해서 살충제를 살포하는 것이 좋다.

가. 파 총채벌레

(1) 특 징

이 벌레는 유충과 성충을 막론하고 파종류, 토마토, 감자, 양배추, 오이 등의 채소류와 다알리아, 카네이션 등의 꽃에 붙어서 침해한다.

이 침해를 받으면 잎이 청백색으로 변하고 피해가 심해짐에 따라 말라 죽게 된다.

채종하는 양파에 이 벌레

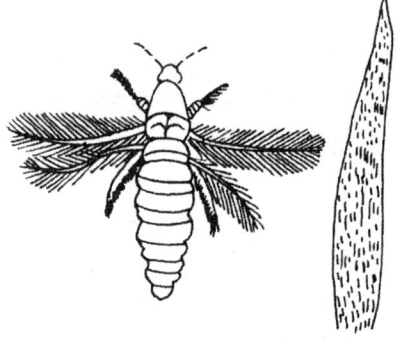

〈그림 10〉 파 총채벌레

가 침식하면 피해가 많다.

이 곤충의 빛깔은 담황색 내지 담갈색을 띠고 있으며 모양은 방추형에 가깝다.

성충의 몸길이가 0.8mm~1.5mm 정도이다. 알은 흰빛이며 길이는 0.3mm 정도이고 식물의 조직 속에 이 알을 낳는다.

(2) 생 태

이 성충은 파의 뿌리나 대 사이에 숨어서 월동한다. 봄이 되면 활동을 시작하여 양파에 기생한다. 잎 속에 낳은 알은 며칠 사이에 부화되며 유충은 작물의 겉조직을 갉아먹으며 약 10일만에 땅으로 내려가서 번데기가 된다. 그 후 이 번데기가 며칠만에 성충이 된다.

그리고 이 곤충의 1세대는 16~20일이다.

(3) 방제법

정식전에 살충제 입제를 뿌리고 발생하면 살충제를 살포한다.

또한 물을 대서 밭이 건조하지 않도록 하면 번식을 어느 정도 막을 수가 있다.

나. 양파 고자리 파리

(1) 특 징

이 벌레의 유충(구데기)이 각종 파종류의 잎과 뿌리를 침식하기 때문에 잎이 시들고 말라죽게 된다. 침식당한 잎을 잡아 당기면 그 부분이 끊어지며 그 속에서 유충을 발견할 수 있다. 양파가 어릴 때에 유충의 침식이 심하면 큰 피해를 가져 오기도 한다. 저장중에 이 벌레가 침식하면 먹은 자리부터 썩게 된다.

성충의 길이는 5~7mm 정도이고 회갈색을 띤 파리의 일종이다. 알의 모양은 길쭉해서 1.5mm 정도이다. 유충은 길이가 8~10mm까지 자라며 황백색을 띠고 있다.

(2) 생태

추운 고장에서는 연 2회 발생하고 따뜻한 지방에서는 봄과 가을에 각각 2회씩 발생한다. 추운 지대에서는 6~10㎜ 땅속에서 번데기로 월동하며 더운 지대에서는 성충이 그대로 월동하기도 한다.

알은 3일 가량이면 깨이고 유충은 줄기나 잎의 밑부분을 파먹는다. 유충은 2~3주일 지나면 땅속으로 들어가서 번데기가 된다.

(3) 방제법

산란기에 살충제를 7일마다 한번씩 2~3회 뿌리면 효과가 크다. 이 벌레가 새로 발생했을 때는 피해당한 포기를 철저하게 뽑아낸다.

다. 파 굴파리

(1) 특 징

이 벌레는 구데기가 잎속에 붙어서 잎을 깎아먹기 때문에 표면상으로는 짧은 선이나 흰 무늬가 생긴다. 특히, 양파의 가을 묘에 그 피해가 심하며 이 벌레는 길이가 1㎜ 가량으로 어릴 때에는 많은 피해를 주기도 한다.

〈그림 12〉 굴파리 피해증상

(2) 생 태

성충은 길이가 2㎜가량의 파리이다. 번데기로 땅속에서 월동하며 모양은 긴 타원형으로 황갈색을 띠고 있다.

5월경부터 성충이 생겨서 가을까지 5~6세대 발생한다. 알은 길이가 0.4㎜로 타원형이고 흰빛을 띤다. 알은 잎에 점점이 깐다.

깨인 유충은 잎을 갉아먹고 땅속에 들어가서 번데기가 된다.

(3) 방제법

성충이 발생할 때 또는 산란기에 살충제를 살포하면 효과가 크다.

라. 파 진딧물

(1) 특 징

암자색을 띤 진딧물이 무리를 이루어 즙액을 빨아 먹는다. 이때 양파의 잎이 누렇게 변하며 이 피해 때문에 묘가 말라버리기도 한다. 그늘에서 발생하기 쉽고 초여름에 가장 많이 생긴다.

(2) 방제법

발생초기에 적용약제를 5~7일 간격으로 2~3회 살포한다.

Ⅵ. 양파의 수확과 저장

1. 양파 수확

도복은 인편이 형성되어 새로운 잎이 내부로부터 나오지 않을 때 엽초부분의 조직이 약해져서 스스로 넘어지며 도복은 같은 품종이라도 시비량과 외계의 조건에 따라서 차이가 생긴다. 도복이 시작되면 1주일 이내에 전포장이 일제히 넘어지게 되며 이때는 잎과 줄기에 있는 양분이 알뿌리로 내려와서 알뿌리의 비대를 도와준다.

도복의 정도는 수확기에 판단이 되며 수확하는 목적에 따라서 수확시기에도 차이가 생긴다. 따뜻한 지방에서는 초극조생종이나 극조생종을 재배하여 양파의 품귀현상으로 시장성이 좋은 4월부터 출하하는데 이때는 양파의 구가 비대중으로 아직 도복되지 않은 상태이며 줄기와 알뿌리를 붙여서 시장에 출하하게 된다. 이때는 신선도 유지에 유의해야 한다. 그후 5월 중순부터는 조생종이라도 거의 도복을 한 후 알뿌리가 비대하게 되면 수확을 해서 줄기를 잘라내고 출하하게 된다.

양파는 도복이 시작되고부터 급속히 뿌리가 비대하는데 일반적으로 이때는 300평(10a)당 1일에 150~200kg 정도의 중량이 증가하게 된다고 한다. 따라서 전부 도복되었을 때쯤의 수확이 최고가 되나 수확이 너무 늦으면 잎이 고사하여 수확이 힘들고 변형구가 많이 나와 품질도 나빠지고 또 장마기와 마주치면 부패도 많아지고 맹아도 빨라진다. 따라서 알양파 출하는 80% 이상 도복해서 잎이 아직 싱싱할 때 수확이 가장 좋으며 단기간 저장의 경우는 60% 전후 도복때, 장기저장의 경우에는 40% 전후 도복때 수확해야 하며 장기저장의 경우라도 수확기가 너무 빠르면 수량이 적어 경제적이지 못하다. 수확은 맑은 날씨를 택해서 수확 후 3~4일간 포장에서 건조를 시킨 후 운반해서 저장한다.

〈표 1〉 수확기를 달리하는 양파 저장 성적

항목 구별	8월 21일 까지 썩음	8월 21일 까지 싹틈	8월 21일 까지 정상	8월 10일 까지 썩음	8월 10일 까지 싹틈	8월 10일 까지 정상	11월 20일 까지 썩음	11월 20일 까지 싹틈	11월 20일 까지 정상	12월 25일 까지 썩음	12월 25일 까지 싹틈	12월 25일 까지 정상
도복전 수확	2	-	98	5	2	93	5	6	89	6	32	62
1할 도복때 수확	2	-	98	5	0	95	5	2	93	5	41	66
3할 도복때 수확	4	-	96	11	8	81	11	6	83	12	29	47
8할 도복때 수확	3	-	97	11	8	82	11	23	66	13	51	36
10할 도복때 수확	4	-	96	14	11	75	14	29	57	16	68	16
줄기, 잎 반마를때 수확	6	-	94	14	13	73	15	36	49	16	76	8
줄기, 잎 마를때 수확	7	-	93	20	9	71	21	43	36	26	68	9

가. 수확적기

수확시기에 따라 수량 및 저장성에 크게 영향한다. 따라서 목적하는 바에 따라 수확기를 달리하는 것이 원칙이다. 도복이 전부된 후 수확하면 최고수량을 얻을 수 있으나 이것을 저장하게 되면 저장 중 맹아 및 부패율이 높아서 저장에 부적합하다. 특히 완전도복 후 10일경에 수확하면 대부분 맹아되어 상품가치를 상실한다. 또한 구가 벌어지기 쉽다.

일반수확적기는 70~80% 도복한 때이고 저장을 목적으로 할 때는 일반양파 수확기보다 1주일 정도 일찍 수확하는 것이 좋은데 도복율이 50~60% 내외인 때가 알맞다(표 2 참조).

나. 수확요령

맑은 날씨가 2~3일 계속될 때를 택하여 수확하고 수확시 상처를 입으면 맹아가 빠르고 부패가 많으므로 취급에도 세심한 주의를 요한다. 수확후는 1일 정도 밭에 펴놓아 경엽을 건조시킨다. 경엽을 절단하여 저장할 때는 즙이 나오지 않을 정도 건조할 때 절단토록 한다.

〈표 2〉 수확시기에 따른 수량 및 저장성

수확기 (월/일)	10a당 수량 (kg)	수량 지수	맹 아 율(%)					부패율 (%)
			10월말	11월말	12월말	2월말	3월말	
6 / 1	3,996	60	4	6	8	24	12	0
10	4,439	70	2	18	18	22	6	0
20	5,909	90	34	32	6	12	6	0
30	6,582	100	53	20	15	0	0	17

2. 양파 저장

앞에서도 말한 바와 같이 양파는 오랫동안 저장할 수 있기 때문에 먼 거리 수송과 출하면에서도 유망한 채소라고 할 수 있다.

가. 저장의 기본 조건

(1) 품종과 저장성

양파의 저장성도 품종에 따라 차이가 있다는 것은 앞에서 설명하였다. 저장용 양파는 알의 구조가 좋고 잘 부패하지 않으며 싹이 늦게 나는 것이 좋다. 이러한 품종은 시판종중에 만생계 품종이 많이 쓰이고 있으며 삿뽀로도 재배된다.

또한 천주황의 품종도 좋은 편이다. 이에 대해서 애지배나 패종초생 등의 조생 품종은 적합하지 못하다.

이와 같이 품종에 따라 저장력에 차이가 있다는 것을 알 수 있다. 이것은 주로 양파 일체의 내적요인에 의한 것으로 휴면기간이 다르다는 것과 부패균에 대한 저항력이 다르다는 것에 기인되는 것이다.

일반적으로 저장력이 강한 양파의 특징은 만생종이어야 하며 고

〈표 3〉 양파의 저장력과 품종과의 차이

품 종	8월 31일	9월 30일	11월 1일	12월 13일
천주황	65%	43%	21%	0%
갑 고	90	86	70	16
차이나 적색	84	67	7	0
옐로우 글로브 댄버스	80	59	42	11
브라이함 옐로우 글로브	83	74	67	53
삿뽀로 황색	90	74	66	35
삿뽀로 적색	62	51	42	23

형분(高形分) 함량이 높고 매운 맛이 높은 것이 덜 매운 것보다 저장력이 강하고 구의 크기가 클수록 발아와 부패가 빠르다고 알려져 있으며 작은 구일수록 수분의 손실이 크다고 본다. 그러므로 작은 구를 장기 저장 목적으로 저온저장할 경우 저장후기에는 중형구에 비하여 발근이 심하게 발생된다.

따라서 저장용 양파의 크기는 개당 100~200g 정도의 중형구를 선택하는 것이 좋다.

(2) 수확시기와 저장성

우리나라의 양파수확은 대개 6월경이므로 여름철의 더위와 장마철을 지내는 동안 썩는 것이 생기고 싹이 나게 된다. 따라서 저장용으로는 가을에 수확하는 것이 유리하다. 또한 여름에 수확하는 재배에 있어서도 조금 일찍 수확하는 편이 좋다.

양파의 수확기는 구가 비대, 성숙해지면 지상부가 넘어지는데 이를 도복이라 하며 이는 수확기를 알리는 신호가 되고 수확기에 따라 수량 및 저장성에 크게 영향을 준다. 따라서 목적하는 바에 따라 수확기를 달리하는 것이 원칙이다.

도복이 전부된 후 수확하면 최고 수량을 얻을 수 있으나 이것을 저장하면 저장 중 발아 및 부패가 높아져서 저장에 부적합하다. 특히 완전도복 후 10일경에 수확하면 대부분 발아되어 상품가치를 상실하며 할구(割球)가 되기 쉽다.

일반적으로 수확 적기는 70~80%가 도복한 때이고 저장을 목적으로 할 때는 일반 양파 수확기보다 1주일 정도 일찍 수확하는 것이 좋은데 도복율이 50~60% 정도일 때가 알맞다.

(3) 수확 요령

맑은 날씨가 2~3일 계속될 때를 택하여 수확하고 수확시 상처를 입으면 발아가 빠르고 부패가 많이 발생하므로 취급에도 주의를 요한다.

수확한 양파는 줄기, 잎이 붙은 채로 1~2일간 밭에서 건조한 후 잎을 묶어 통풍이 잘 되는 그늘진 장소에 매달아 보관하며 줄기잎을 잘라 저장할 때는 줄기에서 즙이 나오지 않을 정도로 건조한 후 절단한다.

(4) 알의 크기와 저장력

대체로 알이 크면 썩는 율이 많고 저장력이 약하며 이와 반대로 알이 작으면 줄기가 가늘고 짜임새도 좋아서 저장력이 좋다.

(5) 비배관리와 저장성

앞서 말한 바와 같이 양파재배 중 비료의 종류와 시비량에 따라서 알의 저장력에 차이가 있고 또한 토질에 따라서도 저장력에 차이가 있다.

수확할 때는 맑은 날을 택해야 하고 알이 상하지 않도록 유의하여야 저장력이 높다.

양파재배에 알맞은 토성은 사질토 및 점질토로써 조생종은 사질토가 좋으나 저장용으로 사용될 만생종은 점질토에서 생산된 것이 표피가 강하여 저장력이 좋으며 재배 후기에 과다한 질소질 비료의 시비는 수량을 증가시키기는 하나 저장력을 약하게 한다.

(6) 저장환경

저장은 온도변화가 적고 통풍이 잘 되며 될 수 있는 한 서늘한 곳에 저장해야 한다.

① 온 도

양파가 휴면상태에 들어갔다고 하더라도 살아있는 것이므로 호흡작용을 하는 것이다. 따라서 호흡작용을 억제하는 것이 양파를 오래도록 품질좋게 저장한다는 결과가 되는 것이다.

그래서 알이 얼지 않을 만큼 낮은 온도하에 저장하면 호흡작용이 억제되어서 좋은 성과를 얻을 수 있다.

② 습 도

양파의 저장에는 공기중의 습도와 밀접한 관계가 있어서 기온이 높고 습도가 많으면 썩거나 싹나는 것이 많아지고 저장기간이 짧아지는 것이다. 또한 서늘한 곳에 두었다고 하더라도 습도가 높으면 (900~100%) 부패율이 많아진다. 양파저장에 적당한 습도는 70~80%이다. 습도가 낮을수록 싹나는 율도 낮아진다.

③ 환 기

환기장치나 환기구멍이 있으면 습도가 지나치게 높다고 하더라도 자연히 습도가 조절될 수 있다. 이러한 점에서 환기도 온도, 습도와 마찬가지로 영향을 주므로 통풍이 잘 되도록 유의해야 한다.

〈표 4〉 저장조건

최저온도(℃)	최저습도(%)	저장기간(월)	비 고
0	70~75	6~8	유태종(한) 식품가공저장학
0	70~75	5~6	岩崎康男(일) 식품가공과 저장
0	70~75	6~8	小曾戶和未(일) 식품공업 1976

(7) 큐어링처리

양파는 수확후 건조를 통하여 표피와 줄기의 수분을 건조시키면서 표피의 저장력을 발달시키는데 이러한 과정을 큐어링이라 하며 이는 단순한 건조과정이 아니며 약간 높은 온도와 적합한 습도에서 촉진된다. 우리나라의 양파 저장기술의 가장 중요한 개발과제로는 큐어링처리 기술로써 저장에 결정적 역할을 한다.

불확실한 일기 조건하에서는 비닐하우스 내의 인공 큐어링 방법을 실시하는데 이때 온도는 34~40℃, 습도는 70~80%의 조건에서 1주일간 행한다.

나. 저장방법

(1) 상온 저장

큐어링 처리가 끝난 양파의 일반재래식 저장방법은 공기유통이 잘 되고 습도가 높지 않은 서늘한 창고나 벽에 환기구가 있는 저장고 또는 비를 피할 수 있는 건가식(乾架式) 저장 장소에 양파를 엮어서 매달아 저장한다.

또 발이나 수수대 등으로 통가리를 만들어 줄기가 절단된 양파를 그 안에 넣고 위는 비를 피할 수 있게 짚으로 이엉을 만들어 덮어 씌우는 간이 저장방법이 있으나 이러한 상온 저장의 경제적 저장기간은 10월까지이며 그 이후 출하를 목적으로 하는 것은 0~2℃ 정도의 저온 저장고에 저장하여야 한다.

(2) 저온저장

양파저장용 저온저장시설로써 갖추어야 할 중요한 점은 다음과 같다.

저온 저장고에서 중요한 것은 외기온·습도를 막을 수 있는 완벽

한 방열방습 효과를 만들어 주어야 하며 냉각방식은 냉각장치(Unit Cooler)를 사용한 공기순환 냉각식이 적합하고 송풍량은 양파를 저장고에 넣을 때에는 7.6m/분(min), 온도가 유지된 다음에는 1.8~4.6m/분(min)의 풍속이 적합하다.

또한 저장 중 효과적으로 제상(除霜)할 수 있는 시설이 되어야 하며 저장고의 문 높이는 2.4m가 적합하다.

이와 같은 저온저장 시설에 넣은 양파의 최적조건은 온도 0℃, 습도 70~75%가 가장 좋으며 저장용기는 바람이 잘 통하는 플라스틱이나 나무상자 또는 그물망에 18~20kg씩 넣어 저장한다.

〈표 5〉 양파 저장 중 부패율 발아율 및 총감모율   (단위:%)

월별 구분 저장고별	9		10		11		12		1		2		3	
	상온	저온	상온	저온	상온	저온	상온	저온	상온	저온	상온	저온	상온	저온
부 패 율	5.8	1.6	8.2	2.0	11.9	3.5	21.4	4.3	30.0	7.0	33.0	9.3	40.2	15.2
발 아 율	7.8	0.5	14.2	3.1	17.5	4.3	25.1	5.6	35.7	7.1	39.6	9.4	43.7	18.9
총감모율	16.9	3.9	26.1	6.4	33.7	8.0	51.9	12.0	69.9	15.9	78.7	22.6	89.9	38.6

(3) MH에 의한 발아억제

양파의 발아를 억제하기 위한 방법의 하나로 냉장 이외에 마레인산 하이드라지이드(MH) 처리를 하는 방법이 있다.

이 MH는 상당히 오래된 약품이나 최근에는 생장 억제제로서 널리 사용되고 있다. 이 약제는 양파뿐만 아니라 여러가지 소채류의 저장에 있어서도 사용되고 있다. 그러나 잘못하면 약해를 받기 쉬우므로 조심해야 한다.

① MH처리법

MH처리는 양파를 수확하기 전에 잎에 살포하는 것이 가장 효과가 있다. MH를 살포하면 잎이 비교적 빨리 흡수하므로 비를 맞아도 그 효과는 그다지 줄어들지 않는다.

　살포하는 시기는 조건에 따라 다르나 대체로 수확하기 1~2주일 전에 뿌리는 것이 좋다. 잎이 쓰러지기 시작해서 30~40% 가량 쓰러졌을 때 살포하는 것이 가장 적당하다. 약제의 농도가 짙으면 발아율도 그만큼 억제된다. 그러나 농도가 지나치면 속이 썩는 일이 있으므로 잘 맞추어야 한다.

　가장 적당한 농도는 MH-30(아민염)을 사용할 때에 대개 0.25% 가량의 것에 전착제를 섞어서 10a당 6말 가량 살포하면 된다. MH-40을 쓸 경우에는 0.3~0.4% 가량이 적합하다.

　MH제의 농도에 따른 부패율, 발아율에 대한 성적을 보면 다음표와 같다.

MH처리에 의한 양파의 저장

〈표 6〉 6~8개월후의 발아상태

살포시기	농도	개수	6개월후의 발아율	8개월후의 발아율
수확 21일전	0.1%	50	26%	54%
	0.25	50	6	8
수확 7일전	0.1	50	48	66
	0.25	50	8	12
2회(7일, 21일전)	0.25	125	0	3
처리치 않은 것		50	96	100

〈표 7〉 8개월후의 부패상태

살포시기	농도	개수	부패	발아부패	계
수확 21일전	0.1%	50	20%	18%	38%
	0.25	50	32	4	36
수확 7일전	0.1	50	12	8	20
2회(7일, 21일전)	0.25	125	62	6	72
처리치 않은 것	0.25	50	44	3	47

② MH처리와 부패

위 표에서 보는 바와 같이 보통 온도에서도 MH처리로 간단하게 발아가 방지되고 저장기간이 연장되는 것은 흥미있다. 그러나 처리농도가 진하면 부패증을 일으킨다.

살포시기가 다르고 농도가 높아짐에 따라, 또한 살포횟수가 많아짐에 따라 그 영향이 다르다는 것을 알았다. 그것은 MH에 의하여 호흡의 질적인 면에 변화를 일으켜 발아를 억제하지만 결국은 호흡의 중간산물인 알데히드가 생겨 부패하게 되는 것이다.

그러나 이와 같은 부패현상은 MH처리에 의하여서만 발생하는 것이 아니고 온도, 탄산가스, 산소부족, 낮은 온도 등의 원인도 있다.

MH에 의한 부패율을 감소시키기 위해서는 이를 살포한 후 수십시간이 되어 시스텐 등의 약제(0.1%)를 살포하면 좋다고 하나 아직 확실치 않다.

다. 저장중의 변화

양파를 저장하는 중에 일어나는 변화에는 여러가지가 있으나 이를 잘 관찰해서 적절한 관리를 통해 유리한 방향으로 이끌어가야 할 것이다.

(1) 호흡작용의 변화

양파의 호흡작용은 비대성장할 때는 왕성하나 수확할 때가 되면 차츰 약해져서 휴면상태에 들어가게 되는 것이다. 그러나 수확할 때는 외적인 자극을 받아 일시적으로 호흡이 왕성하였다가 다시 감퇴하여 호흡력이 안정되고 휴면상태에 들어간다. 또 일정한 기간을 지내면 다시 호흡량이 상승하기 시작해서 싹트는 시기를 맞이한다.

그러나 MH처리를 받은 것과 맹아(萌芽)전에 냉장된 양파의 호흡은 상승하지 않고 휴면상태를 계속한다.

(2) 당분의 변화

양파의 성분중에는 수분이 대부분이고 단단한 물질의 대부분은 탄수화물로 되어 있다. 그 탄수화물은 성분이 포함되어 있지 않고 당분이 대부분을 차지하고 있다.

이 당분이 양파의 생활호흡원이요, 또한 발아할 때의 유일한 에너지원이다. 그러나 이것이 저장중에 감소하는 것은 사실이다. 휴면기간 중에 이것이 소모되는 양은 비교적 적다.

양파중에 당분이 포함되어 있는 부위는 상부로 올라갈수록 적고 하부 즉 알속에 가장 많이 포함되어 있다.

〈표 8〉 비늘줄기의 부분별 당분 및 비타민 C 함유량

부 위	당 분	비타민 C	수 분
바 깥 부 분	6.62%	7.6mg%	91.0%
중 간 부 분	7.03	7.9	90.0
속 부 분	7.69	8.0	88.8
윗 부 분	6.38	8.3	91.6
아 랫 부 분	7.32	11.1	89.0

위 표에서 보는 바와 같이 시일이 지남에 따라서 차츰 함유량이 줄어드는데 그것이 변화하여 가는 상태는 다음 표와 같다.

〈표 9〉 저장중 함유량의 변화

환원당(%)

	천 주 황			갑 고 황	
	6월	8월	10월	8월	10월
바 깥 부 분	6.61	4.50	3.75	3.30	3.41
중 간 부 분	5.59	4.40	3.95	3.18	3.39
속 부 분	5.82	4.85	4.00	3.21	2.89
윗 부 분	4.55	4.23	3.46	3.65	2.08
아 랫 부 분	4.53	3.77	3.46	3.01	2.97
바 깥 부 분	6.95	6.62	6.47	6.73	6.47
중 간 부 분	7.80	7.03	6.48	7.51	7.07
속 부 분	8.98	7.69	7.04	8.10	7.97
윗 부 분	5.98	6.38	5.66	6.00	7.44
아 랫 부 분	8.23	7.32	6.74	7.83	5.20

환원당(還元糖)은 전당(全糖)과 완연한 차이가 없고 양적으로도 크게 다르지 않다. 따라서 비환원당은 알의 속부분 또는 아랫부분에 갈수록 더 많이 축적되어 있다.

(3) 비타민의 변화

비타민 B_1은 비교적 안정되어 있으며 저장중에도 거의 변화가 없다. 또한 그 절대량에도 차이가 없지만 마지막에는 바깥부분이 감소되는 것 같다.

〈표 10〉 비타민 B_1의 변화

	6월	7월	8월	9월
바깥부분	27.8%	28.5%	25.5%	13.5%
속 부 분	28.5	33.0	28.5	27.0

비타민C는 차츰 감소하지만 7월 중순경부터 안정되었다가 싹이 틀 때 다시 감소하기 시작한다.

그 감소율은 전 저장기간을 통해서 약 50%이다.

〈표 11〉 비타민 C의 변화

	6월	7월	8월	9월	10월	11월
	%	%	%	%	%	%
환원형	8.7	5.4	5.3	5.1	4.2	4.5
산화형	3.4	2.4	2.4	2.5	1.7	2.2
총 계	12.1	7.8	7.7	7.6	5.9	6.7

이것은 얼핏 보아서 감소가 심한 것 같으나 다른 과채에 비하면 안정되어 있다. 또한 발아기에는 조금 증가하는 현상을 볼 수 있다. 이상에서 설명한 것은 보통 온도하에서의 변화이다.

그러나 냉장이나 MH처리하에서는 그만큼 소모량이 줄어든다.

라. 저장시험성적을 중심으로 한 검토

① 저장 중 수분함량은 약간 감소되었다.

〈표 12〉 양파저장 중 수분변화

(단위:%)

월 별 \ 저장방법별	대 조 구	0.1mm PE밀봉
입고시 (11. 15)	93.73	93.73
11. 30	92.83	92.83
12. 28	91.70	92.14
1. 30	91.25	91.88
2. 28	91.04	91.50
3. 30	90.82	91.12

② 저장중 감모율은 저장방법간에 큰 차이가 없었다.

〈표 13〉 양파저장 중 감모율 (단위:%)

월별 \ 저장방법별	대 조 구	0.1㎜ PE밀봉
입고시 (11. 15)	0.	
11. 30	3.12	0
12. 28	7.84	5.78
1. 30	14.72	12.38
2. 28	22.47	19.49
3. 30	33.24	31.78

③ 부패율은 대조구보다 0.1㎜ 폴리에칠렌 필름 밀봉포장구가 약간 높았으나 발아율은 반대로 대조구가 높았다.

〈표 14〉 양파저장 중 부패율 및 발아율 (단위:%)

월별 \ 저장방법별 조사항목별	대 조 구		0.1㎜ PE밀봉	
	부 패	발 아	부 패	발 아
입고시 (11. 15)	0	0		
11. 30	1.85	0	0	0
12. 28	4.85	1.07	3.72	0
1. 30	6.25	5.57	6.92	3.58
2. 28	10.85	8.14	11.24	5.88
3. 30	17.28	12.54	18.56	10.63

〈표 15〉 양파저장 중 Vit-C 함량변화 (단위:㎎%)

월별 \ 저장방법별	대 조 구	0.1㎜ PE밀봉
입고시 (11. 15)	10.03	10.03
11. 30	9.87	9.87
12. 28	9.62	9.58
익년 1. 30	9.14	9.10
2. 28	8.74	8.68
3. 30	8.21	8.20

따라서 양파를 안전하게 저장하기 위해서는 창녕대고, 천주황과 같은 품종을 선택하여 1~2일간 통풍이 잘 되는 곳에서 반드시 큐링처리를 하는 것이 중요하며 이 과정이 끝난 양파의 일반 재래식 저장법은 공기 유통이 잘 되고 습기가 적은 서늘한 창고에 양파를 엮어서 매달아 저장하며 저온저장은 통기가 잘 되는 나무상자에 넣어 저장하는 것이 좋다.

마. 양파저장 실례(전남농촌진흥원)

양파는 연중 공급되어야 하므로 저장의 필요성은 높지만 약간의 춘작산(春作産)을 제외하고 6월에 많은 양이 일시에 생산되고, 고온저장에서는 부패가 많으며 9월에 들어가면 자연적으로 싹이 터 저장력을 상실하게 되므로 저장성이 높은 품종 육성과 저장성 증대 방안은 중요한 과제라고 할 수 있다.

양파의 저장성은 품종과 재배조건 및 저장조건에 따라서 다르다. 다시 말하면 품종간에는 조생종보다는 만생종이 저장성이 높고 만생종에서도 품종에 따라서 다르며, 재배조건에서는 점질토 재배 생산물이 저장성이 높고 다비재배와 비옥지의 생산물은 저장성이 낮다고 한다.

같은 품종일지라도 너무 늦게 수확하거나 토양습도가 많을 때에 수확한 것은 저장성이 낮으며 포장에서 병충해가 많을 때에도 저장성이 낮다. 그리고 수확할 때에 알맹이에 잎을 붙여 말려 저장한 것은 알맹이에서 잎을 전달하여 저장한 것보다 저장성이 좋으며 양파의 크기에 있어서는 큰 것보다는 작은 양파가 저장성이 좋다고 한다.

한편 저장고의 온도가 높고 통풍이 나쁘면 저장성이 낮으며 월동기간 온도가 영하로 내려가면 동해를 입어서 저장성이 없게 된다.

양파는 수확한 후 부패와 맹아(싹틈)가 저장을 좌우하므로 저장 초기에는 부패 방지가 절대 필요하다.

저장기간에는 회색곰팡이병, 탄저병, 연부병, 건부병, 흑색곰팡이병 등의 발생으로 부패하게 되므로 살균제나 곰팡이약을 살포하면 효과가 있다. 맹아억제 방법으로는 생장억제제인 MH30의 0.25%액을 수확 10~15일 전에 300평(10a)당 120~150 *l* 살포하거나 휴면 중에 있는 저장고의 양파에 방사선을 조사하여 생장점 신장을 억제하여 저장성을 높일 수 있다.

7~8월에 0~2℃에 냉장하여 10월부터 3월에 걸쳐 수시로 시장에 출하할 수 있으나 이것은 좋은 시설과 많은 경비가 필요하다.

특히 MH30 처리는 적기에 살포해야 맹아억제의 효과가 있으나 농도가 너무 높으면 부패가 많게 되고 살포 당시의 환경과 생육상태에 따라서 효과가 변화하게 되므로 MH30 처리는 상당한 기술과 주의력이 필요하다.

따라서 양파 품종은 자체가 저장성이 높은 것이 가장 안전한 저장을 할 수 있는데 근래에 육성된 용안황양파같은 품종은 저장이 높을 뿐만 아니라 단위 수량이 많기 때문에 생산물의 저장 출하를 목적으로 양파를 재배하고자 할 때에는 알맞은 품종으로 본다.

당 원에서는 천주황양파, 용안황양파에서 대한 저장성을 조사하고자 농가실증 시험으로 1980년 6월에 시료를 무안, 함평지역 농가에 저장하여 1개월 간격으로 부패, 맹아구를 조사하였던 바 그 결과는 그림 1과 같다.

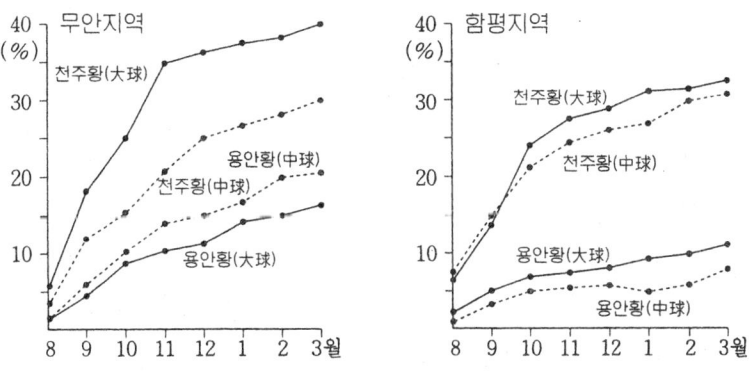

〈그림 1〉 부패구율의 월별 누계

양파재배

　그림 1에서와 같이 저장기간 중 부패율은 무안에서는 용안황, 천주황 모두 중구가 대구보다 부패율이 많았고 함평에서는 대구와 중구간에 별로 차이가 없었으나 품종간에는 천주황보다 용안황양파가 함평, 무안에서 모두 부패율이 낮았다.

　저장기간 중 맹아는 함평, 무안에서 모두 10월까지는 구의 크기에는 별로 차이가 없이 극소량 맹아하였으나 품종간에는 천주황은 용안황에 비하여 10월부터 갑자기 맹아하여 맹아율이 무안에서는 11월까지 천주황은 9~11.7%였고, 용안황은 3.3~7.3%였으며, 함평에서는 천주황은 12.8~14.4%였고, 용안황은 2.5~3.2%였으므로 용안황이 천주황보다 맹아율이 낮아 저장성이 높음을 보여주었다(그림 2 참조).

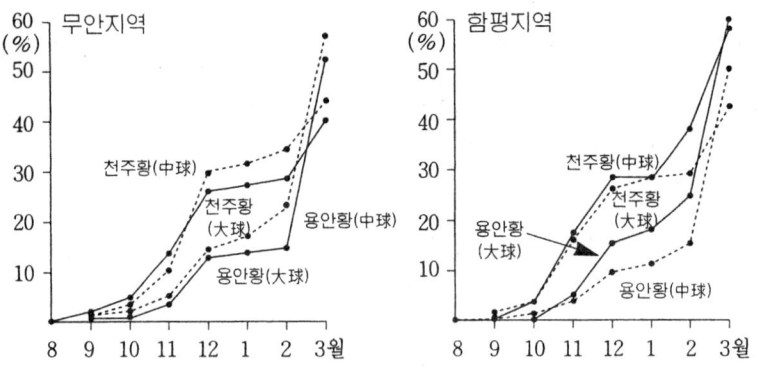

〈그림 2〉 맹아구율의 월별 누계

　그러나 3월까지의 맹아율을 보면 그림 2와 같이 무안, 함평 모두 천주황보다 용안황이 높은데 이것은 2월까지 용안황이 건전구가 많았음을 나타낸 반면 천주황은 부패구, 맹아부, 맹구부가 많았음을 보여주었다. 그러므로 천주황은 일찍부터 맹아가 되고 용안황은 월동후에 갑자기 맹아가 된다고 할 수 있다.

　저장기간 중 구가 부패하면서도 맹아하는 맹부율은 그림 3과 같이 구 크기간에는 무안, 함평 모두 별로 차이가 없으나 품종간에는 부패 및 맹아와 마찬가지로 천주황이 용안황보다 현저히 많았음을 나타내고 있어 천주황이 용안황보다 낮은 것을 알 수 있었으나 함평의 용안황이 무안의 용안황양파보다 맹부율이 낮은 이유는 알 수가 없었다.

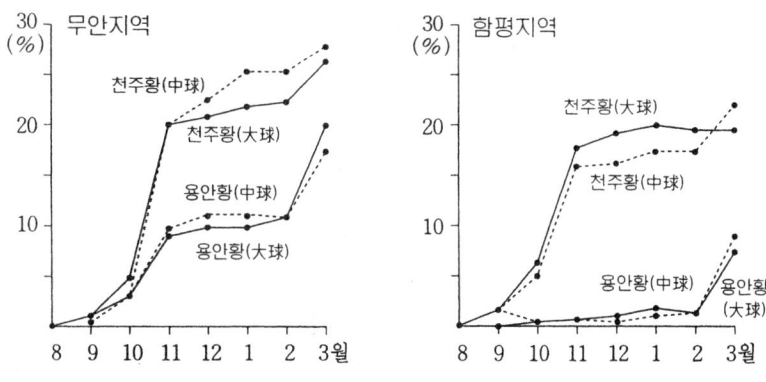

〈그림 3〉 맹아부율의 월별 누계

저장기간의 부패+맹아+맹부구수의 월별누계를 보면 그림 4와 같이 구 크기간에는 별로 차이가 없었으나 품종간에는 현저한 차이를 보였다.

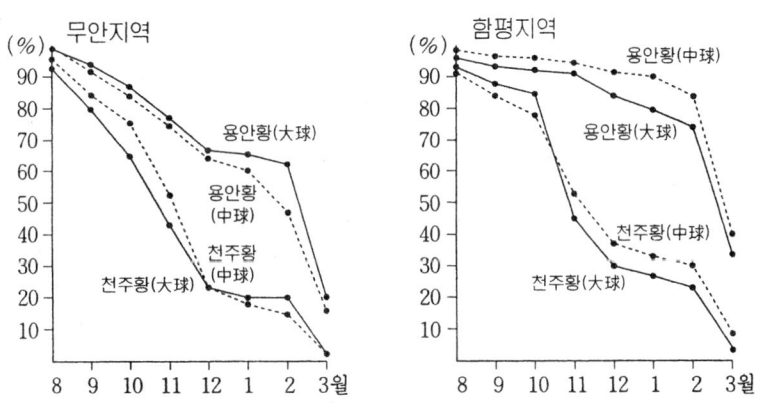

〈그림 4〉 건전구율의 월별 누계

부패+맹아+맹부율은 무안에서 천주황은 11월까지 48.5~58.8%였고 용안황은 2월까지 39.6~54.6%였으며 함평에서는 천주황은 11월까지 51.1~57.6%였고 용안황은 2월까지 29.3~20.1%였으므로 천주황은 11월까지 저장이 가능함을 보여주고 용안황은 천주황보다는 2개월 더 저장이 가능함을 보여주었다.

저장기간 중 부패, 맹아, 맹부구를 제외한 건전구율을 보면 그림 4와 같이 구크기 간에는 별로 차이가 없었으나 품종간에는 현저한 차이를 보였다.

건전구율은 천주황과 용안황 간에 9월까지는 큰 차이가 없었으나 10월부터는 품종간에 차이가 크게 나타났다. 건전구율은 천주황은 무안에서는 11월까지 41~52%, 함평에서는 42~49%였고, 용안황은 무안에서는 2월까지 45~60%, 함평에서는 71~80%였다.

이상의 조사결과로 보아 저장기간에 구크기별로는 부패, 맹아, 맹부, 건전구율이 차이가 별로 없었으나 품종간에는 용안황이 천주황보다는 부패, 맹아, 맹부율이 적고 건전구율이 많았다. 그러므로 천주황은 10월까지는 저장출하가 가능하고 용안황은 12월까지 저장출하가 가능하며 용안황이 천주황보다는 저장이 강한 품종으로 사료된다.

Ⅶ. 고냉지 춘파재배

1. 파종

가. 품종
고냉지 춘파재배용 품종은 고온, 장일에서 생육이 잘 되고 결구가 잘 되는 품종이어야 하는데 삿뽀로기가 좋다.

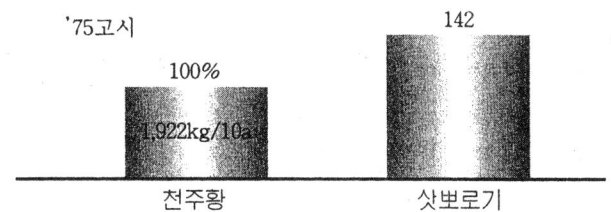

〈그림 1〉 고냉지 춘파재배 품종별 수량성

나. 파종량
10a당 6~8dl 정도로 준한다.

※ 발아율 70%(종자구입 즉시 시험) 정도이고 종자 1 l 의 무게는 450g 정도 된다.

다. 파종기
2월 25일 ~ 3월 10일까지 알맞다.

※ 평균기온 10℃ 되는 시기부터 55일 역산하여 파종한다(생육최저기온은 8~10℃).

〈표 1〉 대관령의 기온분포 (평년/℃)

구분 \ 월별 순별	4			5			6			7		
	상	중	하	상	중	하	상	중	하	상	중	하
최고	9.5	11.1	14.8	15.2	18.2	20.5	25.5	24.2	22.1	21.2	19.4	19.1
평균	3.5	7.4	9.3	10.2	12.7	14.6	21.4	19.7	18.3	16.9	14.1	12.2
최저	-1.6	0.3	3.5	4.1	5.4	7.8	17.0	15.4	14.0	13.0	8.9	6.0

라. 구비대기

장일과 적온유지를 위하여 파종기를 앞당김이 바람직하다.

〈표 2〉 춘파품종의 특성

발아적온	생육적온	구비대적온	구비대 제한온도	구비대일장
15~25℃	20~25℃	조생종 : 15℃ 중만생종 : 25℃ 전후	15℃이하 25℃이상	조생종 : 11.5~12.5시간 중만생종 : 13.5~14.25시간

2. 육 묘

가. 묘판적지

① 배수 및 보수력이 있고 통기성이 좋은 곳
② 파류를 재배하지 않은 곳
③ 토양 pH 6.5~7.0인 곳이라야 한다.

나. 묘판준비

① 본포 10a당 묘판 50~53㎡(15~16평) 정도가 필요하다.
② 3.3㎡당 20~30kg의 완숙퇴비를 시용한다.

③ 석회를 파종 2주전 뿌려 pH6.5로 교정하여야 한다.

다. 못자리 거름주기

① 밑거름 : 3.3㎡당 질소 124g, 인산 244~500g, 칼리 90g, 고토석회 400g을 사용한다.

② 웃거름 : 질소 36g(평당) 사용한다.

라. 묘판만들기

① 이랑의 폭 : 90~120cm
② 하우스 내에 소형 터널로 설치
③ 묘판 단열재(짚)를 5~10cm를 설치한다.
④ 파종상의 상토는 15cm 두께가 되게 한다.
⑤ 파종 2주전 설치로 지온상승을 유도하여야 한다.

마. 씨뿌림방법

① 골사이 5cm 줄뿌림한다.
② 1~1.5cm로 복토 후 발아시까지 비닐멀칭하여 둔다.
③ 복토후 다찌가렌 1000배액을 3.3㎡당 3~4 l 살포로 잘록병을 예방하여야 한다.
④ 파종후 7~10일간에 발아하며 온도관리는 23℃로 유지한다.

바. 발아후 관리

① 발아후에는 17~18℃로 관리한다.
② 땅 표면온도가 -5℃가 되지 않도록 한다.
③ 솎음질
    - 1차는 주간 1cm로 하여 6,000~7,000주/평 정도 되게 한다.
    - 2차는 주간 2.4cm로 하여 2,700~3,000주/평 정도 되게 한다.

④ 초기생육이 늦으므로 철저한 제초를 한다.
⑤ 온도가 28°C이상 되지 않도록 관리를 철저히 한다.
⑥ 노균병과 고자리파리의 방제를 철저히 한다.
⑦ 정식 15일전 평당 과석 60g 또는 중과석 40g 시용으로 활착 촉진 도모를 위하여 시용한다.

사. 육묘의 목표(55~60일묘)

잎수 3.5~4매, 초장 25~30cm, 10본당 무게가 40~50g이 되게 육묘를 한다.

3. 아주심기

씨뿌림후 52~53일경 2차 뿌리발생기때 정식을 한다.

가. 정지작업

① 석회, 유기질비료는 해빙과 동시 시용하고 삭갈이 해둔다.
② 기경은 뿌리가 땅속 30~50cm까지 뻗으므로 심경을 한다.
③ 정식 10일전 금비시용후 120cm 이랑을 만들고 비닐멀칭을 하여 둔다.

나. 시비량

① 10a당 흡수량(춘파재배시)

　질소(N) : 최고 12.3kg 평균 8.9kg
　인산(P_2O_5) : 10.3~2.0kg
　칼리(K_2O) : 29.6~5.6kg
　고토석회(Ca Mg) : 5.4~1.5kg

② 10a당 시비량(성분량)

퇴비는 1,500~3,000kg을 사용하고 질소 15kg, 인산 25kg, 칼리 15kg을 사용한다(기비는 질소 30%, 인산 80%, 칼리 40%). 고토석회 100kg, 인산은 용과린으로 칼리는 황산칼리로 사용한다.

다. 정식요령

① 묘뜨기 2시간전 관수후 채묘를 한다.
② 심는 본수는 10a당 30,000~40,000본을 심는다(24×9㎝로 식재).
③ 호크로 모를 흙채 떠올려서 뿌리가 끊기지 않게 채묘한다.
④ 고자리파리 방제를 위하여 바이린 1,000배액에 15~30분 담갔다 식재한다.
⑤ 비닐멀칭 위에 구멍을 뚫고 수직으로 넣고 주변을 흙으로 채운다.
⑥ 심는 깊이는 3㎝로 식재하여야 한다.

4. 관리

가. 제초제살포

① 뿌리분포는 지하 10~15㎝로 잡초해가 심하다.
② 따라서, 정식후 3~4일내 트리브닐을 뿌려준다.

나. 저온기에는 비닐멀칭을 하여야 한다.

① 고온기에는 짚 또는 청초로 피복하여야 한다.
② 한발기관수는 10일 간격으로 1회 관수량은 30㎜ 정도씩 한다.

5. 병충해 방제

가. 고자리파리
① 적용약제 입제를 10a당 5~6kg을 사전에 뿌리고 경운한다.
② 발병시는 적용 살충제를 살포하거나 관주한다.

나. 파 총채벌레
① 잎에서 흡즙하여 흰 반점이 생긴다.
② 적용 살충제를 살포한다.

다. 노균병 방제
① 4~5월 발생하는데 윤작실시를 하여야 한다.
② 4월부터 적용 살균제를 1주 간격 3~4회 살포하여야 한다.

라. 흑반병 방제
4월 상순부터 적용 살균제를 1~2주 간격으로 2회 정도 살포한다.

마. 연부병 방제
① 상처로 침입하므로, 관리시 상처가 나지 않도록 주의하고 병충해 방제를 철저히 한다.
② 적용약제를 살포한다.

6. 수확과 저장
① 도복기부터 25~30일에 잎이 완전히 마르면 줄기 1cm 남기고 자른 후 수확한다.
② 대, 중, 소 병충해 감염구를 선별한다.

③ 상자에 넣어 지상 40cm에 보관한다.
④ 저장온도 : -1℃~4℃
　　※ -4℃로 하강시 구의 조직 파괴된다.

7. 저장피해

가. 부패요인
① MH30을 너무 진하게 살포하거나 석회가 결핍될 때
② 병균 등에 의한 저장 중 병해 발생할 때
③ 당도가 높으면 잘 안썩음
④ 재배기간 중 비절, 밀식으로 광합성 장해를 받는 경우

나. 구의 형질과 맹아성과의 관계
당도가 높은 구는 맹아출현이 늦고 맹아량이 적음

다. 거름과 저장성
　수용성인 질소, 인산이 많고 칼슘, 칼리 함량이 적을 때는 부패가 빠르다. 따라서 고냉지 양파 재배시에는 퇴비를 충분히 주고 질소, 인산, 칼리를 균형 시비하여야 하며 특히 칼리는 황산칼리를 사용하는 것이 매운 맛이 높고 수량이 증수된다. 또 양파전용 복합비료(7-12-15)는 고토(3%), 붕소(0.3%), 유기물(10%), 유황, 칼슘 등의 미량요소가 함유되어 있어서 양파전용 복합비료를 사용한 양파는 수량도 많을 뿐 아니라 저장력도 증가된다.

Ⅷ. 양파 종구재배

1. 종구(種球) 재배 특징

가. 보통재배와 종구재배법의 차이
- 양파의 보통재배법은 8~9월에 씨앗을 뿌리고 10~11월에 아주 심기하여 이듬해 5~6월에 수확하고 저장하며 10월부터 저온저장(냉장)을 하면 12~3월까지 출하할 수 있다.
- 종구(種球) 재배법은 3월에 씨앗을 뿌려서 5월 중·하순에 종구(種球)를 거두고 이 종구를 저장해 두었다가 9월이나 10월에 아주심기를 해서 겨울이나 이듬해 봄에 거두어 신선한 양파를 출하하는 재배법이다.

나. 종구재배법의 이점
- 단경기에 출하할 수 있다.
- 저장할 필요가 없다.
- 보통 재배한 저장 양파보다 신선한 양파를 출하할 수 있다.
- 수익성이 높다.

다. 종구재배법의 유형
- 가을 수확형
  3월 상·중순에 모자리에 씨뿌림하고 5월 중·하순에 종구(種球)를 거두어 그늘에 매달아 말려 저장하였다가 9월 상순에 아주심기를 하고 11월 중순부터 12월 하순까지 거두기를 한다.

- 겨울 수확형

  가을 거두기형과 같은 방법으로 종구(種球)를 만들고 이것을 9월 중순에 심어 12월 하순부터 1월 중·하순에 거두어 출하한다.

- 봄 수확형

  가을, 겨울 거두기형과 같이 종구를 만들고 10월 상순에 아주심기를 하여 거두기는 3월 하순부터 4월 중순까지 거두어 출하한다.

라. 종구재배의 어려운 점

- 묘 기르기(종구 기르기)가 어렵다.
  ① 씨앗을 드물게 뿌려야 한다.
  ② 보온을 해 주어야 한다.
  ③ 물주기를 잘 해야 한다.
- 종구(種球) 저장을 잘 하기가 어렵다.

2. 품 종

종구재배에 쓰이는 품종의 특성은 다음과 같다.

가. 후유다마

극조생의 노란 양파계통이며 12시간 이하의 짧은 햇볕 쪼임과 낮은 온도에서도 잘 자라고 구(球)도 비대한다.

9월 상순에 아주 심기해서 11월~12월에 거두는 가을거두기형 재배에 알맞으며 구(球) 1개의 무게는 250g 정도이다.

나. 오파류

후유다마보다 수확이 좀 늦은 노란양파 계통이며 12시간 정도의 짧은 햇볕 쪼임과 낮은 온도에서도 잘 자라고 구의 비대도 빠르다.

9월 중순에 심어 12~1월에 거두는 겨울거두기형에 알맞으며 구(球) 1개의 무게는 300g 정도이다.

다. 하야데

낮은 온도나 짧은 햇볕 쪼임에서도 구(球)의 비대가 잘 되는 품종으로 겨울거두기형에도 심을 수 있고 봄거두기형에 알맞은 품종이다. 구(球) 1개의 무게는 220g 정도이다.

3. 육 묘

가. 모판설치 장소
- 집에서 가깝고 물주기에 편리한 곳
- 유기질이 많고 물빠짐이 좋은 모래참흙이나 참흙땅
- 양파, 파, 가지나 토마토를 심지 않았던 밭

나. 모판 면적
- 아주심기할 밭 10a당 모판소요 면적
  ① 씨뿌림 면적 : 55~60㎡(16~18평)
  ② 고랑까지 합친 면적 : 63~80㎡(19~24평)

다. 씨앗소요량(10a분) : 0.6~0.8 l (3~4홉)

라. 씨앗소독

씨앗 2dl(1홉)에 물 2cc를 넣어 씨앗표면에 물기가 있도록 잘 섞은 다음 오소사이드 분제 4~5g을 넣어서 약가루가 씨앗에 골고루 묻도록 섞어준다.

마. 씨뿌림 때 : 3월 중순

바. 모판 만들기

다음 그림 1과 같이 모판을 만든다.

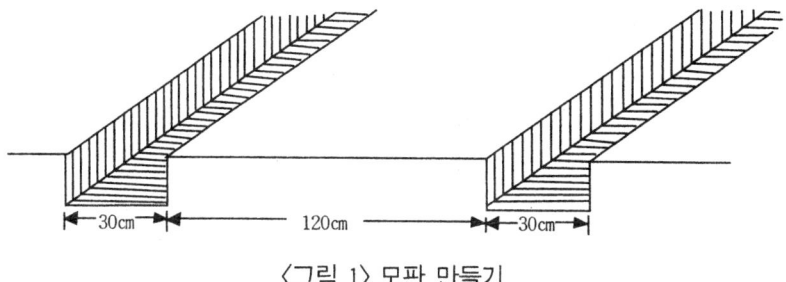

〈그림 1〉 모판 만들기

사. 씨뿌리는 차례

- 밑거름 주기

  씨 뿌리기전(되도록 1주일 이상 전)에 미리 만들어 놓은 묘판위에 복합비료(18-18-18) 300g을 3.3㎡(1평)에 골고루 뿌리고 괭이로 가볍게 파서 거름이 흙과 잘 섞이도록 한다.

- 모판 고르기는 판자를 이용하여 모판위를 균일하고 평평하게 고른다.

- 씨앗뿌리기

  2.5cm 간격의 눈금이 있는 나무자 2개와 모판폭의 길이와 같은 곧고 얇은 나무자를 미리 만든다.

눈금 메긴 자를 양쪽에 놓고 2.5cm 간격으로 곧고 얇은 나무자를 살짝 눌러 깊이 1~2mm 정도의 씨뿌림 골이 만들어지도록 한다.

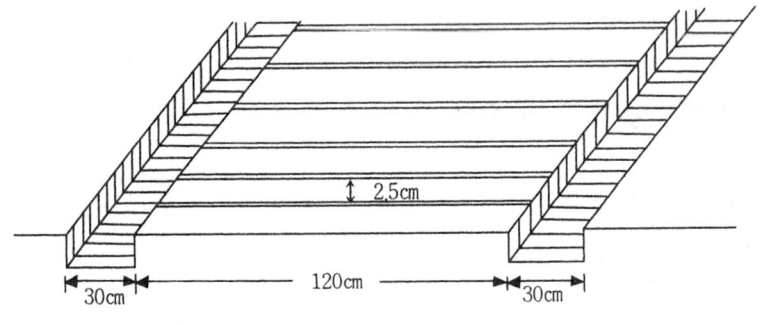

〈그림 2〉 파종골 만들기

씨뿌림 골에 씨앗을 뿌리되 가능한 2.5cm 간격으로 떨어지도록 점뿌림한다.

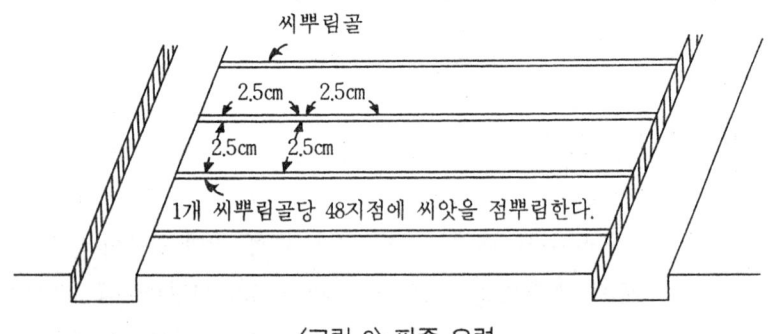

〈그림 3〉 파종 요령

씨앗 뿌리기가 끝나면 고랑의 흙을 체로 쳐서 씨앗이 보이지 않을 정도로 흙덮기를 해 준다. 흙을 덮은 다음 3~4cm 정도로 자른 볏짚이나 보리짚을 흙이 안보일 정도로 골고루 얕게 펴서 덮어 준다. 짚을 덮은 후 물뿌리개로 묘판 3.3㎡(1평)당 30~40ℓ의 물을 충분히 뿌려 준다.

아. 비닐덮기

- 씨앗을 뿌리고 흙덮기와 짚덮기가 끝나면 이랑위에 비닐을 덮어 준다.
- 이랑표면에 비닐덮기를 마치면 활죽을 60㎝ 간격으로 꽂고 그 위에 비닐을 씌워 터널을 만든다.
- 비닐터널은 바람에 날리기 쉬우므로 비닐테이프나 노끈 등으로 잘 고정시켜야 하며 자주 돌아보면서 비닐관리에 힘쓰도록 한다.

자. 모판 관리

- 터널내의 적당한 온도는 15~5℃이므로 25℃이상 되지 않도록 자주 돌아보아 통풍시켜 준다.
 외부 온도가 15℃이상 되면 터널 한쪽 비닐을 걷어 반대쪽으로 말아두었다가 온도가 15℃이하로 내려가면 다시 비닐을 덮어 적당한 온도를 유지한다.
- 비닐걷기(멀칭한 비닐)
 씨가 싹이 트면 묘판위에 덮은 비닐을 걷어낸다(활죽위에 덮은 비닐은 걷어내지 않는다).
- 물주기는 비닐을 열어 환기하기 시작하면 묘판이 잘 마르게 되므로 4~5일 간격으로 물주기를 하고 비가 올 때 기온이 높으면 터널 비닐을 걷어 비를 맞도록 해 준다.
- 김매기는 잡풀이 보이면 바로 김매기를 하여 준다.
- 웃거름 주기
  - 주는 때는 씨 뿌린 후 1개월 경에 잎색이 옅은 녹색을 띠게 될 때
  - 주는 양은 3.3㎡(1평)당 복합비료(18-18-18)35~45g
  - 주는 요령은 터널 비닐을 한쪽으로 걷고 거름을 균일하게

준 다음 물을 충분히 주고 비닐을 덮는다.
- 터널 제거는 밤의 최저 외부 온도가 10℃이상 되면 터널 비닐을 묘판 한쪽 옆(가)에 말아두었다가 기온이 10℃ 이하로 내려갈 때나 비가 많이 올 때는 비닐을 일시적으로 덮어주어야 한다.

차. 묘판 병충해 방제

4월 상순부터 외부 온도가 높고 과습하면 균 핵병 발생이 염려된다. 병 걸리기 전에 유파렌, 스미랙스 수화제 1,000배액을 1주 간격으로 2~3회 뿌려 준다.

카. 종구 거두기와 저장

- 거두는 때는 5월 중·하순(구가 1.5~2.0cm 자랐을 때)으로 주의할 점은 5월 하순이후 잠잘 때(휴면기)에 거두면 아주 심은 후 뿌리내림이 늦어지거나 불량하므로 적기에 거두어야 한다.
- 종구 고르기는 종구의 크기가 1.5~2.0cm 정도의 좋은 것만 골라 저장하고 너무 작거나 큰 것은 심지 않도록 한다(큰 구를 심으면 분구(分球)가 되기 쉽고 작은 구는 자람이 나쁘다).
- 종구 거두는 방법은 맑은 날 아침에 잎이 달린 채로 캐내어 그 자리에 3일 정도 말렸다가 40~50개씩 모아 줄기 부분을 묶는다.
- 저장방법은 줄기부분에서 묶어진 작은 묶음을 헛간 등 그늘지고 통풍이 잘 되는 곳에 매달아 저장한다.
  혹은 콘테이너, 나무상자 등에 10cm정도 두께로 얇게 펴서 저장할 수도 있다.

※ 종구를 수확하여 너무 오래 햇볕에 말리면 부패되기 쉽고 또한 장마기를 전후하여 뒤집기를 해주면서 변질된 것은 골라 낸다.

4. 아주심기

가. 아주 심을 때
- 가을 거두기형은 9월 상순에 아주 심는다.
- 겨울 거두기형은 9월 중순에 아주 심는다.
- 봄 거두기형은 10월 상순에 아주 심는다.

나. 심을 종구
심을 당시에 구(球)의 지름이 1.5~2.0cm인 것

다. 아주심을 밭 고르기
- 알맞은 밭은 참흙이나 질참흙 밭이어야 한다.
  (모래 참흙에는 특히 퇴비를 많이 주어야 한다)

라. 거름주기 및 이랑만들기

● 아주 심기 1주일전에 퇴비와 거름을 주고 밭을 갈아 이랑을 만든다.

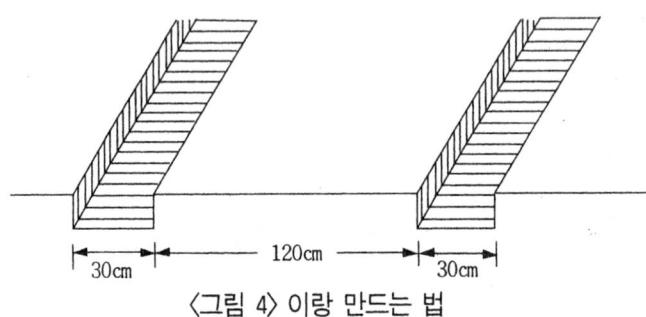

〈그림 4〉 이랑 만드는 법

〈표 1〉 거름 주는 양(kg/10a당)

거름종류 구분		퇴비	단비로 줄때			복합비료로 줄때
			요 소	용과린	염 가	복비(18-18-18)
밑거름		2,000	35 (1.4포)	80 (3.2포)	27 (1.1포)	133 (5.3포)
웃거름	1회	-	9 (0.4포)	20 (0.8포)	7 (0.3포)	22 (0.9포)
	2회	-	9 (0.4포)	20 (0.8포)	7 (0.3포)	22 (0.9포)

● 거름주는 요령

밑거름은 퇴비와 금비를 밭 전면에 뿌리고 경운기 로타리 작업을 한 후 이랑을 만들어 심는다.

마. 심는 간격

● 120cm 이랑에 자구를 12cm 간격으로 심는다.

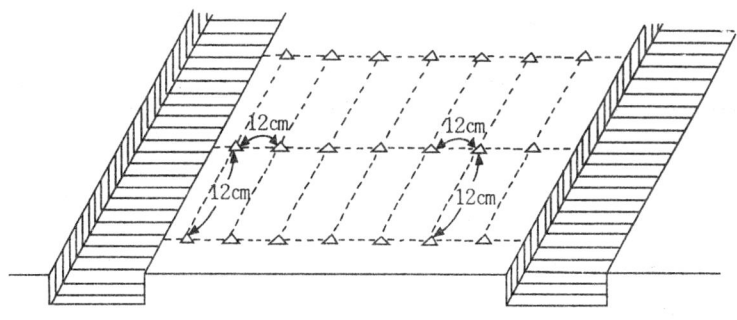

〈그림 5〉 아주심는 요령

※ 120cm이랑 폭에 10개의 자구를 심을 수 있다.

바. 심는 방법

● 양파 종구의 줄기를 1~2cm 남기고 자른다.
● 종구가 보일 정도로 얕게 심는다.

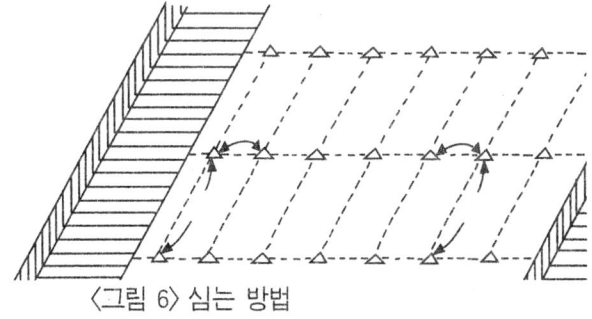

〈그림 6〉 심는 방법

※ 깊게 심으면 생육이 나쁘고 땅속에 수분이 많으면 썩기 쉽다.

사. 아주심은 후의 관리

양파의 보통 재배 요령과 같다.

● 잡풀이 보일 때 가볍게 파주면서 잡풀을 뽑아준다.

- 물주기는 땅의 물기가 60% 이하로 마를 때 물주기를 한다.
- 웃거름 주기는 아래표의 양을 알맞은 때에 준다.

〈표 2〉 가꾸기 형태별 웃거름 주는 때

가꾸기 형태	주 는 때	
	1 회	2 회
가을 거두기형	9월 하순	10월 하순
겨울 거두기형	10월 상순	11월 상순
봄 거두기형	11월 상순	12월 상순

웃거름 주는 양은 1회에 복합비료(18-18-18)를 10a당 1포 정도 뿌려 준다.

5. 병충해 방제

가. 균핵병

- 묘 기를 때 피해가 크다.
- 처음 어린 묘에 땅위 부분의 줄기에 담갈색 부정형 병무늬 발생
- 그후 잎 부위에 검은색 균핵 형성 따위 부분의 줄기가 누렇게 변함
- 거둘 때에는 땅속 줄기에 흑색으로 변하고 균핵 형성
- 병든 것은 발견 즉시 뽑아 없앤다.
- 발병 직전이나 직후에 적용약제를 10일 간격으로 2~3회 뿌린다.

나. 파총채벌레

- 어른벌레나 어린벌레 모두가 집단적으로 잎에 붙어 즙액을 빨아 먹는다.
- 즙액을 빨아 먹은 부위가 은백색으로 변하고 심하면 양파 전체가 색이 변하고 말라 죽는다.
- 가뭄이 계속될 때 특히 피해가 큼
- 발생초기에 적용약제를 뿌린다.
- 양파는 잎면에 농약이 잘 붙지 않으므로 전착제를 넣어 뿌리면 매우 효과적임

다. 거세미 나방

- 땅가 부위에서 묘를 자르고 일부를 땅속으로 끌어들여 가해하는데 3령 이후에는 낮에는 땅속에 숨고 밤에는 나와서 피해를 준다.

● 발생 초기에 싸이스린유제(바이린), 피레스유제(립코드), 디디브이피유제 1,000배액이나 디프수화제(디프록스), 메프수화제(스미치온, 호리치온), 나크수화제(세빈), 지오릭스 유제를 700~800배로 물에 타서 뿌림

6. 수 확

① 자구재배법은 언제든지 수확이 가능하므로 양파 가격이 좋을 때 맞추어 거두어 출하한다.
② 줄기와 잎이 녹색을 지니고 있을 때 구(球)와 같이 뽑아 거두어 출하할 수 있다.
③ 거두는 때는 필요에 따라 조절할 수 있으나 재배형태에 따라 가을 거두기형은 11~12월, 겨울 거두기형은 12~1월, 봄 거두기형은 3~4월이므로 대략 이 시기에 맞추어 수확한다.

7. 자구재배의 문제점

양파의 보통묘를 심는 대신에 봄 또는 전년 가을에 묘판에 파종해서 그대로 소구를 만들어서 이것을 저장해 두었다가 정식기에 심어 재배하는 방법이다. 이때 심은 자구는 속에서 잎이 나서 보통묘와 같이 된다. 이때 구의 부분은 점점 소모되어 시들어서 결국 시들 당시의 구는 양분을 전부 소비해 버리고, 전혀 새로운 것, 즉 보통묘와 같이 되는 셈이다.

자구재배의 장점을 들어보면 다음과 같다.
● 자구는 저장양분을 가지고 있으므로 심은 뒤에 뿌리내림이 좋다.
● 장거리에 수송하여도 식상이 없다.

- 정식을 기계화할 수 있다.
- 비교적 큰 자구를 심을 수 있고 생육이 빨라서 보통묘를 심을때 보다 수량이 많아진다.

자구재배의 단점을 들어 보면 다음과 같다.
- 저장 중에 부패하기 쉽다.
- 잡초방제가 곤란하다.
- 자구를 생산함에 있어서 보통묘의 생산보다 번잡하다.
- 발아율 등의 관계로 적당한 크기의 구를 얻기 어렵다.

자구재배는 양파재배지대에서 자구를 만들면 대체로 병해가 많고 저장중의 부패가 많아 자구생산은 다른 지대에서 자구를 생산한 것으로 재배하여야 한다.

정식시에 자구의 크기, 정식기와 수량, 조기추대와 분구에 대해서는 밀접한 관계가 있어 적당한 크기의 자구를 갖추어서 심어야 한다.

Ⅸ. 남해안 봄양파재배

1. 재배지역

 남해안 지방이나 제주지방과 같이 초여름에도 바닷바람에 의하여 비교적 서늘하고 기온이 많이 올라가지 않는 지방에서 재배하는 작형을 남해안 봄양파재배라고 한다. 이 작형은 가을파종 양파가 부족한 경우에 재배하는 작형으로 양파가 평년작 재배면적을 확보한 경우에는 재배할 필요가 없다.
 일반적으로 제주 및 남해안 지방에서 봄파종 양파재배는 저온기인 1~2월에 파종하여 육묘를 하여야 하기 때문에 육묘하기가 힘들고 가을파종 양파에 비하여 재배기간이 짧기 때문에 수량이 다소 떨어진다. 또 봄양파재배를 갑자기 하려고 하여도 육묘를 할만한 빈 하우스가 없고

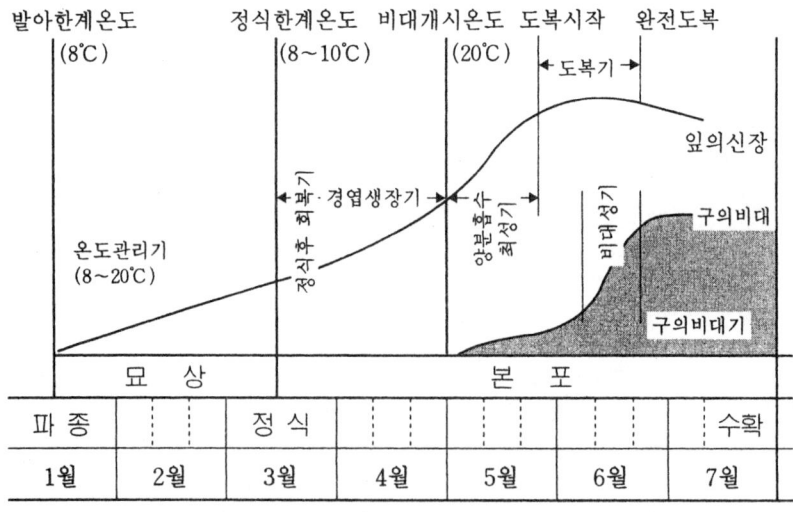

〈그림 1〉 양파 춘파재배시의 생육과정(남해안 지방)

양파재배를 할만한 면적이 남아 있지를 않아서 재배하기가 어려운 조건이 된다.

그런데 이 작형의 봄양파 재배는 아주 심을 때(정식기)에 즉 3월 중순부터 4월 중순에 평균기온이 10~17℃ 정도로 늦서리의 피해를 입지 않은 지역, 즉 제주지방이나 남부 해안지방이 알맞은 재배지역이다.

2. 토양조건

토양조건은 일반 양파의 경우와 같이 알맞은 토성(土性)은 모래 참흙 내지 질참흙으로, 조생종은 수분이 있는 모래 참흙이 좋고 저장을 위해서나 만생종은 질참흙이 좋다. 또한 생육초기는 습한 토양이 좋으며 성숙기에는 비교적 건조한 토양이 좋다. 알맞은 토양산도는 pH6.3~7.5 정도로 산성에는 약하다.

토양중의 수분은 발아뿐 아니라 구의 비대가 시작될 무렵에도 큰 영향을 미친다. 너무 지나치게 수분이 적거나 많으면 생육이 불량하여진다.

3. 품 종

제주 및 남해안지방에 봄파종하여 재배하는 작형에 알맞은 품종은 가을파종재배에 많이 사용되는 천주황이나 패총조생이 알맞다.

표 2에서 보는 바와 같이 패총조생보다는 천주황이 알맞다. 또 파종적기에서 늦을수록 천주황이 패총조생보다 수량이 더 많다. 그 이유는 고온이 되어도 양파구가 비대하는 힘이 큰 만생종 계통이 더 좋다는 뜻이다. 따라서 제주 및 남해안 지방에서 봄에 파종하여 재배하고자 할 때는 천주황의 품종이 알맞다.

4. 육 묘

종자소독은 벤레이트T 200~400배액이나 호마이 200배액에 30분간 담그거나 분의제(粉衣製)를 종자에 묻혀 소독한다.

종자의 수명이 대단히 짧아 보통 저장방법으로 저장하면 1년이 지나면 발아율이 50% 이하로 크게 떨어져 못 쓰므로 묵은 종자를 사용하지 말고 충실한 새로운 종자를 사용해야 한다. 그러나 특수한 방법으로 깡통에 넣어 잘 저장하면 5년 동안은 쓸 수 있다. 보통 발아율은 70%정도이고 1 l 무게가 450g정도이면 10a당 소요 종자량은 6~8㎗이다.

씨뿌리는 시기는 1월 중순부터 2월 중순까지 사이에 파종하면 되나 가급적 빨리 파종할수록 수량이 많다.

묘상설치 장소는 하우스 안에다 설치하는 것이 좋으며 10a당 소요묘상 면적은 약 50㎡이다.

토양산도는 6.3~7.3 정도이며 비옥한 양토 또는 사양토로써 보수력이 좋고 기름진 땅이어야 한다. 그리고 묘상은 2~3년간 파속 작물을 재배하지 않았던 곳이 좋다. 씨뿌리기 2주일 전에 퇴비와 석회를 묘상 전면에 뿌리고 20cm깊이로 깊이 간 다음 씨뿌리기 2~3일 전에 화학비료와 다이아지논입제를 같이 뿌리고 이랑나비 90~120cm, 이랑높이 12~15cm 정도로 이랑을 만들고 묘상을 부드럽게 고른다.

씨뿌리기는 바람없는 날 씨를 뿌리는데 종자는 3.3㎡당 0.4㎗정도가 소요되며 복토하는 흙과 씨앗을 골고루 섞어 산파(散播)하거나 줄뿌림(條播)한다.

너무 밀파(密播)하면 도장묘(徒長苗)가 생기기 쉽다. 씨뿌림후 복토는 완전히 썩은 퇴비와 흙을 같은 양으로 하여 가는 체로 친 것을 1~1.5cm 덮어준다. 복토한 후 다찌가렌 기타 묘 잘록병에 잘 듣는 농약을 물에 타서 물뿌리개로 충분히 관수하고 짚으로 엷게 덮고 짚이 날리지 않도록 새끼를 띄우거나 기타 방법으로 눌러논 후 발아할 때까지 충분히 물을 뿌려준다. 대체로 1주일이 지나면 발아가 시작되므로 짚을 제거하여 묘상이 마르지 않도록 물주기를 철저히 한다.

〈표 1〉 양파 묘상의 시비 "예" (3.3㎡당)

비료명	시비량	시비방법	성분량
고토석회	0.4kg	밭갈이 할 때 밭전면에 살포	N:400g
퇴비	1.5	〃	P:400
깻묵	0.3	〃	K:400
복합비료 (21-17-17)	1	씨뿌리기 10일전에 살포하여 흙과 잘 혼합되도록 한다.	
재	1	씨뿌리는 날 살포하여 흙과 혼합	
요소	75g	웃거름을 준다.	
과석, 용과린	40g	아주심기 2일전에 물에 타서 엽면시비	

묘상(苗床)이 굳지 않도록 제초(除草)를 겸해서 수시로 뿌리가 다치지 않도록 얕게 매준다. 발아후 20일경에 묘가 서로 닿지 않도록 1㎝ 정도의 간격으로 솎아 준다. 발아후 15~30일에 물 20 ℓ 에 요소 40g을 타서 준다. 아주심기 10~15일전에 과석을 3.3㎡당 60g을 뿌리거나 중과석 40g을 사용하면 아주심은 후 활착과 생육이 좋아진다. 참고로 묘상시비 예를 들어보면 표 1과 같다.

묘상에서 발생하는 가장 위험한 병은 묘잘록병이므로 앞에서 말한 묘상 종자소독과 묘상관리(트기 처음 2~3주일)에 힘써야 하며 병이 발생하면 묘잘록병에 잘 듣는 여러 살균제 농약을 4~5일 간격으로 3~4회 물대신 관수한다. 고자리파리가 발생하면 바이린유제나 기타 침투성 살충제를 물에 타서 물뿌리개로 관수한다.

5. 아주심기

양파의 뿌리는 땅속에 30~50cm까지 뻗으므로 밭을 깊게 갈고 흙덩이를 잘 부수어야 한다. 이랑의 폭은 90~120cm로 하며 줄 사이 20~24cm, 포기 사이 15cm로 하여 심는데 재배목적에 따라 심는 거리를 조절해야 한다. 심는 포기수는 10a당 25,000포기를 표준으로 하여 일찍 내거나 잎양파를 목적으로 할 때는 이보다 심는 포기수를 많게 하여 30,000~35,000포기 정도로 한다. 심는 포기수를 많이 하면 구가 적어지는 반면 전체 수량은 증가하고 반대로 적게 하면 구가 커지고 수량은 다소 떨어진다. 심는 깊이는 3cm 정도로 심는 것이 가장 다수확이 된다.

아주심는 시기는 3월 중순부터 4월 중순이 알맞으며 또 양파는 씨뿌림 후 52~53일경에 2차 뿌리가 발생하는데 이때에 아주심기를 한다. 55~60일에 육묘하여 초장이 30cm, 뿌리 바로 위쪽 지름이 6~8mm이고 무게가 4~6g이면 좋은 묘라 할 수 있다. 수확을 올리자면 큰 묘를 빨리 아주심기하면 다수확이 된다. 즉, 가을파종 양파는 큰 묘를 심으면 추대가 되나 봄양파는 그와 반대로 큰 묘를 심어야 한다.

6. 관리

양파는 아주심을 경우 뿌리내림(활착)은 아주심은 후 20~30일이 소요된다. 그런데 봄양파에서는 이보다 약간 빠르게 뿌리가 내린다. 일반적으로 아주심은 후 뿌리내림이 되는 시기가 제1회 웃거름 주는 시기가 된다. 그러나 봄양파에서는 웃거름을 1회만 주게 되므로 뿌리 내리는 시기보다 다소 늦게 주는 것이 좋다.

양파 뿌리의 중요 활동부위는 땅속 10~15cm이므로 잡초의 피해가 크다. 따라서 아주심은 직후(3~4일 이내)에 양파 전용 제초제 트리브닐 등을 살포한다.

양파의 시비량은 흡수량과 밀접한 관계가 있어 10a당 질소가 많이 흡수될 때에는 12.3kg, 적을 때는 3.9kg으로 평균 8.9kg정도가 흡수된다. 인산은 10.3kg~2.0kg으로 평균 5.4kg 내외가 흡수되며 칼리는 29.6~5.6kg으로 평균 12.4kg 정도가 흡수된다.

석회나 마그네슘은 평균 5.4kg과 1.5kg이 흡수된다. 이와 같이 양파는 비료분을 많이 흡수하는 작물임을 알 수 있다.

따라서 비료주기는 밑거름으로 10a당 퇴비 3,000kg, 요소 36kg, 용과린 100kg, 황산칼리 36kg, 석회 80kg 정도를 사용하고 웃거름은 1회만 주되 아주심은 후 30일경에 10a당 요소 17kg, 염화카리 10kg만 주면 된다(양파 전용 복합비료〈7-15-12〉는 일반 양파에 준하여 준다).

그리고 일반관리로 비가 올 때는 배수를 철저히 하며 습해를 받지 않

〈표 2〉 봄양파(제주 및 남해안) 수량성

('84 원시부산지장)

파종기	품종	구경지수	구중	도복기	분구율	추대율	열구율	10a	
								수량	지수
월/일			g	월/일	%	%	%	kg	
8. 30	패총조생	1.77	183.3	5. 14	7.3	10.0	2.0	5,323.0	100
	천주황	1.33	376.0	6. 8	11.3	8.7	0	11,328.5	100
	담로	1.27	338.8	6. 8	46.0	10.0	0	10,062.4	100
1. 18	패총조생	1.82	139.3	6. 14	0.7	0.0	0	4,596.9	86
	천주황	1.60	196.0	7. 6	4.7	0.0	0.7	6,422.7	57
	담로	1.41	171.5	7. 14	16.7	0.0	0	5,659.5	56
2. 17	패총조생	1.70	131.7	7. 6	1.3	0.0	1.3	4,289.8	81
	천주황	1.54	111.3	7. 14	0.7	0.0	0	3,672.9	32
	담로	1.40	143.3	7. 14	3.3	0.0	0.7	4,695.8	47
3. 19	패총조생	1.52	62.8	7. 7	0.0	0.0	0.7	2,057.9	39
	천주황	1.41	103.0	7. 19	0.7	0.0	0	3,375.2	30
	담로	1.32	136.8	7. 23	1.3	0.0	0	4,455.7	44

게 하고 가뭄시에는 특히 결구기, 즉 밑이 자라나는 시기에는 충분히 관수를 해야 한다.

　병충해 방제는 버짐병과 검은 무늬병 등이 많이 발생하니 안트라콜 산도판에이 등을 예방위주로 뿌려주어야 하고 특히 파총채벌레와 고자리 파리가 심하게 나타나니 10a당 큐라텔 후라단 등을 5~6kg을 아주심기 전에 밭을 갈 때 전면에 뿌리고 밭을 갈면된다. 그리고 그외 병충해 방제는 일반 양파에 준하여 방제하면 된다.

　수확은 장마기를 감안하여 수확하되 7월 상순이나 중순에 수확하는 것이 알맞으며 6월에 수확하면 주량이 다소 떨어진다.

　봄에 파종하여 남해안지방에서 재배한 양파는 가급적 저장을 하지 않아야 한다. 왜냐하면 봄양파는 충분히 구가 자라지 않아서 수확을 하기 때문에 저장력이 가을양파에 비하여 떨어지게 되니 저장하지 말고 즉시 출하하는 것이 좋다.

X. 생리장해

1. 정식시의 온도장해 및 묘의 크기

정식기는 파종기, 품종, 재배지의 기후에 따라 다르며 재배지에 따라 최적기가 있는 것이다. 조생종인 것은 일찍 서둘러야 하나 만생의 것은 다소 늦어도 괜찮다.

추운 지방에서는 늦어지면 겨울에 고사하는 율도 많고 감수하나 난지에서는 다소 늦어도 수량에 큰 차이가 없다.

저온에 의하여 뿌리의 발육이 둔화되기 전에 정식을 끝내야 한다.

양파 뿌리의 발육이 둔화되는 온도는 평균기온 4~5℃, 최저기온 2~3℃이다. 이와 같은 기후가 되기 전에 정식이 끝나 활착이 되어야 하는 것이다.

활착이 완료되려면 20~25일이 소요되므로 그 지방의 기온이 4~5℃가 되기 1개월 전에 정식이 끝나야 되는 것이다.

추운 지방에서는 특히 서리발에 의하여 묘가 뜨기 때문이다. 그러나 난지에서는 늦게까지 따뜻하며 특히 저장용 양파를 난지에서 재배할 경우는 상당히 늦어도 큰 장해가 없다. 따라서 정식기의 폭이 한지에서는 좁고 난지에서는 넓다.

〈표 1〉 묘의 크기와 수량 및 추대와의 관계

묘의크기 뿌리의 직경	10a(반)당 수확량		수량지수	추대비율
	주 수	중 량		
3.0mm	23,240 주	2,677kg	59	0 %
4.5	22,320	3,454	75	0.2
6.0	22,760	4,519	99	5.3
7.5	22,760	4,579	100	8.2
9.0	21,520	4,489	99	21.6

이와 같이 정식기는 정상적이라 하더라도 양파 묘의 크기가 크게 문제된다. 큰 묘를 사용하면 개당 중량은 증가하나 추대율이 급격히 증가하며 작은 묘를 사용하면 추대율은 적어지나 개당 중량이 작아 수량이 감소한다. 따라서 실제 재배에 있어서는 10% 정도의 추대가 될 것을 전제로 한 묘를 설정하여 정식하게 된다. 그러기 위해서는 표 1에서와 같이 60일 육묘로서 잎이 4매, 30cm의 초장, 1주 중량 3.8~5.6g 정도이며, 줄기부 직경 0.6~0.7cm의 것이 가장 이상적이다.

정식기에 이보다 작은 묘 즉 0.4cm 이하의 작은 묘는 보통 재식밀도보다 좁게 밀식하여 재식밀도를 높여야 되는 것이다.

2. 인산질 비료 부족장해

양파의 묘판에 다비재배는 금물이다. 비료의 적량은 토양의 비옥도에 따라 다르기 때문에 무계획적인 비료시용은 삼가하는 것이 좋다. 그리고 중요성분은 묘가 늘신하게 자랄 수 있도록 주는 것이 요구되나 질소가 과다하면 연약한 묘가 된다.

이와 같은 묘는 발근력이 약하고 정식후 묘의 색이 급격히 변한다. 그리고 정식 후 시드는 것이 오래 계속되게 된다. 따라서 활착이 잘 되는 묘를 얻으려면 충분히 인산흡수가 된 묘를 키워야 되는 것이다. 따라서 묘판 흙은 인산질 비료가 충분히 투입되어 있어야 한다.

제1인산소다의 엽면살포로 정식시의 식상을 가볍게 하여 발근을 촉진시키기도 하며 제1인산소다 0.2%액을 만들어 정식 10~15일 전에 1a당 54ℓ 정도를 살포해 주기도 한다.

본포에 있어서는 질소, 인산, 칼리의 요구량이 크며 3요소 중 어느 성분이 없더라도 수량의 감소가 대단하다. 그외 석회, 고토, 유황 등의 요구도 많은 편이다.

질소가 다른 비료와 균형을 잃을 정도로 과다하면 늦게까지 경엽만 무성하고 구는 단단치 못하며 또한 병이 많아 저장용을 생산할 수 없다.

 가령 정식이 늦을 경우 처음에는 질소를 주지 않고 2월경에 시비하면 생육이 거의 뒤떨어지지 않으나 3월 중순 경부터 4월에 걸쳐 질소가 부족하면 그 후 질소를 다량 시여하여도 수량은 급격히 감소하며 수확기가 늦어지고 병의 발생이 심하게 되는 것이다.

 이것에 비하여 인산은 뿌리의 발육을 촉진시키는데 뿌리는 지상부의 생장을 우선 촉진시키므로 지상부가 생장하기 위한 흡수면적을 넓혀야 한다.

 인산은 이와 같은 시기에 꼭 필요한 것이며 생육 후기에는 시여하여도 비효가 적다. 따라서 인산은 기비로 전부 시여하여야 한다. 또 인산은 퇴비와 함께 기비로 전부 시여해야 생육초기부터 비효가 나타나게 된다.

 양배추-수도-양파와 같은 윤작과, 보리-양파-양파의 연작을 비교하여 보면 양배추의 뒷 그루가 불량한데 이것은 양배추 재배시 다량의 유안이 시여되고 그 위에 석회 시용이 안돼 토양이 산성화되어 양파의 인산 흡수를 방해하거나 또는 인산 영양이 불량하기 때문이라 한다. 따라서 토양의 산성을 교정하는 것도 인산의 비효를 높이는데 효과적인 것이다.

3. 밀식장해

 양파의 수량은 1개 평균중×재식본수이다. 따라서 될 수 있는 한 큰 구를 생산하는 것이 증수의 요건이 되기도 하나 한편으로는 가능하면 밀식해야 된다는 조건도 성립하게 된다.

 풋양파는 250g내외, 저장용은 130g내외를 목표로 하는데 이와 같은 크기의 양파를 생육시키기 위해서 얼마만한 면적이 요하는가는 토양의 비옥도에 따라 관계가 크나 양파는 원래 밀식에 견디게 되어 있다. 그 이

유는 첫째, 양파 잎은 다른 작물과 같이 잎이 무성하여도 그늘이 심하지 않고, 어느 정도의 저장부를 형성키 위해서는 동화 면적이 적은 것이 특징이다. 둘째 양파의 뿌리는 지표 가까이에서는 비교적 적립성으로 대부분 양파 기부를 정부로 한 피라밋형으로 밑으로 퍼져나가기 때문에 토층 하위부까지 비옥하면 밀식에 견디는 것이다.

일반적으로 적게 심는 경우가 10a당 15,000본, 많은 경우가 30,000본이며 최대는 10a당 45,000본으로 밀식하면 구는 작아지나 수확량은 증가한다고 한다.

4. 구의 비대 장해

양파의 구가 비대하기 시작하여 이것이 완료되는 과정에는 일장시간과 온도가 밀접하게 관계한다. 품종에 따라 조만성이 있는 것은 이와 같은 일장감응성(日長感應性)이 있기 때문이다.

양파의 구가 비대를 시작하려면 일장이 어느 정도 길어져야 하는데 짧은 것은 11.5시간 정도로부터 긴 것은 16시간 정도까지 이르게 된다.

품종들을 일장별로 분류하면
  11.5시간 → 애지백(愛知白)
  12.0시간 → 패총조생(貝塚早生)
  12.5시간 → 패총조생(貝塚早生)
  13.0시간 → 조생천주(早生泉州), 금정조생(今井早生)
  13.5시간 → 중생천주(中生泉州)
  14.25시간 → 찰황황(札幌黃)

이와 같은 일장감응으로 본다면 일반적으로 짧은 일장시간으로 구의 비대를 시작하는 단일성 품종일수록 조생형이 되며, 비대에 긴 일장시간을 필요로 하는 일장성의 품종일수록 만생형이 된다.

　이렇게 양파의 구의 비대가 이루어지는 것은 주로 봄부터 여름에 걸쳐 점차 일장이 길어지는 시기로써 단일성의 품종일수록 이른 시기에 구의 비대에 필요한 일장시간을 얻을 수 있어 구가 비대되는 것이다.

　이와 같은 양파 구의 비대에는 일장 외에도 온도가 중요한 요소로 되어 있다. 구의 비대에 충분한 일장시간을 얻을 수 있다 하더라도 여기에 온도가 동반되지 않으면 구의 비대가 이루어지지 않는다.

〈표 2〉 묘의 크기와 추대율

묘의 크기 \ 심는시기 파종기	추 식 (楸植)				춘 식 (春植)					
	8월 21일	8월 30일	9월 10일	9월 20일	9월 30일	8월 21일	8월 31일	9월 10일	9월 20일	9월 30일
3.0g	0%	0%	1%	0%	0%	1%	7%	0%	1%	1%
5.6	0	0	0	0		12	26	18	12	17
7.5	3	3	4	1		99	53	38	27	
9.4	0	4	2			77	67	60	24	
11.3	3	7				72	100			
13.1	17	9								
15.0	43									
16.9	54									

　구의 비대에 필요한 온도는 충분한 일장이라 하더라도 10~15.5℃에서는 비대할 수 없으며 15.5~21℃에서 구의 비대가 개시되며 21~25℃에서 비대가 왕성하다고 한다. 그러나 이 구의 비대 저온에는 다소의 품종간 차가 있다고 한다. 즉 춘파성 품종은 고온성으로 25℃에 중심이 있으나 추파성은 15~20℃ 정도라고 보고 있다.

　이와 같이 양파의 구의 비대에는 일장과 온도가 관계하여 일장조건이 만족하더라도 온도가 부족하면 구의 비대가 이루어지지 못하여 역으로 온도조절이 비대에 적당한 상태라 하더라도 일장이 부족하면 구가 비대하지 못한다.

따라서 위도가 높은 북부지역일수록 춘분 이후의 일장시간은 길어지나 기온이 높아지지 못하기 때문에 단일형 조생품종은 일장이 비대 가능한 시기가 되어도 온도의 제약으로 비대가 늦어져서 조생성을 발휘하지 못한다. 반대로 위도가 낮은 남부지역에서는 일장시간이 짧은 시기라도 봄기온 상승이 빠르기 때문에 단일기의 비대의 적온을 얻게 되어 조생품종은 일장시간이 길어질 때까지 비대가 늦어지고 비대 도중에 고온이 되어 성숙을 강조하게 되고 만족스런 수확을 기할 수 없게 되어 개개의 품종이 최대능력을 발휘할 수 있는 재배지역은 비교적 한정되어지게 되는 것이다.

5. 추대장해

 양파는 생육도중에 10℃ 전후 또는 그 이하의 저온에 일정기간 놓이게 되면 화아가 분화하여 추대하고 구의 비대가 장해를 받아 못쓰게 된다. 그런데 화아분화에 요하는 저온감은 묘의 크기나 품종의 계통에 따라 차이가 심하다.
 일반적으로 큰 묘가 될수록 저온의 영향을 받기 쉬우며 추대가 많은 것이 보통이다. 즉 표 2에서와 같이 묘가 클수록 추대가 많으며 또한 육묘기간이 긴 추식에서 추대율이 많은 것은 묘판에서 큰 상태에서 저온을 만났기 때문이다.
 이와 같은 추대성은 춘파재배에서는 거의 문제되지 않으나 추파재배에서는 아무래도 겨울화아분화를 일으킬 저온을 통과해야 되기 때문에 묘의 내한력과 비대능력을 높여야 할 조건으로 큰 묘를 심어야 한다.
 큰 묘를 심으면 큰 구가 되어 증수가 되나 추대가 문제인 것이다.

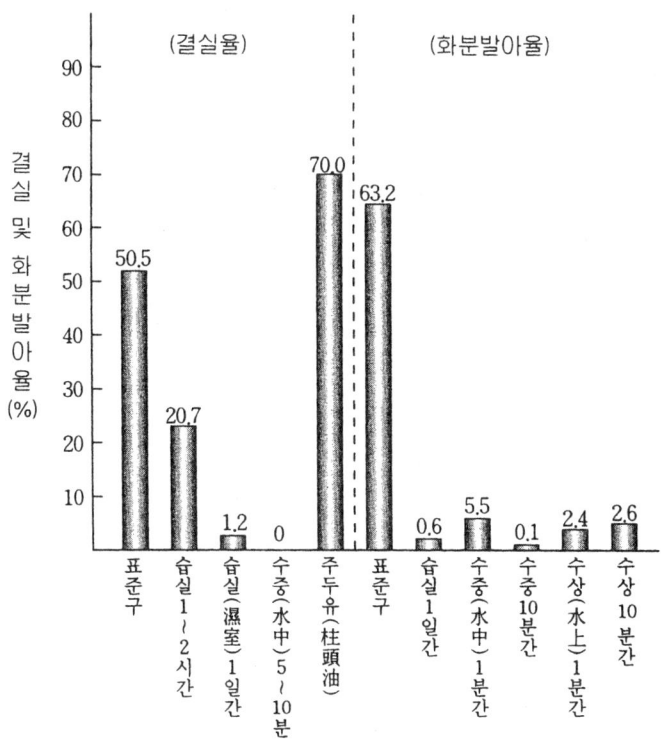

〈그림 1〉 양파의 화분처리와 수정력

그러나 이와 같은 추대율은 품종과 계통에 따라 다른데 즉 그림 1에서와 같이 그 차가 심하므로 수확기에 알맞은 적절한 품종을 택하여야 한다. 알맞은 품종을 택하였다 하더라도 추대 및 구의 비대를 위하여 봄에 10%정도의 추대를 볼 수 있는 정도의 큰 묘를 키워 정식하도록 할 것이다.

6. 채종장해

개화기에 비가 오는 것은 채종에 나쁜 영향을 미치게 되는데 그 이유는 비에 의한 화분의 유실이나 곤충의 활동제약 등으로 인하여 만족스러운 수분이 이루어지지 못하기 때문이다. 특히 양파의 화분은 습기에 견디는 힘이 약하기 때문이다.

실험에 의하면 습실중에 놓여진 화분은 1~2시간으로 수정력이 반감하고 24시간에 거의 수정능력을 잃게 되는 것이다.

직접 물에 적시면 그림 1에서와 같이 단 5분에 수정력이 없는 것을 보아도 얼마나 약한가를 알 수 있다. 따라서 강우는 채종을 크게 해치게 하는 이유가 되는 것이다.

7. 자식약세

양파는 자가수정을 시키면 그 후대는 극히 약화되는데 그 결과를 보면 자식 제1대에는 여러가지 분리현상이 일어나고 더욱 자식을 되풀이

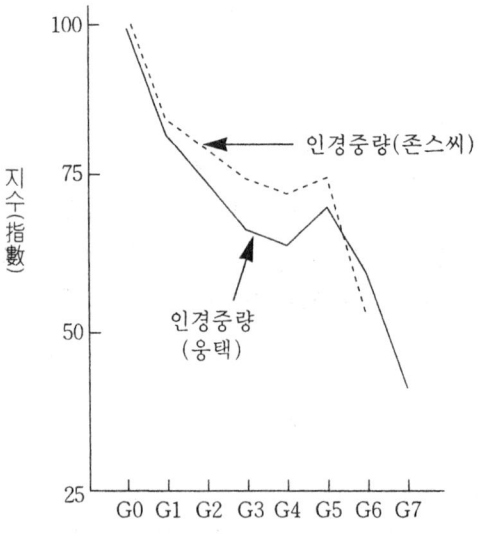

〈그림 2〉 일대잡종과 그 양친의 구중(球重)비교

하면 각 계통간에 차이가 심하게 나타난다. 그리고 동시에 세력이 극히 저하하게 된다. 즉 그림 2에서 보는 바와 같이 인경 중량이 감소함을 알 수 있다.

이 자식약세는 제1대에 가장 심한데 그 생산력은 자식 3~4대에서 벌써 모집단에 비교하여 60~70%로 저하하고, 자식 6대에서는 50%로 되며, 계통에 따라서는 50%를 하향하는 경우도 있다. 따라서 계통선발을 할 경우 자식 제2대에서 집단도태로 옮겨져야 한다.

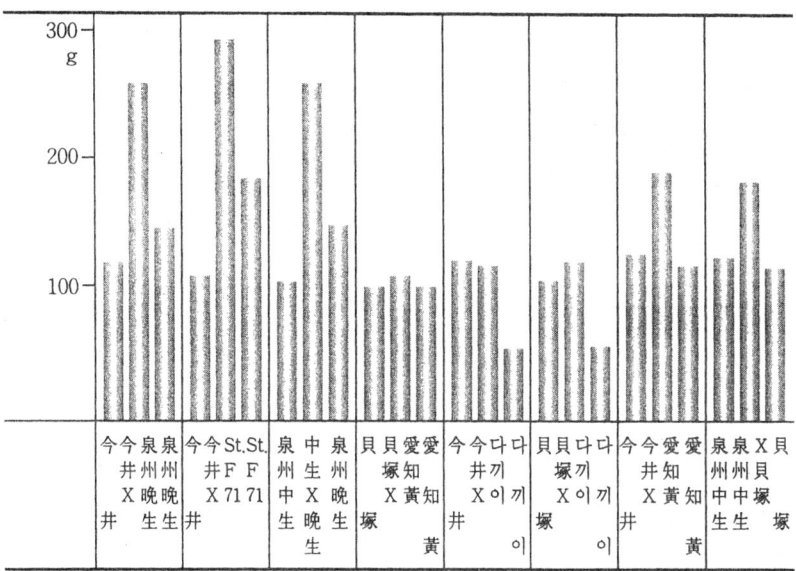

〈그림 3〉 일대잡종과 그 양친의 구중(球重)비교

반대로 자식후대의 일대잡종은 대부분 잡종강세가 나타나며, 형질의 균일성, 다수성 등이 나타나므로 일대잡종의 채종양식을 확립하게 된 것이다. 즉 그림 3에서 보는 바와 같이 일대잡종은 어느 것이나 고정중인 양친에 비하여 종수가 된다.

또 하나의 문제는 웅성불임성이다. 이것은 자식 후대에 간혹 성기의 장해에 의하여 웅성불임 개체가 섞여 있는 것이다. 이것은 암술은 수정능력이 있으나 화분은 발육을 못하여 도중에 사멸하기 때문에 자식이 불가능하게 된다. 그러나 여기에 정상화분을 수분시키면 완전한 종자가 될 수 있다.

이 웅성불임 개체는 정상개체에 비하여 상대적으로 각 기관이 작고 특히 화사(花絲)의 길이에 차이가 심하다. 그런데 이 웅성불임 개체는 종자를 생산하지 못하는 대신 화구에 다수의 자구(子球)를 착생시키기 때문에 이 자구로 영양번식을 시켜 계통을 유지할 수 있다.

이와 같은 것이 채종에 있어서는 큰 장해가 되나 이 웅성불임 개체와 타품종과의 일대 잡종을 만들어 사용하면 효과적이다. 이와 같은 웅성불임을 사용하면 종래의 봉지 씌우기나 제웅을 하는 인공교배법에 비하여 대단히 간단하며 다량의 일대잡종을 얻을 수 있어 오히려 유리하다.

8. 고토결핍

고토가 결핍되면 잎끝으로부터 황색으로 변하고 점차 기부를 향하여 고사하게 된다. 이와 같은 결핍증이 나타날 경우는 황산마그네슘의 수용액을 살포해 준다. 농도 2%까지는 약해가 없다. 엽면 살포의 효과는 **빠르며 현저하다.**

따라서 생육 중 2~3회의 엽면살포로 큰 효과를 얻을 수 있다. 그러나 가능하면 기비로 시여되어야 한다.

9. 영양장해

가. 질소 결핍

앞서 말한 바와 같이 질소가 양파에 미치는 영향은 가장 크다. 질소가 부족하면 잎이 가늘고 황록색으로 되며 잘 생장하지 않는다.

또한 알의 비대현상도 멈추게 되고 수확량이 감소된다. 이에 대한 대책은 속효성 질소비료(물비료)를 주면 회복된다.

나. 인산 결핍

질소 다음으로 양파에 중요한 영향을 미치는 것으로 전항의 비료항에서 전술하였다. 양파는 인산결핍증을 일으키기 쉬운 채소중의 하나이다. 인산이 부족하면 뿌리의 발육이 나빠져서 잎끝이 말라 들어가게 된다. 인산부족의 현상이 나타나면 생육이 늦어지고 덧거름을 주어도 효과가 잘 나타나지 않으며 때로는 거의 효과가 없을 수도 있다.

그렇기 때문에 미리 밑거름을 충분히 주어야 하며 이때는 퇴비와 섞어서 주는 것이 효과적이다.

인산 부족은 토양검정으로 정확하게 판정할 수 있다.

다. 칼리 결핍

비료의 3요소 중에서 칼리는 양파재배에 가장 그 시비량을 많이 필요로 한다는 것은 앞에서 말하였다.

칼리가 결핍하면 잎끝에서부터 세로로 회색 깃무늬 모양으로 변색하여 말라 죽고 그 영향이 차츰 아래로 내려오면 말라 들어가서 급속도로 쇠약해진다. 이와 같이 칼리의 결핍도 양파에 미치는 영향이 크지만 보통 칼리를 소홀히 생각하는 수가 많다.

밑거름과 덧거름으로 칼리비료를 충분히 주어야 한다.

라. 마그네슘 결핍

잎끝에서부터 누렇게 되고 점점 밑으로 말라 내려간다.

이때의 응급대책으로는 유산마그네슘 수용액을 농도 2%로 해서 살포하면 된다. 잎에다 살포하면 효과가 빠르며 결핍증이 더 악화되지 아니한다.

그러나 이미 누렇게 된 부분은 회복되지 않는다.

생육기간 중 2~3회 살포하면 훌륭한 효과를 올릴 수 있다. 그러나 그 효과는 잎에 약이 닿은 부분에만 미치므로 응급대책에 지나지 못한다.

항구적인 대책으로써는 밑거름 때에 충분히 주는 것이 원칙이다.

마. 구리 결핍

미국 뉴욕주의 진흙땅에서 생산된 양파의 껍질이 얇고 색깔이 엷으므로 여러가지 미량요소를 주어서 실험해 본 결과 밝혀진 것이다.

즉, 유산동을 10a당 12~35kg가량 시비한 결과 껍질이 두터워지고 색이 진해졌으며 알의 구조가 좋았다고 한다. 여기에서 그 원인이 구리의 부족이었다는 사실을 알았다.

그러나 이것은 아직 하나의 예에 지나지 못하며 구리결핍 현상은 흔히 일어나고 있지 않다.

바. 붕소 결핍

이것이 결핍하면 양파는 찌그러지고 발육이 나빠진다.

잎이 황색 또는 녹색을 나타내며 굳거나 물러진다. 줄기에는 사다리 모양으로 터진 자리를 볼 수 있다. 이에 대한 대책은 붕산 또는 붕사를 주면 된다. 지나치게 많이 주면 약해를 받기 쉽다. 미국에서는 이 증상이 흔히 있다고 하나 우리나라에서는 아직 모르고 있다.

XI. 육종과 채종

1. 육종

　수확기의 조만성에 대해서는 오래 전부터 육종을 하여 큰 성과를 올렸으나, 최근의 육종경향의 하나로써 저장성의 증대가 중요시되어 저장용 품종이 많이 육성되었다. 또 다른 경향은 저온감응성이 둔한 것을 육성하여 큰 묘를 정식하여도 꽃눈이 분화하지 않도록 하자는 것이다. 오래 전부터 이러한 목표로 여러 품종에 대해서 도태를 계속하여 온 결과 조생부추대계통이 육성되었다.

　양파의 1대 잡종은 우연히 발견되 웅성불임개체에 다른 품종을 교배한 결과 그의 모계의 낮은 추대율이 우성으로 나타남을 알게 되어 잡종강세의 이용가치를 인정하게 됨으로부터 시작되었다. 그러나, 웅성불임개체의 유지증식을 무성번식으로 해서는 실용적 규모의 채종이 곤란하고, 또 다른 품종의 웅성불임계를 얻기도 어렵다. 웅성불임을 이용하는 1대 잡종이 실용화된 것은 Jones와 Clarke가 웅성불임의 유전기구를 밝힌 뒤 그의 이론을 활용하여 웅성불임계의 종자번식에 성공하게 되었고, 또 다른 품종에 웅성불임을 도입할 수 있는 방법을 확립한 후부터이다.

　양파의 웅성불임의 유전적 기구는 모계의 세포질 유전과 보통의 핵내의 단인자 열성유전자의 상호 작용에 의한 것이라 한다. 예를 들어 가임성의 세포질을 N, 웅성불임성 세포질을 S, 웅성가임의 유진인자를 Ms라고 하면 웅성불임개체는 $Smsms$로 되고, 가임개체는 N $MsMs$, N $Msms$, N $msms$, S $MsMs$, S $Msms$로 된다. N과 S는 교본과 관계없이 모체에 의해 차대로 전해진다. 따라서 지금 웅성불임 개체에 어느 개체에 꽃가루를 교배하였다고 하면 차대는 다음과 같이 된다.

S *msms* × N *MsMs* → S *Msms*(가임)

S *msms* × N *Msms* → S *Msms*(가임)1:S *msms*(불임)1

S *msms* × N *msms* → S *msms*(불임)

S *msms* × S *MsMs* → S *Msms*(가임)

S *msms* × S *Msms* → S *Msms*(가임)1:S *msms*(불임)1

따라서, 불임계와 동일계통의 N *msms*계를 찾아내면 그 불임계통의 종자번식이 되므로 이것을 임의 품종과 자식하면 1대 잡종을 채종할 수 있게 된다. 이 불임성이 반드시 절대적인 것은 아니고, 때에 따라서는 자식종자가 나오는 경우도 있다. 불임계의 꽃가루는 감수분열까지는 정상적으로 되나 그후 성숙분열이 정상적으로 되지 않고, 4분자 형성이 이루어지지 않아 불임꽃가루가 된다. 이때에 고온일 경우 약간은 정상꽃가루가 형성되는 경우도 있다고 한다. 따라서, 저온기에 개화한 꽃만을 조사해서 불임계를 인정하는 것은 위험하다.

가. 육종목표

현재 우리나라에서 재배하고 있는 품종은 미국계와 일본계를 그대로 도입해서 사용하고 있으나 아직도 우리 풍토와 실정에 맞는 품종을 개발하지 못하고 있다는 것은 전술한 바와 같이 안타깝게 생각한다.

육종의 목표는 저장에 강하고 쫑이 나지 않고 병충해에 강하며 잘 썩지 않고 추위에도 잘 견디는 품종, 즉 이상적인 품종을 개발육성하는 데 있는 것이다.

나. 육종의 기초

(1) 형질의 유전

양파의 비늘줄기부분은 모양과 색깔이 여러가지로 달라서 품종

선택의 대상이 된다.

● **비늘줄기의 색**

비늘줄기의 색은 적색, 황색, 백색의 3색으로 나눌 수 있다. 그 유전적 관계는 상당히 복잡하다. 모이니사씨에 의하면 비늘줄기의 색깔을 지배하는 것은 단일 유전자가 아니고 몇개의 유전자가 관여하여 일반적으로 적색과 황색이 백색에 대하여 우성을 나타내지만 열성인 적색도 있다고 말하였다.

한편 일본 오사까 농업시험소의 실험 결과에 따르면 패총 조생×다끼이백, 애지백 조생×다끼이백의 일대잡종은 어느 것이나 백색이었고 천주황과 애지백의 1대 잡종은 자색을 띠고 있다.

또 아이찌황과 아이찌백의 일대잡종인 백색 알의 뒷대를 보았더니 백색과 적색으로 분리되는 이외에 적자색이 나타났다고 한다.

● **비늘줄기의 모양**

비늘줄기의 모양을 평평한 것, 중키, 공모양 방추형 등으로 나눌 수가 있는데 이것과 성숙기와는 깊은 관계가 있다.

또한 그 모양의 유전적 관계를 보면 잡종 1대의 알은 양친의 중간형을 닮지만 편평한 것과 키 큰 것의 일대잡종은 편평한 모양으로 치우친다.

(2) 형질의 상관 관계

양파의 우량계통을 육성하는데는 각 형질간의 상관관계를 알아둘 것이 필요하다. 이 상관관계는 정비례의 관계와 반비례의 관계가 있다.

잎이 쓰러지는 율과 알의 반지름, 구형지수, 알무게, 키, 지상부의 무게 등의 관계는 정비례 관계이고, 쓰러지는 율과 알의 키, 잎수, 줄기 길이 등과의 관계는 반비례의 관계이다.

패총 조생을 조사한 결과 알지름이 커질수록 쓰러지는 율이 커진다. 바꾸어 말하면 알지름이 커질수록 쓰러지는 시기가 빨라지고 또 알키가 커질수록 쓰러지는 율은 반대로 적어진다. 이러한 원칙은 다른 품종에 있어서도 적용되어 대체로 양파는 조생종이 편평하고 만생종일수록 알이 공모양 내지 방추형으로 되어 있다.

그래서 알 지름이 큰 것을 선택하려면 조생품종을 선발해야 된다. 물론 이와 같은 상관관계는 품종과 계통에 따라 같은 것은 아니다.

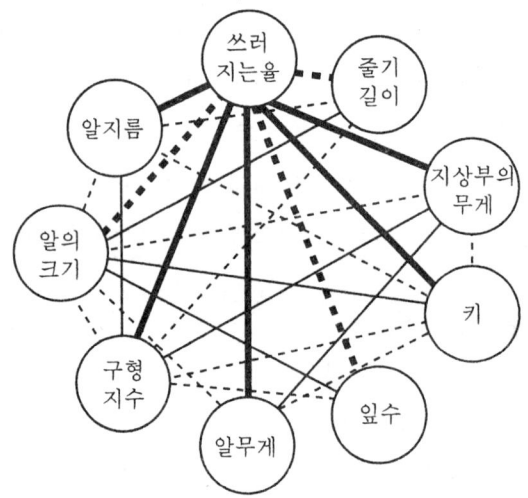

〈그림 1〉 각형질간의 상관 관계(패총 조생)

(3) 자식약세와 잡종강세

존스(Jones)씨는 1922년부터 1934년까지의 오랫동안에 걸쳐서 조생종인 어리 그라노(Early Grano), 로드 호우 아일랜드(Lord Howe Island), 옐로우 버뮤다(Yellow Bermuda), 크리스탈 왁스(Crystal Wax), 그리고 중생종인 레드 21(Red 21), 스탁톤 옐로우 글로브(Stackton Yellow Glove), 이탈리안 레드(Italian Red)와 저장용 품종인 옐로우 댄버스 후래트(Yellow Danvers Flat), 에베네자(Ebenezer), 스위트스패니쉬

(Sweet Spanish) 등의 10개 품종을 사용하여 순전히 자식(自殖)에 의한 순계분리(純系分離)를 실험하였는데 3~6회의 자식종자를 써서 자식세대와 각 형질간의 관계 그리고 세력의 변화에 대하여 상세히 연구하였다. 그 결과에 의하면 자식 제1대째에는 여러가지 형질의 분리가 일어났고 다시 자식을 반복하여 가면 각 계통의 차가 명확해지는 동시에 세력이 현저하게 저하하여 그림 2와 같이 비늘줄기의 무게가 감소되었다. 그 자식약세의 정도는 자식 제1대에서 특히 현저하고 자식 횟수를 거듭함에 따라서 채종도 할 수 없으리만큼 세력이 떨어졌다고 보고 되었다.

또한 웅택(熊澤)씨에 의하면 그 생산력은 자식 3~4대에서 어미집단(母集團)에 비하여 70~60%로 떨어졌고 자식 6대에서는 약 50%가 되었으며 계통에 따라서는 5% 이하로 내려가는 것도 있다고 한다. 또한 그 생산력의 저하율도 자식 제1대가 가장 크고 제2대까지 내려가서는 비교적 완만하다고 한다.

이와 같은 이유에서 죤스씨는 계통선발을 할 때에는 자식 제2대에서 집단도태해야 한다고 주장하고 있다.

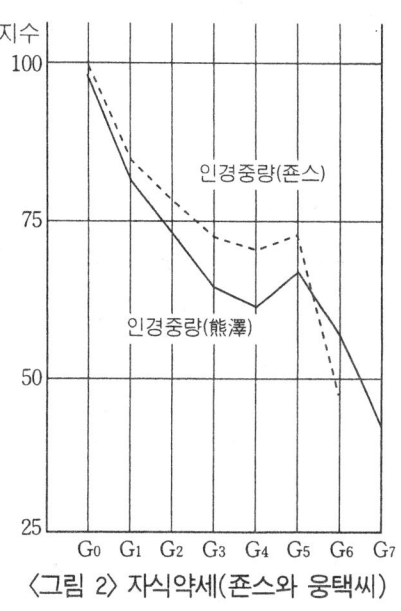

〈그림 2〉 자식약세(죤스와 웅택씨)

또한 죤스씨는 1932년 이후 이 자식후대(後代)에 대하여 잡종강세(雜種强勢)의 응용을 실험하였는데 그 결과에 의하면 이탈리안 레드×스탁톤 옐로우 글로브나 이탈리안 레드의 계통간의 교배에 있어서는 뚜렷한 잡종강세가 인정되었고 스탁톤 G31×옐로우 글로브 댄버스나 스탁톤 옐로우 글로브×레드 21 등은 그리 세력을 회복하지 못 했으며 특히 스타톤 G31×옐로우 글로브 댄버스의 경우에는 스타톤 G31보다도 수확량이 적었다. 유망한 1대 잡종으로 소개된 것은 뚜렷한 증수를 나타내고 있다(표 1).

〈표 1〉 캘리포니아주에 있어서의 품종과 F1의 수확량

품종 또는 F1 \ 지방	Milpitas	Davis	Liberty Island	Tracy	Shafter
로드 호우	77	55	103	158	231
아일랜드×로드 호우	731	394	569	556	715
아일랜드 레드 21	350	285	248	328	541
이탈리안 레드 13-53×레드 21	980	443	454	529	915
싼죠아킹	316	297	423	471	759
크리스탈 그라노	230	211	284	357	618
스타톤 G36	561	323	468	441	624
크리스탈 왁스	82	-	97	111	219

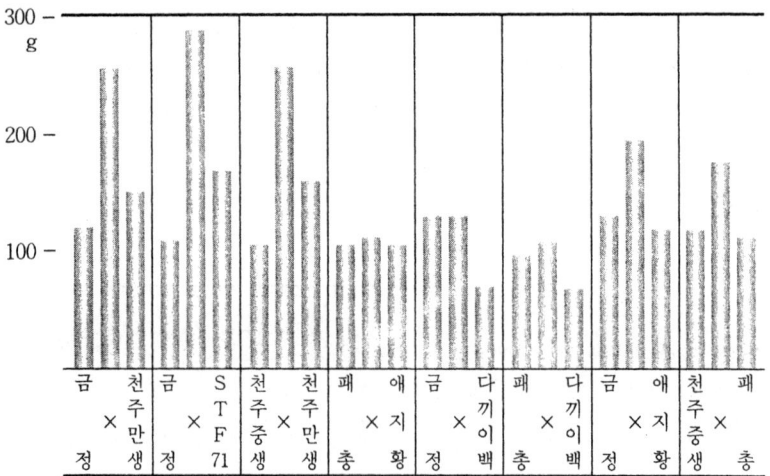

〈그림 3〉 일대 잡종과 그 양친의 알무게 비교

1957년 일본 대판농시에서 행한 1대 잡종의 실험 성적을 보면 그림 3과 같은데 일대잡종과 그 양친(兩親)의 알무게를 비교하여 보면 특히 금정조생×천주만생, 금정조생×스탁톤 F71, 천주중생×천주중만생의 경우가 수확량이 많았다. 또한 패총조생×애지황조생, 금정조생×다끼이백, 패총조생×다끼이백 등 조생종의 1대잡종은 알무게에 있어서 잡종강세가 나타나지 않지만 성숙기가 빨라졌다.

자식후대에 1대 잡종은 대개의 경우 잡종강세와 형질의 제일성(薺一性) 또는 다수확 성질을 갖고 있으므로 앞으로는 이 방면에서의 이용이 크게 발전될 것으로 생각된다.

다. 선발육종

존스씨는 집단도태에 의한 양파의 개량에 대하여 다음과 같은 방법을 주장하였다.

1년째 : 육성하려는 목적에 따라서 먼저 모구를 선발한다.
  이때는 가능한한 많은 모구를 선발하는 것이 이상적인 계통을 얻기가 용이하다. 그리고 각 지방의 재배양식에 따라서 모구를 심고 관리한다.

2년째 : 자식을 행한다.

3년째 : 각 개체마다 채종한 것을 따로 심는다.
  생육기간 중 또는 수확할 때와 저장중에 잘 관찰해서 불량계통을 제거해서 육종목표에 가깝도록 유망한 계통을 선발한다.
  그리고 그 가운데서 각각 25개체 이상을 모구로 남겨서 자연수분(自然受粉)한다.

4년째 : 각 포기마다 꽃줄기의 반수를 자식하고 나머지 반수를 자연수분한다.
  사실상으로는 보통 2세대 이상 자식하면 식물체가 극도로 약해지고 채종량도 줄어들므로 여러번 자식하지 않도록 해야 한다.

5년째 : 4년째에 자식한 후대를 개체별로 재배하여 조사한다.
6년째 : 선발한 것을 집단 채종해서 증식한다.

라. 웅성불임육종

(1) 웅성불임의 특징과 이용

미국의 양파 육종은 주로 내병성을 목표로 한 조직적인 육종법을 각 농업시험장에서 채용하고 있어 상당히 발전해 있다. 그 가운데서도 웅성불임을 이용한 일대잡종의 육성은 특기할만한 일이다. 즉 1925년 존스씨가 캘리포니아주 농업실험장에서 이탈리안 레드의 자식후대 가운데서 성기(性器)장해로 말미암은 불임개체를 발견하여 주목을 끌었다. 이 불임개체를 여러가지로 실험하여 보면 꽃술은 수정능력을 가지고 있지만 꽃가루는 완전한 발육을 하지 못하고 도중에서 죽어 버리기 때문에 자식하지 못한다. 그러나 여기에 정상적인 개체의 꽃가루를 수분하면 종자를 얻을 수가 있다는 것을 알았다. 그림 4에서 보는 바와 같이 꽃을 비교해보면 웅성불임개체는 정상개체에 비하여 각기관이 적다.

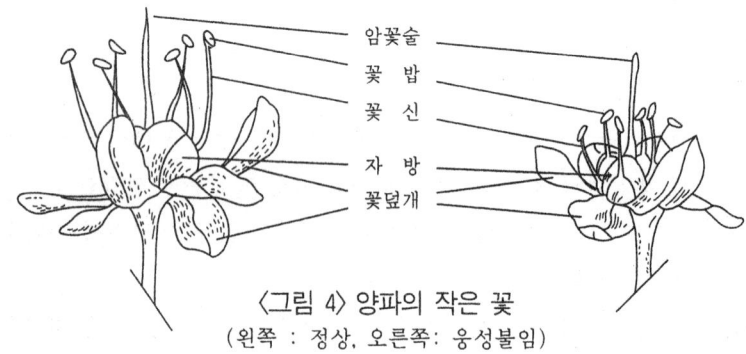

〈그림 4〉 양파의 작은 꽃
(왼쪽 : 정상, 오른쪽 : 웅성불임)

그러나 웅성불임개체는 종자가 생기지 않는 대신에 꽃에 많은 자구(子球 : Top Onion)가 착생하므로 이 자구에 의하여 영양번식을 하고 계통을 유지할 수가 있다. 이렇게 해서 얻어진 이탈리안 레드 13-53(Italian Red 13-53)의 웅성불임개체와 다른 품종과의 1대 잡종을 만들었던 바 현저한 잡종강세를 나타냈다. 이것은 그 능력도 훌륭하여서 이것을 이용하면 종래의 봉지를 씌워서 하던 인공교배보다 간단하게 많은 종자를 얻을 수가 있었다. 즉 불임개체와 다른 품종을 섞어서 심으면 자연히 교배되어 불임포기의 꽃에 생긴 종자는 반드시 1대 잡종 종자이고 상대방 품종의 꽃에는 자식 또는 동계교배의 종자가 얻어지는 것이다.

(2) 자구를 이용한 웅성불임의 유전과 불임개체의 종자에 의한 증식

웅성불임의 유전에 관한 존스씨와 크라크(Clark)씨의 연구결과(1943년)에 의하면 이탈리안 레드의 불임성은 단유전자열성(單遺傳子劣性)의 유전자와 세포질(細胞質)과의 상호작용에 의한다는 것이 밝혀졌다. 세포질형에는 불임성 세포질을 가진 S형과 임성의 정상적인 세포질을 가진 N형으로 2개의 형이 있고 이것과 서로 작용하는 유전자형으로는 웅성불임유전자 ms와 가임(可稔) 유전자 Ms가 있는데 ms는 Ms에 대하여 열성이다. 물론 세포질의 S형과 N형은 어미계통쪽으로 유전하므로 꽃가루에 의하여서는 자손에 전해지지 않는다. 따라서 웅성불임이 되는 것은 세포질의 N형이면 유전자가 열성 ms ms일 경우이다. 또한 세포질이 N형이면 유전자가 열성이라고 해도 정상적인 꽃가루가 형성되어 가임이 된다.

이상 말한 것을 간단히 표시하면 다음과 같다.

① S ms ms - 웅성불임
② S Ms ms, S Ms Ms - 정상
③ N ms ms, N Ms ms, N Ms Ms - 정상

S ms ms형은 눈으로도 알아볼 수가 있으므로 비교적 발견하기가 쉽지만 웅성불임을 종자에 의하여 증식 유지하려면 N ms ms의 유전자를 가진 꽃가루를 찾지 않으면 안된다. 그 찾는 법은 웅성불임개체에다

가 정상개체의 꽃가루를 하나하나 교배해서 검정한다. 교배한 다음 대는 S형 세포질이 되지만 꽃가루의 유전자형에 따라서 가임개체만이 생기는 경우와 불임개체만 생기는 경우, 그리고 가임개체와 불임개체가 같은 비율로 생기는 경우가 있다(그림 5).

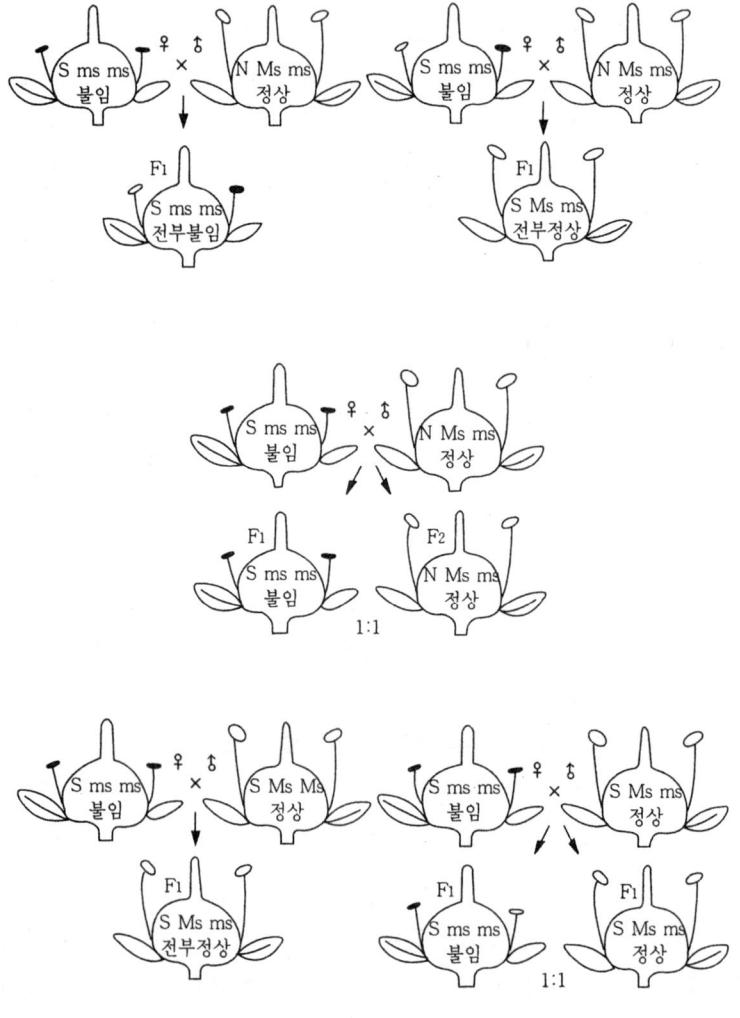

〈그림 5〉 양친과 F1의 세포질형, 유전자형과 그 표현

우리가 요구하는 N ms ms의 유전자형을 가진 꽃가루가 S ms ms의 암꽃술에 교배되면 그 후대는 모두가 S형 세포질을 갖고 유전자도 ms를 동일하게 가지게 되므로 전부 불임개체가 생기는 것이다.

ms ms형 개체가 발견되면 이것과 불임개체와의 교배를 반복하므로써 매년 웅성불임 계통

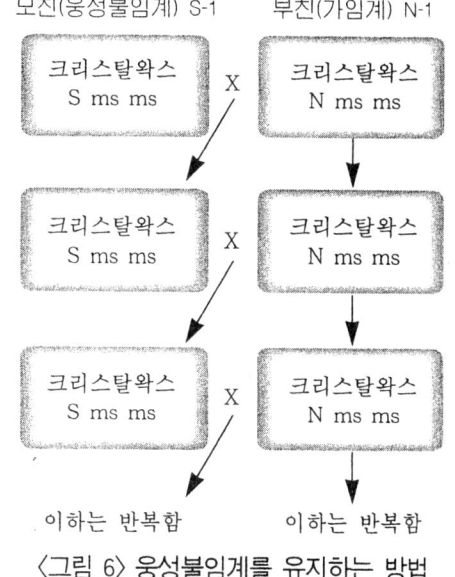

〈그림 6〉 웅성불임계를 유지하는 방법

을 유지할 수가 있는 것이다. 즉 그림 6과 같이 크리스탈 왁스에는 S ms ms와 N ms ms의 2종류의 유전자형을 가진 것이 있으므로 이 두 계통을 교잡하면 S ms ms형의 꽃에는 항상 S ms ms형의 종자가 생기고 N ms ms형 꽃에서는 N ms ms형 종자만을 얻을 수가 있다.

(3) 다른 품종에의 유전자 도입(導入)

다른 품종에 이 웅성불임 유전자를 도입(導入)하기 위해서는 품종마다 이 N ms ms형을 찾아내서 그것을 다른 품종의 S ms ms형에 교배한 후 반려(返戾)하여 다시 교잡을 반복하면 거기에서 웅성불임계를 얻을 수가 있다. 이 N ms ms형의 포기는 비교적 많이 있는 모양인데 미국에서는 이탈리안 레드의 S ms ms를 사용해서 많은 품종의 웅성불임계를 만들어 내고 있다.

존스씨가 실험한 예를 들면 그림 7과 같이 크리스탈 왁스의 불임계를 만들기 위해서 이탈리안 레드의 S ms ms형에 크리스탈 왁스의 N ms ms형을 반려 교잡하여 가면 ms유전자에 있어서는 양친 모두 동일하므로 채종되는 종자는 매세대가 그대로이고 반려교잡이 반복됨에 따라서 이탈리안 레드의 형질이 차츰 크리스탈 왁스의 형질과 바뀌어지게

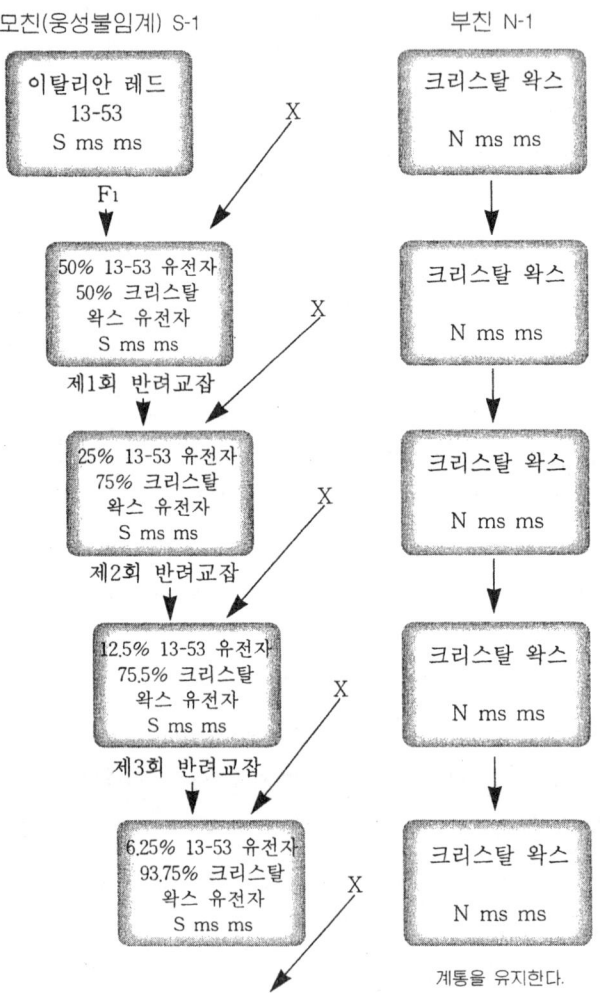

〈그림 7〉 이탈리안 레드 13-53에서 크리스탈 왁스의 웅성불임을 육성하는 방법

되어 크리스탈 왁스의 S ms ms 유전자형이 집단속에 증가하게 되는 것이다. 실제적으로는 매세대 크리스탈 왁스형의 개체 선발을 반복하기 때문에 2~3회의 반려교잡에 의하여 크리스탈 왁스의 웅성불임개체를 얻을 수가 있다. 이와 같이 하여 생긴 크리스탈 왁스의 웅성불임개체은 앞서 말한 방법으로 종자번식하여 쉽게 유지할 수가 있다.

(4) 웅성불임을 이용한 1대 잡종의 채종

크리스탈 왁스를 이용하여 1대 잡종을 채종하는 경우에는 그림 8과 같이 크리스탈 왁스의 S ms ms 계통을 다른 품종과 같이 섞어서 심는다. 이때 부친(꽃가루) 품종의 포기수는 웅성불임 크리스탈 왁스의 3분의 1정도면 충분하다. 부친이 될 품종은 N Ms Ms, N Ms, Nms ms형 등 어느

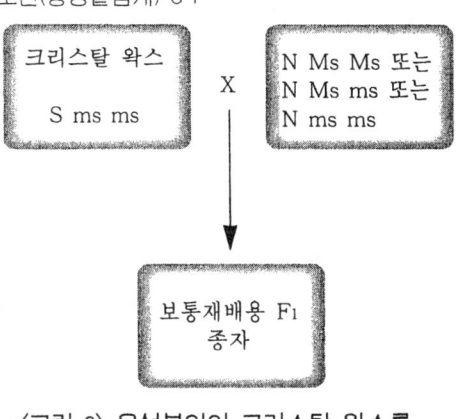

〈그림 8〉 웅성불임인 크리스탈 왁스를 이용한 F1종자의 채종방법

것이나 쓸 수가 있지만 경제적으로 보아서 N ms ms형을 이용하는 것이 좋을 것이다. 그러나 1대 잡종의 채종만을 목적할 때에는 N Ms Ms 또는 N Ms ms형 부친을 사용해도 별로 지장이 없다.

(5) 웅성불임개체의 영양번식

웅성불임 포기나 모구(母球)수가 적어서 귀한 계통은 영양번식을 하는 수가 있다. 양파는 좋은 환경밑에서 모본(母本)을 관리하면 종자가 익은 후에도 알이 부패하지 않고 추대(抽帶)한 줄기의 밑둥에 3~4개의 새로운 분구(分球)가 생긴다. 채종한 후에 이 분구를 종줄기와 같이 거

두어서 바람이 잘 통하는 곳에 매달아 두면 이듬해의 채종용으로 쓸 수가 있다. 이 분구는 첫해의 모구에 비하여 종줄기 수가 적고 거의 한알에 한줄기밖에 종이 나지 않지만 1꽃알(花球)당 채종량은 큰 차이가 없다.

또한 추대한 꽃알이 개포(開苞)한 직후 작은 꽃의 밑둥을 잘 드는 칼로 잘라주면 많은 자구가 생긴다. 이 자구의 발생은 작은 꽃꼭지의 처리방법과 시기에 따라서 차이가 있는데 처리하는 시기는 꽃피기전 20일경이 적당하고 꽃꼭지의 잘라주는 위치는 0.5mm 정도가 가장 좋다.

또한 자구의 크기는 고르지 않은데 큰 것은 새끼 손가락의 끝마디 만큼까지 발육한다. 이 자구를 잘 저장하든가 또는 수확하여 곧 심어서 어느 정도 서늘하게 관리하면 많이 썩지도 않고 곧 발아한다. 저장했을 경우에는 썩는 수가 있으므로 조심해야 할 것이다.

이와 같이 종이 난 후 분구한 것이나 또는 자구에 의하여 처음의 모본과 꼭같은 유전자를 가진 자손(子孫)을 얻을 수가 있는 것이다.

마. 교배기술

(1) 개화 습성

양파는 많은 작은 꽃이 착생하여 겉으로 보기에는 공모양의 꽃차례(花序)는 대체로 꽃알의 꼭대기에서부터 시작되지만 규칙적으로 피지는 않는다. 꽃이 피면 6개의 꽃밥(葯)중에서 안쪽의 3개가 먼저 자라고 벌어지고 바깥쪽의 3개는 조금 늦게 꽃가루를 맨다. 암꽃술은 꽃이 필 때에는 1mm 정도이지만 꽃밥이 퍼진 다음에 수정할 때가 되면 5mm 가량이 된다.

양파는 타가수분(他家受粉)을 하는 것이 원칙이지만 1개의 꽃알 속에 많은 작은 꽃이 있으므로 가까운 꽃에서 수분되는 수가 많다.

(2) 인공 교배법

웅성불임 포기를 이용해서 1대 잡종을 채종하는 경우에는 앞서 말한 바와 같이 웅성불임 포기를 찾아내면 비교적 간단하지만 웅성불임 포기가 없는 경우 잡종을 만들어서 분리육종이나 유전적 연구에 이용하고자 할 때에는 인공교배(人工交配)를 하지 않으면 안된다.

인공교배에 쓰여지는 도구로는 핀셋, 알콜, 파라핀봉지, 실꼬리표 등이 필요한데 그 방법은 다음과 같다.

(가) 제 웅

양파는 1꽃앞에 작은 꽃이 많이 있으므로 피어 있는 것과 봉오리가 적은 것은 될 수 있는대로 떼 버리고 봉오리의 크기를 고르게 하는 것이 좋다. 제웅은 봉오리일 때에 하는 것이 좋은데 그림 9와 같이 먼저 작은 꽃의 외포(外苞)를 꽃밥이 상하지 않도록 잘라내고 들어난 꽃밥 6개를 전부 뽑아버린다. 이렇게 해서 제웅이 끝난 꽃은 컵모양과 같으며 자방(子房)만이 남는다. 이때까지는 암꽃술이 나와 있지 않지만 상하지 않도록 조심해야 한다.

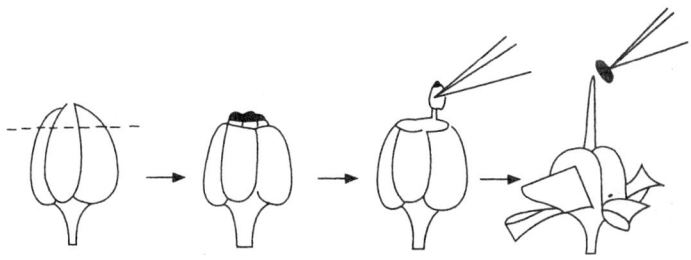

〈그림 9〉 인공 수분법

제웅이 끝난 것은 파라핀 봉지를 씌워서 다른 꽃가루가 묻지 않도록 한다. 양파는 수꽃술이 먼저 성숙하므로 제웅이 늦어지지 않도록 해야 한다.

(나) 수 분

다음날 봉지를 베끼고 제웅한 꽃의 암술머리에 꽃가루를 바르면 되는데 암꽃술이 충분히 자라나 있지 않으면 수정능력이 없으므로 자란 것부터 수분해야 한다.

수분은 핀셋으로 꽃밥을 하나 하나 집어서 발라도 좋지만 많은 꽃을 한번에 제웅했을 경우에는 살포기를 사용하는 것이 효과적이다. 이와 같이 수분이 끝나면 적은 봉오리의 제웅을 또한다.

1꽃알의 작은 꽃을 모두 이와 같이 한다는 것은 어려운 일이므로 어느 정도 교배한 다음에는 남은 것은 모두 제거해 버리는 것이 좋다. 이와 같이 해서 교배가 끝나면 꼬리표를 달아서 구별해 둔다.

(3) 꽃가루의 매조

양파는 봉지를 씌워서 채종하면 결실율이 뚜렷하게 떨어지므로 인공적으로 꽃가루를 매조(媒助)하여 채종량을 늘이는 방법을 쓴다.

그 방법으로는 봉지를 씌운 꽃줄기를 흔들어 주든지 봉지를 손으로 가볍게 두드려 주어서 꽃가루가 날리도록 하는 법과 봉지를 베끼고 솜방망이로 가볍게 두드려 주는 법이 있다. 미국에서는 봉지속에 파리를 잡아 넣어서 효과를 본다.

2. 채 종

양파는 자식열세의 경향이 강해서 채종이나 육종은 집단도태의 형태로 한다. 원종포에서 생산된 종자로 재배하여 모구를 선구 저장한 후 가을에 정식한다. 그러나, 해에 따라서는 채종량이 적은 경우도 있다. 따라서, 단명종자이기 때문에 종자의 가격변동이 크다.

江口에 의하면 양파는 개화기간이 비교적 짧고 개화하기 시작해서 18

일간에 약 90%가 개화되어 이 기간의 우천일수와 채종량은 밀접한 관계가 있다고 한다.

양파 채종의 불안정성은 개화·성숙기가 장마철이기 때문이다. 개화기 중의 강우량은 150㎜ 이하가 풍작의 조건이라 하지만, 강우량의 다소보다는 강우시간의 영향이 더 크다. 이것은 강우 자체의 영향뿐만 아니라 다습에 의한 노균병(*Peronospora schleideni*), 검은무늬병[黑斑病 : *Alternaria porri*] 등의 발생도 채종의 장해가 되고 있으며, 또 건조기에 스립스(thrips)의 피해도 많다.

불임계모본에 의한 채종은 망실 내에서 A라인 모구와 B라인 모구를 혼식해서 채종한다. 이렇게 해서 얻어진 불임계 원종의 모구와 소정의 다른 품종의 모구와 혼식해서 1대 잡종을 채종한다. 이 경우 부본의 비율을 어느 정도로 할 것인가는 양품종의 개화기의 중복기간, 부본의 화분량, 매개곤충의 수 등에 의해 4열 : 1열 또는 8열 : 2열로 하는 것이 보통이다.

가. 개화 결실

양파의 알은 덥고 건조한 6월이 되면 생육을 멈추고 휴면한다.

다시 생육에 적당한 온도가 되는 9~10월이 오면 깨어나서 발아한다. 이것을 본밭에 심으면 다음해 6월 중하순에 꽃이 피고 7월 하순경에 종자가 익는다.

양파 1개의 모구에서 여러개의 꽃줄기가 나오는데 많이 나올 때는 20개에 이르기도 한다. 또한 하나의 꽃알에 평균 750개의 작은 꽃이 달려 있다. 꽃의 빛깔은 희고 암꽃술은 하나이며 바늘모양으로 뾰족한데다가 수꽃술이 6개이다. 수꽃술은 먼저 성숙하므로 같은 꽃에서 수분하기가 어려우나 1개의 꽃알이 15~20일에 걸쳐서 개화하므로 제꽃에서 수분할 수도 있다.

그러나 일반적으로 곤충에 의하여 다른 꽃에서 수분하는 것이 원칙이다. 따라서 품종사이에는 자유롭게 교잡한다.

나. 채종의 장해

양파의 종자를 채종함에 있어서는 다른 소채와 달라서 여러가지 장해가 많으므로 아무데서나 채종할 수 없으며, 따라서 일정한 지역에서 경제적인 채종재배에 의해서 종자를 공급하고 있다.

양파의 채종이 곤란한 이유는 병충해의 영향과 개화기에 비를 맞을 때의 영향이 크기 때문이다.

양파의 꽃가루는 습기에 대하여 매우 약해서 습한 곳에서는 1~2시간만 지내면 수정능력이 절반으로 줄어들고 물속에서는 단 1분만에 발아력을 잃어 버리고 만다.

그래서 특히 양파의 개화기인 6~7월에 비가 여러번 오기 쉽고 습도가 많은 우리나라의 기후에서는 채종이 어렵다.

또한 흑반병, 노균병, 스립스 등의 피해도 가장 받기 쉬운 계절이므로 치명적인 피해를 주는 때가 많다.

그 후에도 종자가 익어갈 무렵에 비가 많으면 여러가지 병균이 꽃 열매 속에 번식하여 막대한 피해를 입기도 한다. 그래서 특히 비가 많은 해에는 특산지에서도 흉년이 드는 수가 있다.

다. 적 지

위에서 말한 바와 같이 채종재배의 적지는 우선 비가 적은 곳이다.

또한 비가 온 후에도 속히 마를 수 있는 기후조건을 구비한 지방이 이상적이다.

흔히 6~7월경에 짙은 안개가 끼는 지방이 있는데 될 수 있는 한 이런 지방은 피해야 한다.

다음으로는 병충해의 발생이 적은 곳이라야 한다.

양파의 집단재배지에서 멀리 떨어진 새로운 밭을 택해야 한다.

습도가 많으면 병해를 받기가 쉽고 건조하면 충해를 받는 율이 많지만 스립스는 건조한 기후에서 많이 발생하므로 논에서 재배하면 채종량이 증가하는 이유도 여기에 있다.

토양조건은 점질토가 비교적 내병성이 강하고 토양의 습도면에서 보면 사양토 등도 적당하다고 하겠다.

라. 채종 재배

(1) 엄지뿌리

좋은 양파를 생산하기 위해서는 우량모구를 선택해야 한다.

대체로 큰알에서 생산된 종자는 쫑이 나오는 것이 적고 큰 알이 들고 채종량도 많다. 모구는 다른 것보다 1주일쯤 일찍 수확해서 몇개씩 묶어서 통풍이 잘 되는 곳에 매달아 둔다. 특히 아이찌백과 같이 저장력이 약한 품종은 건조한 유리실 속에서 저장하는 것이 좋다.

병들 우려가 있을 때에는 수은제재로 소독하여 부패하지 않도록 조심해야 한다. 모구를 저장하는데 적당한 온도는 개화기와 채종량에 영향이 많다. 캘리포니아에서는 12°C에서 저장한 것이 개화와 종자의 성숙이 빠르고 꽃줄기와 채종량이 많았다고 보고되었다.

한편 10°C에서 4개월간 저장한 것은 개화기가 10일 가량 빨라졌으나 개화가 고르지 못했고 32°C에서 15일간 처리한 후 낮은 온도에 옮긴 결과 개화가 빠르고 고르게 피었다고 한다.

냉장처리한 포기는 세력이 약하고 병에도 약하다.

(2) 정 식

모구를 10월 상중순에 정식하는 것이 적당하다.

이랑 넓이 90cm에 한줄, 또는 150cm에 2줄로 심어서 포기 사이를 30~45cm로 하는 것이 적당하다.

이와 같이 심으면 10a당 3,500~4,000개로 약 750kg의 모구가 필요하다.

(3) 관 리

비료는 퇴비를 밑거름으로 많이 주고 인산과 칼리도 밑거름으로 또는 정식 후에 속히 덧거름으로 시비한다. 질소는 3회 정도로 나누어서 겨울동안에 주는데 일찍 시비하는 것이 효과적이다.

3월 상순경에는 시비하지 아니한다. 또한 생육말기에 비료가 끊어지면 꽃알이 적어지고 채종량도 줄어들므로 효과가 지속되는 유기질 비료를 많이 시비하는 것이 좋다. 칼리성분은 병에 대한 저항성을 강하게 하므로 중요한 것이다.

그러므로 10a당 비료의 소요량은 퇴비 750~1,125kg, 유박 75kg, 과린산석회 37.5kg, 유산 암모니아 30kg(3회에 나누어 줌)정도면 된다.

중경과 제초는 덧거름과 같이 하며 뿌리가 상하지 않도록 유의해야 한다. 평균기온이 14~15℃가 되면 꽃줄기가 나오는데 많은 것은 1포기에 10~15개까지 나오므로 발육이 나쁜 것은 밑둥부터 잘라 버려서 한 포기에 4~5개 가량 남긴다. 꽃줄기가 나온 후에도 밑둥에 흙을 덮어주고 새끼줄을 쳐서 넘어지지 않도록 해준다.

평균기온이 18~20℃가 되면 개화가 시작되는데 이 때가 되면 스리프스나 흑반병, 노균병 등이 많이 발생하므로 약제를 살포한다.

(4) 비가림 채종

앞서 말한 바와 같이 비가 많은 고장에서는 그대로 양파종자를 채종하기가 어려우므로 비닐로 비를 가려주고 살충제와 살균제를 살포해 가면서 재배하는 방법이다.

이 방법은 노력과 비용이 많이 들어서 대량생산하기는 어려우나 자가용 채종정도는 가능하다.

비가림은 꽃이 피기 전부터 수확할 때까지 비를 맞지 않도록 해주어야 하는데 높이 150cm정도로 경사지게 해서 물이 흘러 떨어지도록 만들어 세우고 옆에는 푸대나 가마니로 가려준다.

(5) 수확조제

개화하는 순서는 꽃알의 정점에서 시작해서 차츰 아래로 피어가는데 개화후 30일 정도 되어서 종자가 익는다. 따라서 종자가 70~80% 익으면 정점이 갈라지고 까만 종자가 보이기 시작할 때에 수확한다.

수확하는 방법은 꽃대를 30cm 정도 붙여서 잘라낸다. 이 꽃알은 10개 가량씩 묶어서 통풍이 잘 되는 곳에 매달아서 말린다.

그 밑에 비닐 보자기같은 것을 깔아서 떨어지는 종자를 받아야 한다. 10~15일 동안 말려서 턴다. 채종량은 10a당 5~6말 정도이나 풍작일 때는 1섬에 이르는 때도 있다.

(6) 종 자

양파의 종자는 개화 결실할 때 기후가 나쁘면 쭉정이가 생기고 이것을 잘 고르지 못하면 발아율이 나빠진다. 또한 묵은 종자는 거의 발아하지 않는다.

양파의 종자는 1홉의 무게가 220돈 중 이상인 것이 좋은 것이고 그 이하의 것은 쭉정이가 많이 섞여 있는 것으로써 발아율이 나쁘다. 양파 종자는 일반적으로 발아율이 낮은 것으로 70% 정도면 양호한 편이라고 할 수 있을 것이다. 그러므로 파종하기 전에 미리 발아시험을 해 보아서 발아율이 낮은 종자는 파종량을 증가할 필요가 있다. 발아율이 좋지 못해서 드물게 나오면 묘의 생육이 좋지 못할 뿐 아니라 골고루 자라지 않는 결과를 가져오기 때문이다. 간단히 발아실험을 하려면 컵같은 그릇에 모래를 넣고 물을 준 다음 100알가량의 종자를 파종하고 덮개를 덮어서 10일가량 놓아두면 발아하게 되므로 그 수를 헤아보면 된다.

마. 종자의 저장

양파의 종자는 수명이 대단히 짧아서 1년만 지나면 거의 발아력이 없어진다. 그러므로 7월에 수확한 것을 그해 9월에 파종하는 것이 보통이지만 저장을 잘하면 1년 정도 묵은 것은 햇종자와 다름없는 발아율을 나타낸다는 것을 알게 되었다.

종자는 살아있으므로 호흡작용을 계속한다. 따라서 종자의 양분은 이 호흡작용에 의하여 소모되는데 덥고 습하면 특히 심해진다. 그러므로 낮은 온도와 건조한 상태에서는 그 소모를 최소한도로 억제할 수가 있다는 사실을 알게 된 것이다. 여기에서 종묘업자와 같이 많이 저장하는 경우에는 큰 종자 냉장고를 사용하기도 하나 적은 양을 저장하는 데는 간단한 저장방법으로 종자의 안전을 꾀할 수가 있는 것이다.

완전히 밀폐할 수 있는 캔이나 병 혹은 석유통 등 적당한 것을 택하여 그 밑에 2할 가량 생석회를 넣고 그 위에 종자봉지를 놓은 다음 뚜껑을 덮어서 완전히 봉한다. 여기에 쓰여지는 건조제로는 생석회 이외에도 염화석회, 유산, 목회 등이 있다. 이와 같이 해서 밀폐한 저장 캔은 되도록 서늘한 곳에 둔다. 이러한 방법으로 저장하면 3년까지 70~80%의 발아율을 유지할 수가 있다. 또한 이것은 추대한다든가 알이 잘 들지 않는다든가 하지 않고 햇종자와 거의 다름이 없다.

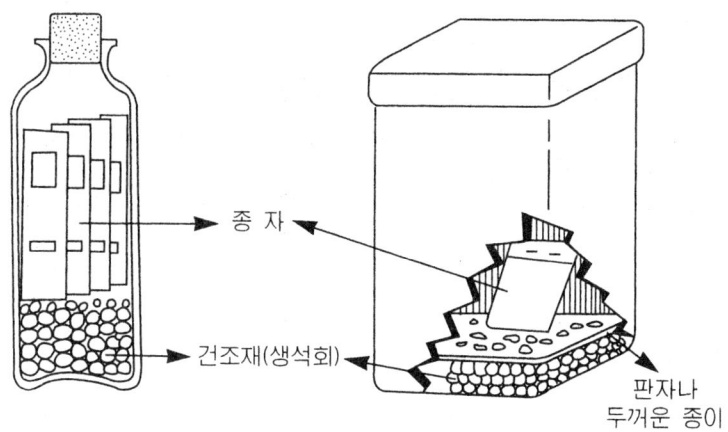

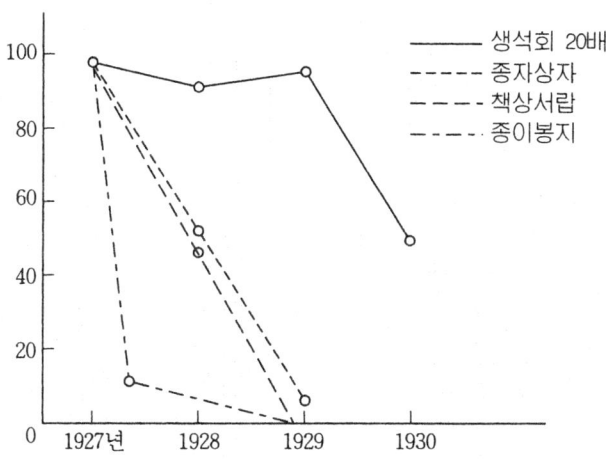

〈그림 10〉 종자의 저장방법과 발아력(강구씨)

參考文獻

1. 杉山直儀, 野菜の 發育生理と 栽培技術
2. 杉山直儀, 野菜の 榮養生理と 施肥技術
3. 櫻井芳人, 杉山直儀, 蔬菜の 加工・貯藏
4. 表鉉九, 菜蔬園藝總論 및 菜蔬園藝各論
5. 農村振興廳, 1981, 標準營農敎本(고추, 마늘 栽培)
6. 農村振興廳, 1982, 標準營農敎本(새로운 菜蔬栽培技術)
7. 池泳鱗, 鄕文社, 栽培學汎論
8. 金命午, 朴勝萬, 洪基昶, 鄕文社, 育種學汎論
9. 趙成鎭, 李東碩, 陸昌洙, 鄕文社, 肥料學
10. 趙成鎭, 朴天諸, 鄕文社, 土壤學
11. 藤井利重, 園藝植物の 榮養繁殖
12. 熊澤三郎, 菜蔬園藝總論
13. 農村振興廳, 園藝試驗場 研究報告書, 1975~1984
14. 韓國園藝學會誌, 1975~1983
15. 農村振興廳, 農業記術硏究所, 硏究報告書, 1975~1984
16. 各道 農村振興院 試驗硏究報告書, 1975~1948
17. 李庚熙, 菜蔬園藝全書 및 促成菜蔬園藝
18. 興農種苗, 1977~1985, 最新園藝
19. 中央種苗, 1980~1985, 새 農事
20. 農藥工業協會, 1985, 農藥使用指針書

著者略歷

- 光州西中, 光州高等學校, 高大農大 卒業
- 高麗大學校, 大學院에서 學位修了
- 서울市 農村指導所, 農村振興廳 勤務
- 代表論文 : 韓國 마늘主生産地의 生態型에 따른 生長과 收量에 關한 硏究

┌─────────┐
│ 판 권 │
│ 본 사 │
│ 소 유 │
└─────────┘

마늘 · 양파 · 파

2016년 8월 25일 2판 9쇄 발행

저 자 : 나 우 현
발행인 : 김 중 영
발행처 : 오성출판사

서울시 영등포구 영등포 6가 147-7
TEL : (02) 2635-5667~8
FAX : (02) 835-5550

출판등록 : 1973년 3월 2일 제 13-27호
http://www.osungbook.com

※파본은 교환해 드립니다
※독창적인 내용의 무단 전재, 복제를 절대 금합니다.